計算機
網路實驗
?
CNN
Z
Z
Z
Dr.
Lin
CSMA
U0072765

關於本書

經過十年的技術演進，十年前第一版的「計算機網路實驗」已不敷使用，在此期間亦累積了不少改進的想法，改進的方向主要有五個：

(1) **定位在大學部**：將教材目標定位爲大學部網路相關課程的實驗輔助教材，教師可開授一整門課的計算機網路實驗，或僅抽取數個實驗讓學生實作。

(2) **使用Linux資源**：大量使用Linux及 open source的資源，使教師和學生不須添購昂貴的設備。新的十三個實驗中僅有一個需要使用Smartbits特殊設備，以及另一個線材製作需要撥線器及接頭，其餘實驗均只需Linux資源及PC數台。

(3) **新實驗**：新增網路安全新實驗三項，並去除過時或學習成效較不明顯的實驗。

(4) **設定vs.程式**：實驗設計兼顧系統的設定及程式的追蹤，使學生同時具備網路管理者及程式開發者的技能。

(5) **更多更好的教學輔助**：除了改進手冊外，我們針對七個重點實驗補充15~20分鐘的示範短片，將實驗步驟鮮活呈現，也新提供實驗結果及問題討論的參考答案。

網路產業包含設備與服務提供廠商，因此，培養學生具備設備與服務產業所需的技能應該是一本成功的網路教科書的目標。這些技能包括設計、實作、分析、測量、規劃、建置與管理。針對這些技能，我們設計了一系列的實驗，來彌補傳統課程教課書的不足。各個實驗手冊的設計近似物理實驗手冊，包含實驗目的、設備、背景、方法、步驟、記錄、問題討論、參考資料等，某些實驗需要較多的背景資訊則在附錄中提供背景文章，步驟的設計則以三小時能夠完成爲原則，且足夠清楚到學生能夠在不清楚實驗意義的情況下，照著步驟完成實驗記錄。而問題討論則能夠促使學生去了解實驗意義。

本書分成Access Device、Core Device、Edge Device及Device Testing四部分，分別包含實驗一到五、六到八、九到十二，和最後的實驗十三。實驗一讓學生瞭解並實地架設10BASE-T及100BASE-TX之Ethernet 區域網路，主要介紹網路設備間的連接方法，包含網路卡與網路卡、網路卡與集線器，以及集線器與集線器之間。實驗二追蹤Linux下網路卡協定驅動程式的原始碼，研究Linux中的軟體架構並進行核心編譯。實驗三解釋利用子網路遮罩（subnet mask）分割網路的方式，並透過Linux上的工具實際觀察這些運作。實驗四了解媒介存取次層（Medium Access Sub-layer）中，多重存取協定（Multiple Access Protocol） 的原理與效能，並藉由模擬軟體（NCTUns）的使用探討協定中參數對系統效能的影響。實驗五進一步讓同學瞭解網路協定在網路作業環境下所扮演的角色，同時藉由Ethereal（已更名爲Wireshark，考慮其知名度故沿用舊名）實際觀察封包的組成以及特定協定的運作，瞭解TCP/IP通訊協定階層的意義，以熟悉網路運作的機制。

實驗六訓練學生藉由使用模擬程式（Cisco Packet Tracer）練習操作路由器，並利用路由器連通不同的子網路以建立簡單的網路雛型。實驗七更深一層地學習如何使用一般個人電腦建構一台Linux路由器，再分別使用除錯工具軟體（KDB）與測試方法，了解此路由器的設定及運作方式。最後在實驗八使用網路量測的工具（Visual Route）探測網路連線的路徑、延遲及阻塞的瓶頸。

實驗九利用ipchains、FreeS/WAN和Squid等公用軟體建立一個符合實務需求的安全閘道器，並分別測試其安全保護，如Firewall、VPN、URL blocking等功能的運作原理。實驗十將廣度擴增至其它常用的網路伺服器服務，如HTTP（Apache）、Database（MySQL）、Mail（QMail）、FTP（vsftpd）以及Samba等，在架設與管理的過程中，理解個別服務的用途與搭配使用之可能性。最後我們將前二實驗的觀念進一步延伸：實驗十一建構防毒防廣告之郵件伺服器（Firewall的字串比對應用在郵件的檢驗上），並在實驗十二以Snort實作入侵偵測與防護系統（IDS/IPS），針對封包內容作特徵分析及異常預警。就Device Testing的部份則讓學生學習使用SmartBits來測試網路設備，並瞭解這些測試結果的意義；實驗十三先以Layer2和Layer3的交換器爲測試標的，以建立對網路設備測試的基本觀念與能力。

本書另外提供數篇相關技術性文章，提供四大部分實驗之延伸閱讀。「Linux網路卡驅動程式：追蹤與效能分析」、「追蹤 Linux 核心的方法」、「以ns建立專業的網路模擬環境」等文深入探討第一部份的背景知識及實作方法；「區域路由交換器、區域交換器：功能、效能與互通性」及「網路拓樸探測與延遲測量」涵蓋了第二及第四部分；「剖析三大代理伺服器－快取、防火牆及內容過濾」，「網路安全產品測試評比－功能與效能面」則呼應了第三部分。其中網路安全產品的測試讓學生更上一層瞭解應用層協定之測試。所有文章均已刊登在歷年之網路通訊雜誌。

本書所有內容已於本人近年來所開之課程「計算機網路概論」及「計算機網路實驗」使用過。前者爲大學部網路入門課程，使用四個實驗（區域網路線材製作、網路協定觀察與分析、Linux網路協定程式追蹤、Linux路由器之建構與追蹤）。各組挑選六個實驗。每一個實驗約需一到二小時投影片講解及操作展示，每組二人於講解完二到三週內自行進行實驗（某些實驗需預約時間及設備），並繳交實驗報告，報告主筆者與其他組員分開計分。

進行如此的實驗教學雖然學習成效顯著，但仍應注意三個問題，一是最好有助教的支援，解決學生的各種問題及維護設備；二是要考慮個別學生的差異，對於不詳細閱讀學生手冊及不喜歡解決問題的學生，需要給予更多心理建設；三是應注重實驗報告的品質，鼓勵學生用自己的文字，嚴謹流暢地撰寫格式與內容均具專業品質的報告。除了類似「網路實驗」的課程，其他網路相關課程可根據課程重點及設備的狀況，固定或不固定選擇四個實驗，做爲網路技能訓練的教材。

如果沒有研究生助教的通力協助與貢獻，要完成這樣一本網路實驗教科書是不可能的，我要特別感謝在交大資工高速網路實驗室的多位成員：林義能、林松德、吳梵誠、周其衡、陶錫泓、楊宗憲（依照筆劃排序）。另外，要感謝教育部通訊課程改進計畫的經費補助，使我們得以迅速取得所需設備。最後要感謝偉大的公用軟體界，因爲我們絕大部分的實驗都是使用公用軟體。

國立交通大學計算機與網路中心主任

林盈達　教授　2007/8/1

目錄

第一單元

I 精選網路實驗

本單元分成「Access Device」（實驗一至五）、「Core Device」（實驗六到八）、「Edge Device」（實驗九至十二）及「Device Testing」（實驗十三）等四大部份。循序漸進地瞭解區域網路線材製作與原理，並透過實驗熟悉Linux中的軟體架構與操作。練習的過程中同時也藉由Ethereal軟體（已更名為Wireshark，考慮其知名度故沿用舊名）觀察封包的組成，以及特定協定的運作。

此外，我們也讓學生學習如何使用路由器（包括自行建構或使用模擬軟體），以求將區域網路運作的機制融會貫通。最後Device Testing的部份，則讓學生學習使用SmartBits來測試網路設備，並以Layer2和Layer3的交換器為測試標的，建立對網路設備測試的基本觀念與能力。

01 區域網路線材製作

I. 實驗目的

瞭解並實地架設 10BASE-T及 100BASE-TX之 Ethernet 區域網路設備連接的方法，內容包括：「網路卡間的連接方法」、「網路卡與集線器間的連接方法」、「集線器間的連接方法」。

實驗報告的內容應包含：實驗題目、參與人員與系級、實驗目的、設備、方法、記錄、問題討論、心得。報告內容應是經討論、整理、濃縮後，重新詮釋而寫出，切勿全部剪貼、照單全貼。最後請將雙絞線（twisted pair）及RJ-45接頭完成品，按實驗「步驟標號」標明、用袋子包好、註明組員名單及組別，連同實驗報告一齊交回。

II. 實驗設備

本實驗需要的硬體可自備，亦可至機房使用專屬實驗機器。

一、硬體

項目	數量	備註
個人電腦PC	2	
Fast Ethernet網路卡	2	
集線器或交換器	1	
Category 5 UTP	3公尺	耗材自備
RJ-45網路接頭	10個以上	耗材自備，技術不佳者請多準備數個。
雙絞線剝線/壓線器	1	

III. 背景資料

一、乙太網路背景

乙太網路（Ethernet）是目前最為廣泛使用的網路技術。從近10年網路發展的過程來看， IEEE 802.3不但打敗了其他 IEEE 802 的LAN標準，也把先進的 FDDI、ATM 高速網路技術阻隔於區域網路之外。這可歸功於 Ethernet 運作方式簡單、容易管理、價錢低廉，而且在功能及速度上也不斷提升所致。底下概述其運作方式：

1. 運用CSMA/CD協定：

多個stations在共享一個傳輸通道時，需要有一個仲裁（arbitration）的方式來決定誰可以使用，這就是所謂的 Media Access Control (MAC) 機制。Ethernet 所採用的 MAC 機制為 CSMA/CD，即 Carrier Sense， Multiple Access with Collision Detection。所謂 Carrier Sense，指的是 station藉由監測是否有其它封包的信號（即 carrier）正在傳送來決定自己可不可以傳，如果有監測到有其他封包正在傳，則會等待其他封包傳完後再傳。 Multiple Access指的是多個 stations 藉由 MAC 機制共享同一個通道。 Collision Detection 是指傳送端在傳送封包過程中會檢查是否有其它封包也正在傳，這種情況稱為碰撞（collision），發生在傳送的封包因傳遞延遲的關係，另一端有封包要傳的 station，無法及時 Carrier Sense 到已經有封包在傳，而造成兩個以上的 station 同時傳送封包所致。一旦傳送端發現 collision，傳送端會立即停止傳送封包，並送出 32 bits 的 jam signal，接著使用 truncated binary exponential backoff 的機制選擇一個亂數時間之後重傳。關於 CSMA/CD 運作的詳細流程請參閱[1,2]。

2. 子網路概念（Subnet）

上述的情況是同一時間只能有一個 station佔用傳輸通道，這個由連接到同一條線上或由一至多個 repeater hub 串起的傳輸通道稱為一個碰撞空間（collision domain）[1]。此外，乙太網路的 broadcast frame（目的MAC位址為ff:ff:ff:ff:ff:ff的封包，此種 frame 是要送給區域網路上每一台機器的）亦是在此碰撞空間遊走，形成一

1. 曾有人在newsgroup上問起"Can collisions cause bad performance?" IEEE 802.3x主席Rich Seifert幽默的回答 "Yes. My old Toyota never quite performed the same after it hit that tree."

個廣播空間（broadcast domain）。在這種的情況，碰撞空間和廣播空間的大小是一樣的。我們通常稱在同一個廣播空間的網路爲subnet。

橋接器（bridge）可以將碰撞空間切割成不同的網段（segment），使每個網段形成獨立的碰撞空間，不會彼此影響。由於ASIC技術的進步，使得 bridge 可以連接更多的網段，以及處理大量的封包，因此市場上爲區隔過去的技術，就把 bridge 另稱爲 switch[2]。Switch藉由監聽各個網段上的封包活動，來學習到哪一個 MAC address 來自哪一個網段，依此建立一個 forwarding table。並依據進來的封包的目的位址去查詢 address table 的內容，來決定是否要把封包轉送（forward）到另一個網段的 port（如果目的位址是另一個網段的電腦的話）。整個過程必須靠內部快速的 switching fabric 交換封包於各個 port。詳細的 switch 運作方式請參閱 [3,4]。

因 switch 仍會將廣播封包 forward 給所有的網段，使得依賴廣播封包的協定（如ARP、NetBEUI）產生的封包仍會充斥整個subnet。爲因應此問題，VLAN（Virtual LAN）[5]適時出現，支援 VLAN 的switch 可以再分割廣播空間（broadcast domain）、過濾廣播封包，解決了大部分的問題。我們可依據 port、MAC address、protocol 等方式將網路分割成不同的 VLAN，以分割廣播空間、減少廣播封包對不相干區域的影響。（註：switch一般譯爲交換器。）

二、線材的選用

乙太網路以實體層（如信號編碼、傳輸線）的不同有多種規格，表示這些規格的符號格式爲 n-signal-PHY [4]. n代表資料速率， 以 Mb/s爲單位，標準中有1、10、100、 1000 四種。Signal有 BASE和BROAD 兩種，分別代表基頻（baseband）和寬頻（broadband）兩種傳輸方式，但除10BROAD36外，Ethernet皆採用基頻傳輸，關於基頻和寬頻的定義請參考 [6]。PHY早期的符號代表傳輸線最長的距離，如10BASE5代表500公尺，10BASE2代表約200公尺（精確數字爲185公尺），後來改爲代表傳輸媒介的種類及信號編碼方式，並在前面加個dash，如10BASE-T、100BASE-FX等，T

2. 從IEEE標準的角度來看，bridge和switch是同義詞，指的是合乎IEEE 802.1D標準的網路設備。它們的功能完全相同，只是市場上標榜implementation技術不同而給予不同的名稱而已。另外，Ether switch、L2 switch、Switch hub皆為同義詞。

通常代表雙絞線[3]，F代表光纖。Ethernet 所有的規格說明請參閱[1,2]。在本次實驗我們使用的是10BASE-T與100BASE-TX系統，皆以無遮蔽式雙絞線（Unshielded Twisted-Pair, UTP）為傳輸線。

目前用來架設 Ethernet 的雙絞線，在一條 cable 裡包含了四對絞線，依據TIA/EIA-568的 cable 標準為 Category 5 等級以上的雙絞線。儘管在IEEE 802.3標準中，Category 3/4 雙絞線可以傳送 10 Mb/s 及 100 Mb/s 的資料，但市面上所使用的雙絞線幾乎都是 Category 5 等級的天下。表1-1列出TIA/EIA-568中各等級訂定傳輸特性（specified transmission characteristics）的最大信號頻率，意思就是說，在這個信號頻率範圍內的傳輸特性（如衰減程度）皆經過測試，符合標準所規範的特性，所以設計者只要把頻率限在這個範圍內，信號的傳輸就可以保證如標準所定義般的特性運作。

【表1-1】Cat-5以下的雙絞線等級

Category	訂定傳輸特性的最大頻率
1/2	通常指的是舊式的電話線路，標準中不認可（recognize）用來傳輸Ethernet信號。
3	16 MHz
4	20 MHz
5	100 MHz

三、雙絞線接頭（RJ-45）[4]

圖1-1為 RJ-45 插槽的示意圖。Category 5 雙絞線內有四對絞線，每對絞線為兩條線互繞（twisted），也就是說共有八條導線在雙絞線內。然而在 10BASE-T 及 100BASE-TX 標準中，只有用到兩對絞線[5]，分別作Tx（transmit）與Rx（receive）。然而因為網路卡與集線器的插槽腳位不同，所以造成製作接頭時要注意到「Crossover」的問題。以下分別針對「PC與Hub、Switch」、「PC與PC間」以及「Hub與Hub間」的連接方法詳加介紹：（註：許多新的設備會不管接線方法自動調整。）

3. 但100BASE-T指的是所有100 Mb/s的Ethernet，這是例外。

4. 許多人常將雙絞線稱為RJ-45網路線或RJ-45，但這是錯誤的。RJ-45是接頭的名稱，不是網路線的名稱。

5. 100BASE-T4以及最新的1000BASE-T使用四對絞線。（但100BASE-T4用3 對線傳輸，另一對偵測carrier。）

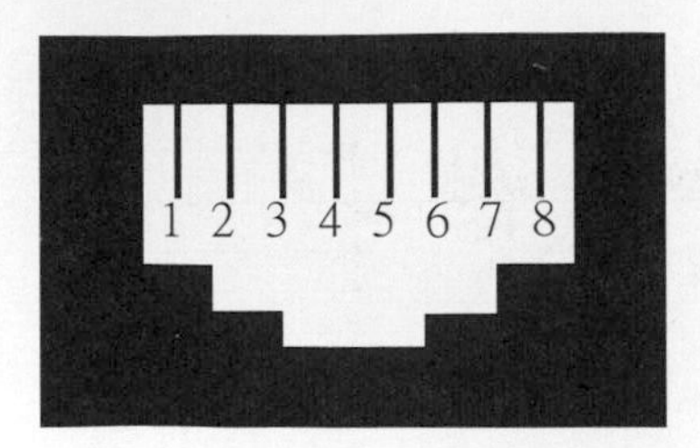

【圖1-1】RJ-45插槽的示意圖

1.PC與 Hub、Switch的連接方法

假設甲端（網路卡）與乙端（集線器）要以雙絞線連結，我們可先由表1-2來檢視網路卡、集線器插槽上的腳位功能表：

【表1-2】網路卡、集線器插槽上的腳位功能表

網路卡插槽		集線器插槽	
接頭腳位	功能	接頭腳位	功能
1	Tx+	1	Rx+
2	Tx-	2	Rx-
3	Rx+	3	Tx+
4	-	4	-
5	-	5	-
6	Rx-	6	Tx-
7	-	7	-
8	-	8	-

由於甲端的Tx必須接乙端的Rx，乙端的Tx必須接甲端的 Rx ，所以不需要「Cross」（見圖1-2）。

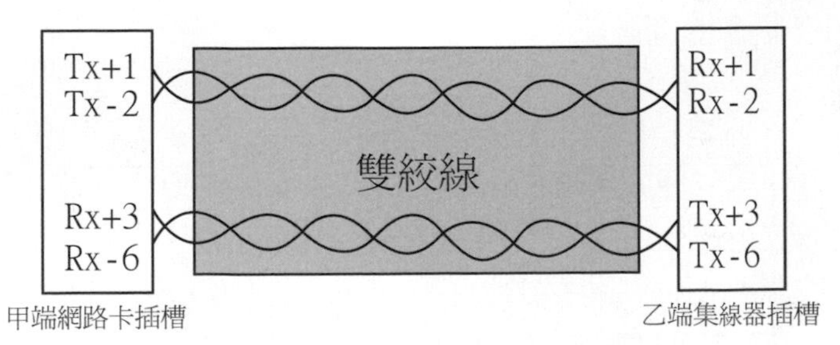

【圖1-2】網路卡與集線器相連

2.PC與PC間的連接方法

假設甲端（網路卡）與乙端（網路卡）要直接以雙絞線通訊，我們可先由表1-3來檢視網路卡插槽上的腳位功能表：

【表1-3】網路卡插槽上的腳位功能表

甲端網路卡		乙端網路卡	
接頭腳位	功能	接頭腳位	功能
1	Tx+	1	Tx+
2	Tx-	2	Tx-
3	Rx+	3	Rx+
4		4	-
5	-	5	-
6	Rx-	6	Rx-
7	-	7	-
8	-	8	-

由於甲端的Tx必須接乙端的 Rx，乙端的 Tx必須接甲端的Rx，所以要「Cross」（見圖1-3）。

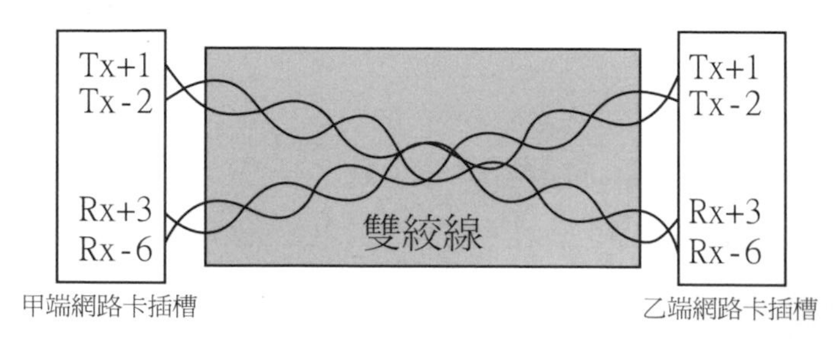

【圖1-3】網路卡與網路卡相連

3.Hub與Hub間的連接方法

假設甲端（集線器）與乙端（集線器）要以雙絞線串接，我們可先由表1-4來檢視集線器插槽上的腳位功能：

【表1-4】集線器插槽上的腳位功能表

甲端集線器		乙端集線器	
接頭腳位	功能	接頭腳位	功能
1	Rx+	1	Rx+
2	Rx-	2	Rx-
3	Tx+	3	Tx+
4	-	4	-
5	-	5	-
6	Tx-	6	Tx-
7	-	7	-
8	-	8	-

由於甲端的 Tx 必須接乙端的 Rx，乙端的 Tx 必須接甲端的Rx，所以要「Cross」（見圖1-4）。

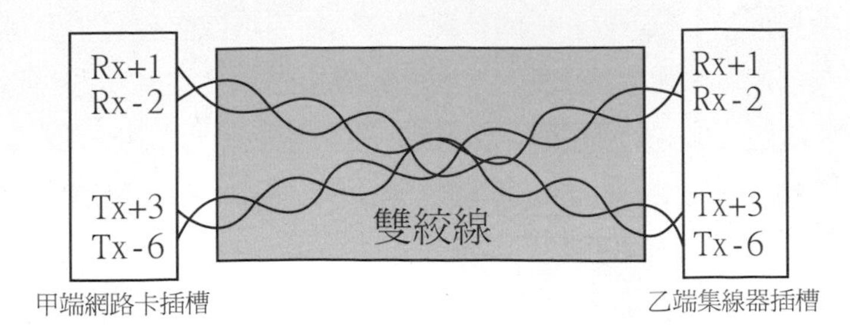

【圖1-4】集線器與集線器相連

4.RJ-45接頭的安裝

關於資訊電纜配線有一ANSI標準存在：TIA/EIA 568（Commercial Telecommunications Cabling Standard）[7]，其中也有述及在接頭絞線的排列（表1-5）：

【表1-5】TIA/EIA 568標準定義的顏色排列

Phone Jack腳位	568A定義線顏色	568B定義線顏色
1	綠白	橙白
2	綠	橙
3	橙白	綠白
4	藍	藍
5	藍白	藍白
6	橙	綠
7	棕白	棕白
8	棕	棕

如果仔細檢視此兩標準不難發現，568A與568B之間的差異只有一點點：1、2所用的那組絞線與3、6所用的那組絞線對調，其他腳位（4,5,7,8）的安排方式在兩標準中並無不同。所以在非 Crossover 的情況，只要兩端都用同一組顏色， Crossover 時用不同組的顏色，在安裝時依照絞線外皮的顏色排列好插入RJ-45接頭再壓線即可。一般建議按照這兩組顏色來排即可，如果要不按此方式排列，要注意最好Tx+和Tx-要使用同一組絞線，Rx+和Rx-要使用同一組絞線。

5.Crossover與非Crossover的結合

仔細檢視之前製作的網路線和其腳位功能表，不難發現其中有四條絞線並沒有作用，分別銜接於第4、5、7和8 的接腳。善加利用這四條絞線不但可以減少線材使用上的浪費且可以增加安裝上的便利。所以讀者可以使用其中的四條絞線來製作Crossover ，另外四條可用來製作非Crossover。至於個別的製作方式請參考上面兩段的敘述：＜PC與Hub、 Switch 的連接方法＞、＜PC與PC間的連接方法＞。根據標準，製作方式如下（表1-6）：

【表1-6】Crossover與非Crossover的結合，插槽上的腳位功能表

	網路卡插槽		集線器/網路卡插槽	
	接頭腳位	功能	接頭腳位	功能
Crossover	1	Tx+	1	Tx+
	2	Tx-	2	Tx-
	3	Rx+	3	Rx+
	6	Rx-	6	Rx-
非Crossover	1	Tx+	1	Rx+
	2	Tx-	2	Rx-
	3	Rx+	3	Tx+
	6	Rx-	6	Tx-

四、半雙工與全雙工（Half-duplex vs. Full-duplex）

因爲 10BASE-T及100BASE-TX標準中使用雙絞線爲傳輸介質有一個特點：傳送與接收的信號走的是不同對的絞線，因此可以同時進行[6]（見圖1-5），稱爲全雙工。使用同軸電纜時，因所有信號都在電纜的導心傳輸，所以同一時間只能有單向的傳輸，稱爲半雙工； 10BASE-T 及 100BASE-TX 皆可在半雙工和全雙工兩種模式下運作。在半雙工的作業模式下，發送端不論是在集線器的 port 或是在網路卡，只要發現在同一時間有收與送同時發生，即認爲有碰撞發生；在全雙工的作業模式下則允許收與送同時存在，全雙工的運作有三個要件[1]：

1. 傳輸通道必須能支援同時傳送「收」跟「送」的信號而不使互相干擾。

6. 1000BASE-T的傳輸同時使用四對絞線，因此接送和接收的信號是在同一對絞線上進行。儘管如此，經由複雜的數位信號處理方式，仍可使用全雙工傳輸。

2. 傳輸通道上恰有兩個station，形成點對點（point-to-point）的連結。
3. 兩端的station要能支援且設定為全雙工。

由於傳輸通道上恰有兩個 station[7]，且可同時傳送「收」跟「送」的兩種信號，因此不可能有碰撞（collision）發生，所以就完全無需 CSMA/CD 的機制。因此在全雙工的操作模式下，使得傳輸通道不再受因 CSMA/CD 引起的距離限制，而使傳輸距離只跟傳輸線本身能載送信號的距離有關。由於全雙工擁有諸多優點，使得半雙工的 Gigabit Ethernet 實際產品幾乎不存在（儘管標準中有規範），而正發展中的10 Gb/s Ethernet （IEEE 802.3ae）更取消了半雙工，只訂定全雙工的操作。

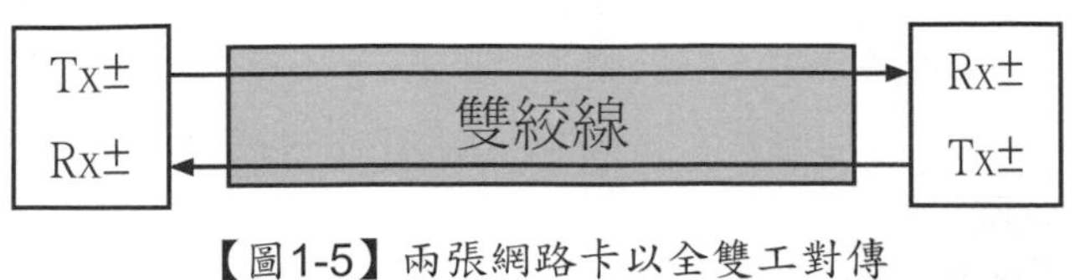

【圖1-5】兩張網路卡以全雙工對傳

Ⅳ. 實驗方法

製作各種網路線接頭，並實際測試。

Ⅴ. 實驗步驟

步驟1　製作網路線接頭

製作五條網路線，線的代號與其說明如表1-7：

【表1-7】實驗用網路線的規格

網路線代號	接頭作法說明								
	線的甲端								線的乙端
	1	2	3	4	5	6	7	8	
U	橙白	橙	藍白	藍	綠白	綠	棕白	棕	同左
V	按TIA/EIA 568A排列								按568B排列
X	同V								
Y	按TIA/EIA 568A排列								同左
Z	按TIA/EIA 568B排列								同左

7. 1000BASE-T的傳輸同時使用四對絞線，因此接送和接收的信號是在同一對絞線上進行。儘管如此，經由複雜的數位信號處理方式，仍可使用全雙工傳輸。

RJ-45接頭安裝說明：

步驟1.1 使用剝線器撥掉外皮

使用剝線器要小心不要剝到自己的手！剝線器有兩對刀：一對剪線，一對剝線，兩對刀間的距離即是欲露出的絞線長度。剝完線後，先將四對絞線分開，綠、綠白一組，橙、橙白一組，藍、藍白一組，棕、棕白一組。

步驟1.2 將各絞線導入接頭中的小溝

製作時僅需要線的兩邊頭顏色排列一樣即可，不過一般來說會讓成對的絞線排在一起。分別將各線導入接頭的小溝中。

步驟1.3 放入壓線器8P的壓線孔中

此壓線器有兩個孔，將線連接頭一起導入8P（8 pin）的孔，注意！！手指不要放在剝線器上！！接著用力夾起，接頭即告完成。

步驟2 測試線材與接頭

步驟2.1 利用 Hub（10/100Mbps）的燈號來測試每一條線是否正常。方法爲輪流對代號U、V、X、Y、Z的網路線執行下列步驟：

步驟2.1.1 分別將線的兩端分別插入標號1~15其中兩個，觀察其對應的兩個 Link 燈號是否亮起。分別記錄每條線使燈亮起來的顏色（沒有亮、亮綠色，或是亮黃色）【記錄1】。

步驟2.1.2 承上，將其中任一端拔起，插入編號16的插槽（Cross開關調至16MDI）。將能使燈亮起來的網路線代號記錄下來【記錄2】。

步驟2.2 若有網路線在步驟A、B都沒有使燈亮過，很有可能是您的製程有問題，請依上述步驟重做。

VI. 實驗記錄

記錄	內容				
1 （不亮、綠、黃？）	U	V	X	Y	Z
2 （不亮、綠、黃？）	U	V	X	Y	Z
3 （Cross與否）	甲	乙	丙	丁	戊
4 （甲乙丙丁戊）=	（UVXYZ），（VXUZY）...？				

VII. 問題與討論

注意：請針對問題中每一項目回答，並避免引述「太多」資料。

1.請解釋 [記錄1,2] 的結果。

2.請簡單說明您推論 [記錄3] 的過程，並解釋 [記錄4] 的結果。

3.請說明爲何需要有跳接網路線和非跳接網路線的分別。

4.在這個章節裡曾經介紹過同時製作出具有跳接以及非跳接功能的網路線，試說明其製作原理爲何。

5.若有一個公司的建築物，原已採用 Cat 5的8P雙絞線作爲其網路線材，現在有意要從10 Mb/s Ethernet升級到 Fast Ethernet，您會建議他施工的步驟是？

6.在全雙工模式下兩站對傳，在理想上 throughput 可以加倍；但是若兩站經由 hub 設成全雙工對傳，則會產生大量的 collision 。試提出一個解決的辦法。

7.自問自答，即自己發掘問題，自己找出答案（給分將根據題目設計的「嚴謹程度」、「難度」與「作答的品質」）。

VIII. 參考文獻

[1] ISO/IEC Standard 8802-3[8] , “Carrier sense multiple access with collision detection(CSMA/CD)access method and physical layer specifications,” 2000 Edition.

[2] Charles E. Spurgeon, “Ethernet: The Definitive Guide,” O’Reilly & Associates Inc., 2000.

[3] ISO/IEC Standard 15802-3, “Media Access Control (MAC) Bridges,” 1998 Edition.

[4] Rich Seifert, “The Switch Book: the complete guide to LAN switching technology,” John Wiley & Sons Inc., 2000.

[5] IEEE Standard 802.1Q, “Virtual Bridged Local Area Networks,” 1998.

[6] William Stallings, “Data and Computer Communications,” Sixth Edition, Prentice Hall, 1999.

[7] TIA/EIA 568A Commercial Telecommunications Cabling Standard,
TIA URL http://www.tiaonline.org/.
EIA URL http://www.eia.org/.

8. 這份文件即是IEEE 802.3文件，成為ISO/IEC標準後編號為ISO/IEC 8802-3。又如ISO/IEC 15802-3即為IEEE 802.1D。標準文件的取得可跟IEEE購買，請參見http://standards.ieee.org，若是對可免費使用IEEE/IEL資料庫使用者，可選擇Standards選項後，打入關鍵字，如802.3，可取得標準文件之PDF檔。

02 網路協定觀察與分析

I. 實驗目的

本實驗的目的是希望同學能瞭解網路協定（network protocol）在網路作業環境下所扮演的角色，同時，藉由實際觀察封包的組成及特定協定的運作，瞭解TCP/IP通訊協定階層的意義，並熟悉網路運作的機制。

實驗報告應該包括下列項目：實驗名稱、組員與系級、實驗目的、設備與操作環境、所觀察協定之背景知識、方法與步驟、觀察與記錄、討論（針對問題與討論的項目回答，或自行提出問題並討論之）及參考書目。報告之文字篇幅限定爲8～10頁（A4），一律繳交雷射或噴墨列印的完稿。

II. 實驗設備

一、硬體

項目	數量	備註
個人電腦PC	1	
網路卡	1	視網路環境選用介面卡。

二、軟體

項目	數量	備註
Ethereal [17] 或 NetXRay [18]	1	安裝在各實驗電腦上。
各式網路應用軟體	不定	視所要觀察的網路協定來選用軟體。

註：Ethereal已更名為Wireshark

III. 背景資料

一、NetXRay功能簡介

NetXRay 提供的功能相當於協定分析儀，只是 NetXRay 處理速度較慢，但是對於分析特定協定而言，並不需要處理大量的封包，所以這套軟體所提供的功能足以分析一般的通訊協定。就封包擷取設定來說，可用三種方法來設定，分別是根據封包位址（圖2-1）、封包資料樣本（圖2-2）及封包採用的協定（圖2-3）。封包擷取的結果可有下列五種顯示方法：單一封包資料圖（圖2-4）、封包流向圖（見圖2-5）、協定分佈圖（見圖2-6）、封包大小分佈圖（見圖2-7）及主機流量統計表（圖2-8）。各位讀者可由這些圖表中分析出通訊協定在網路中的運作情形及分佈狀況。

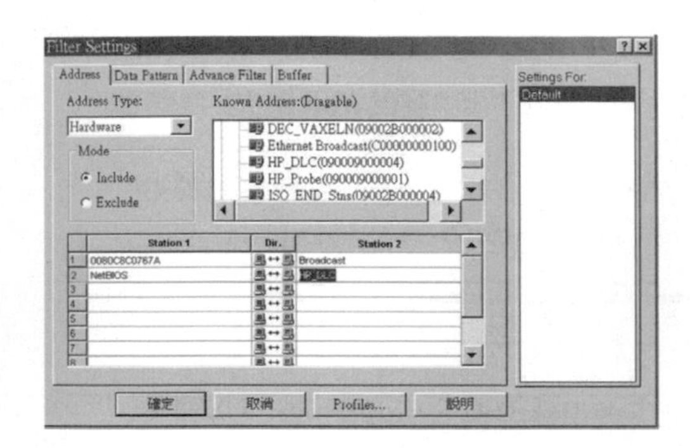

【圖2-1】指定封包位址

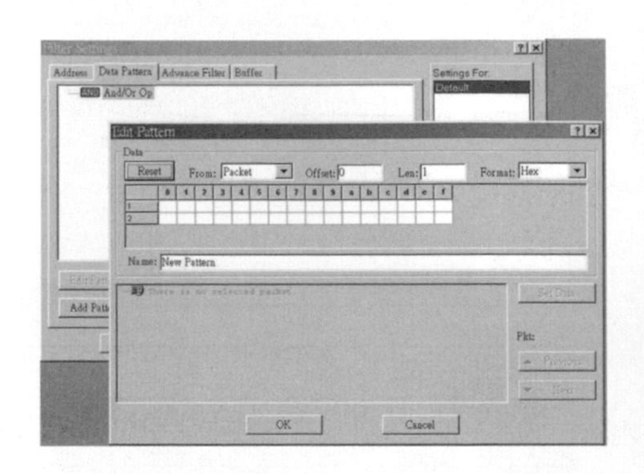

【圖2-2】指定封包資料樣本

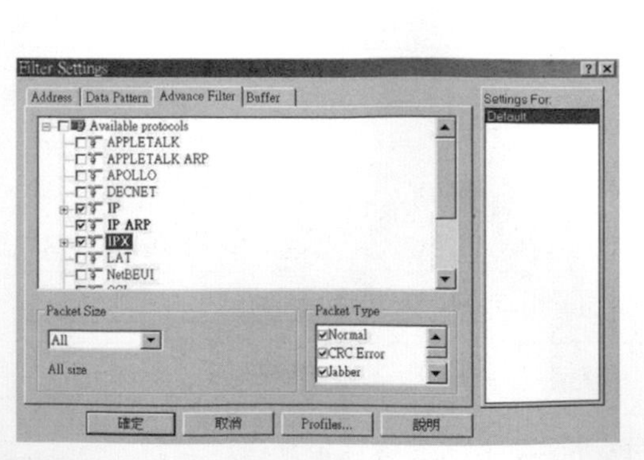

【圖2-3】指定封包協定

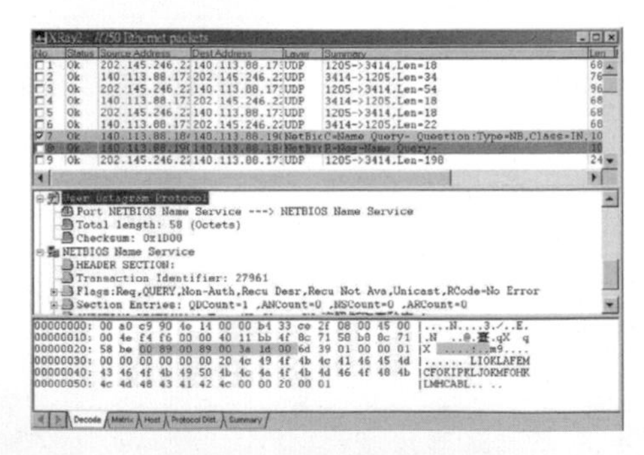

【圖2-4】單一封包資料圖

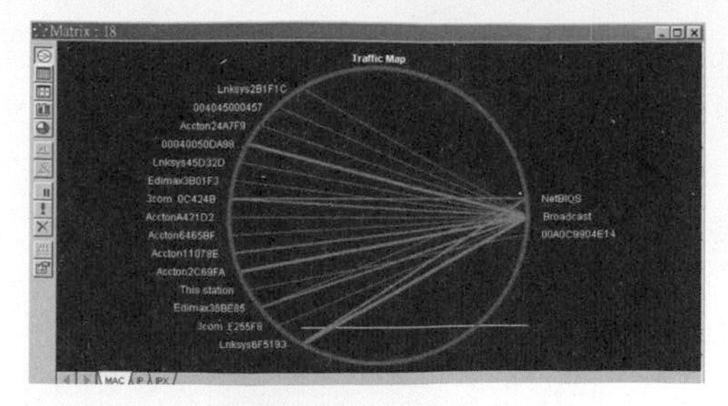

【圖2-5】封包流向圖

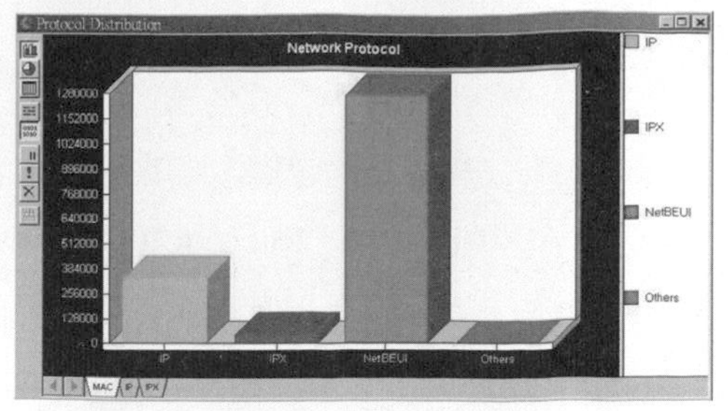

【圖2-6】協定分佈圖

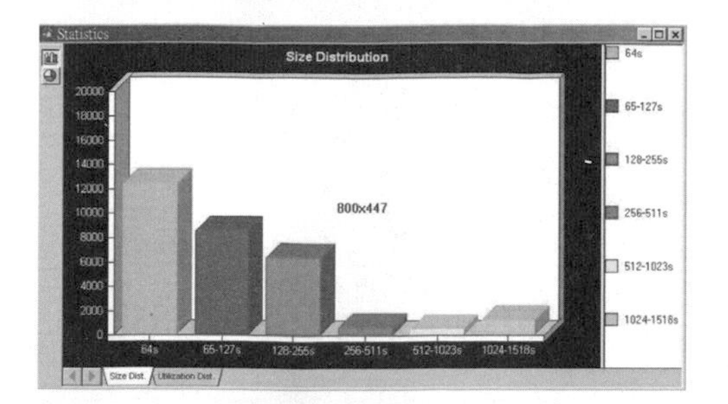

【圖2-7】封包大小分佈圖

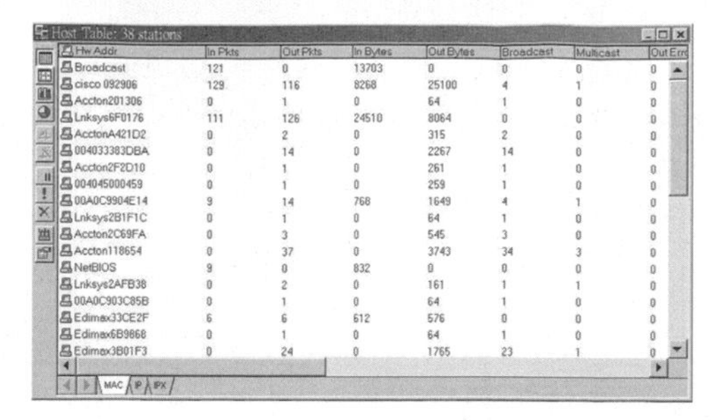
Host Table: 38 stations

Hw Addr	In Pkts	Out Pkts	In Bytes	Out Bytes	Broadcast	Multicast	Out Err
Broadcast	121	0	13703	0	0	0	0
cisco 092906	129	116	8268	25100	4	1	0
Accton201306	0	1	0	64	1	0	0
Lnksys6F0176	111	126	24510	8064	0	0	0
AcctonA421D2	0	2	0	315	2	0	0
004033383DBA	0	14	0	2267	14	0	0
Accton2F2D10	0	1	0	261	1	0	0
004045000459	0	1	0	259	1	0	0
00A0C9904E14	9	14	768	1649	4	1	0
Lnksys2B1F1C	0	1	0	64	1	0	0
Accton2C69FA	0	3	0	545	3	0	0
Accton118654	0	37	0	3743	34	3	0
NetBIOS	9	0	832	0	0	0	0
Lnksys2AFB38	0	2	0	161	1	1	0
00A0C903C85B	0	1	0	64	1	0	0
Edimax33CE2F	6	6	612	576	0	0	0
Edimax6B9868	0	1	0	64	1	0	0
Edimax3B01F3	0	24	0	1765	23	1	0

MAC IP IPX

【圖2-8】主機流量統計表

二、Ethereal功能簡介

儘管 NetXRay 功能強大，但價錢也不低，大約需要台幣五萬元左右。另外，NetXRay 只能在 Windows 95/98/NT[1]系統下執行，對近年來推出的 Windows XP/2000 和其他作業系統並沒有支援。

Ethereal 是一套可以在多種作業系統下執行的網路協定分析軟體，它可在Linux、FreeBSD、Windows等系統下執行[2]。由於它是免費的，相較於 NetXRay 可以省下一筆可觀的費用。雖然功能不如 NetXRay 強大，但是仍可用來觀察大部分協定的封包。

Sniffer 和 NetXRay 是近年來網管人員最熟悉的封包監聽軟體，但 Ethereal[3] 這套免費的軟體，由於採取開放原始碼的方式，更新通訊協定 Protocol 迅速，支援不同軟體匯出的封包擷取檔案格式，目前廣爲世界各地專業網管使用。可以很容易的選取擷取封包

1. NetXRay截至3.0版為止，仍無法在Windows 2000/XP下執行。

2. Ethereal在不同系統的安裝方式並不相同，詳細安裝步驟請參閱下載網站[17]的說明。

3. Ethereal改名為Wireshark，亦為一套自由免費開放原始碼的軟體，有興趣可參閱其官網[19]。

時間，並透過圖形介面來表示，清晰易懂。此外，使用過濾的功能，可以輕易地判別出封包種類和分析網路中各式各樣流竄的封包內容。支援620種不同的 Protocol，且仍在持續增加中。相容的封包擷取檔案格式包含：tcpdump、 NAI的Sniffer、NetXray、Sun snoop、AIX的iptrace、Microsoft 的 Network Monitor、Novell的LANalyzer、Cisco的IDS iplog等，幾乎所有知名的封包擷取軟體，都可以在這套軟體中讀取檢視。

讀者可由下圖中了解Ethereal大致的使用情形。

【圖2-9】封包過濾的設定

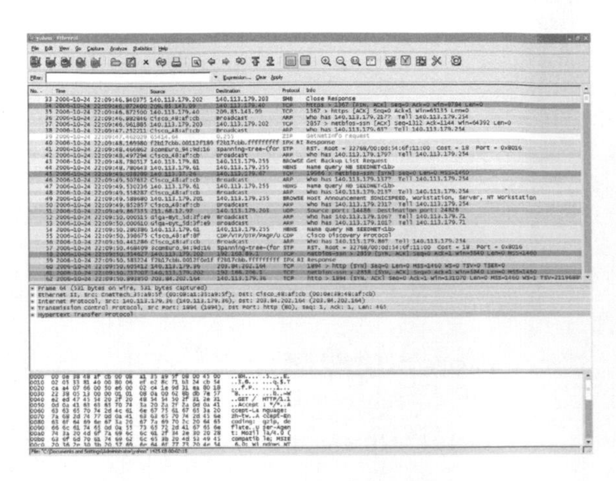

【圖2-10】已擷取之封包資料圖

三、網路協定列表

在本實驗中， HTTP 必須列入實驗觀察對象。另外，實驗者必須從下列協定中選擇另一個協定作為觀察與分析的對象，所有 RFC 可由 [1] 或 NCTUCCCA取得。由於 ARP 協定的分析流程已詳述在實驗報告範例，所以這個協定「不可」列入實驗報告觀察對象。可選擇的協定包括：SNMP[2,3]、ARP[4]、RARP[5]、DNS[6,7]、SMTP[8]、RPC[9]、RIP[10] 、HTTP[11]、DVMRP[12] 、POP3[13] 、NFS[14] 以及NetBIOS[15,16]等。這些通訊協定簡介如表2-1。

【表2-1】通訊協定簡表

協定	OSI layer	功能
SNMP	Application	網路設備與資料流量的監督與管理。
ARP	Network	由 IP 位址查詢 MAC 位址。
RARP	Network	由 MAC 位址查詢 IP 位址。
DNS	Application	由 domain name 查詢 IP 位址。
SMTP	Application	寄送電子郵件至指定的電子郵件帳號。
POP3	Application	接收並保存電子郵件。
RPC	Session	呼叫並執行遠端主機上的程序。
RIP	Network	Unicast routing protocol。
DVMRP	Network	Multicast routing protocol。
NFS	Application	分散式檔案管理與存取系統。
NetBIOS	Presentation	在一群指定的主機間提供溝通機制，共享資源。
HTTP	Application	超媒體文件傳送、接收與管理。
RTP/RTSP	Application	支援在單和多目標廣播網路服務中傳輸即時資料。
SIP	Application	提供整合語音與其它多媒體的通訊服務。

IV. 實驗方法

分析網路協定方法如下：首先要充實想要觀察之協定的背景知識，瞭解制定該協定的目的、要解決的問題。另外，爲了增加頻寬的使用效率，也定義了相關快取伺服器的運作機制。第一步要瞭解協定溝通時所使用的語言，也就是標頭（Header）中各欄位所代表的意義，以及協定運作的流程（或者說封包傳遞的順序）。一旦這些背景知識都具備後，就可以設定擷取過濾器及顯示模式來觀察該協定並記錄結果，對於擷取到的協定封包要能給予合理的解釋，並詳細描述整個協定運作的流程。以下以 Ethereal 爲例，觀察 HTTP 協定的流程，同學可作爲參考。HTTP 的運作原理請參考[11]。

V. 實驗步驟

步驟1　Ethereal啟動與設定

步驟1.1　由「程式集」→「Ethereal」啓動Ethereal。

步驟1.2　由「Capture」→「Options」設定擷取模式。

步驟1.2.1　首先選擇 Interface 設定欄，設定欲擷取封包來源（如圖2-11）。

步驟1.2.2　再來選擇 Capture Filters 設定頁，根據你對所觀察的通訊協定的了解設定欲觀察的協定（如圖2-12）。

步驟1.3　由「Capture」→「Start」開始擷取封包。

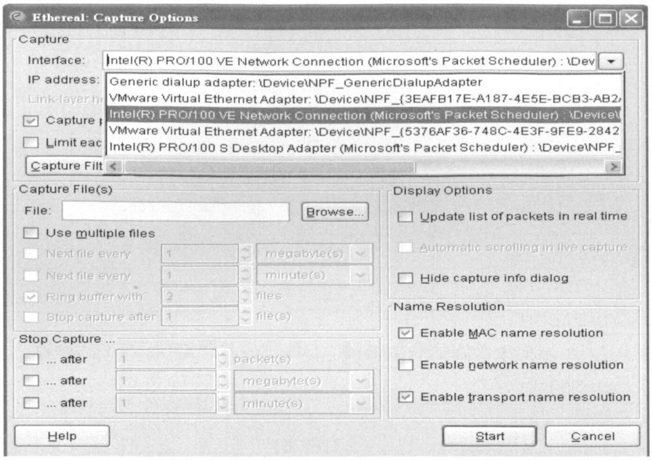

Ethereal: Capture Options

Capture
Interface: Intel(R) PRO/100 VE Network Connection (Microsoft's Packet Scheduler) : \Dev
IP address:
Generic dialup adapter: \Device\NPF_GenericDialupAdapter
VMware Virtual Ethernet Adapter: \Device\NPF_{3EAFB17E-A187-4E5E-BCB3-AB2
Intel(R) PRO/100 VE Network Connection (Microsoft's Packet Scheduler) : \Device\
VMware Virtual Ethernet Adapter: \Device\NPF_{5376AF36-748C-4E3F-9FE9-2842
Intel(R) PRO/100 S Desktop Adapter (Microsoft's Packet Scheduler) : \Device\NPF_
Link-layer h
Capture p
Limit eac
Capture Filt

Capture File(s)
File: Browse...
Use multiple files
Next file every 1 megabyte(s)
Next file every 1 minute(s)
Ring buffer with 2 files
Stop capture after 1 file(s)

Display Options
Update list of packets in real time
Automatic scrolling in live capture
Hide capture info dialog

Name Resolution
Enable MAC name resolution
Enable network name resolution
Enable transport name resolution

Stop Capture ...
... after 1 packet(s)
... after 1 megabyte(s)
... after 1 minute(s)

Help Start Cancel

【圖2-11】設定欲擷取封包之網卡

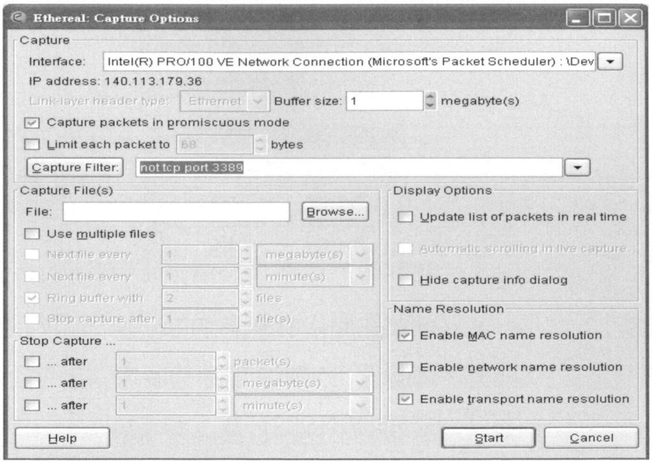

Ethereal: Capture Options

Capture
Interface: Intel(R) PRO/100 VE Network Connection (Microsoft's Packet Scheduler) : \Dev
IP address: 140.113.179.36
Link-layer header type: Ethernet Buffer size: 1 megabyte(s)
Capture packets in promiscuous mode
Limit each packet to 68 bytes
Capture Filter: not tcp port 3389

Capture File(s)
File: Browse...
Use multiple files
Next file every 1 megabyte(s)
Next file every 1 minute(s)
Ring buffer with 2 files
Stop capture after 1 file(s)

Display Options
Update list of packets in real time
Automatic scrolling in live capture
Hide capture info dialog

Name Resolution
Enable MAC name resolution
Enable network name resolution
Enable transport name resolution

Stop Capture ...
... after 1 packet(s)
... after 1 megabyte(s)
... after 1 minute(s)

Help Start Cancel

【圖2-12】限定欲擷取之封包類型

步驟2　範例：HTTP協定觀察

HTTP（HyperText Transfer Protocol）是網際網路上應用最爲廣泛的一種網路傳輸協議。所有的 WWW 文件都必須遵守這個標準。設計 HTTP 最初的目的是爲了提供發佈和接收 HTML 頁面的方法。是一個用於在客戶端和伺服器間請求和應答的協議。HTTP 的客戶端，諸如一個 Web 瀏覽器，透過建立一個到遠程主機特殊埠（預設埠爲80）的連接，初始化一個請求。HTTP伺服器通過監聽特殊埠等待客戶端發送一個請求序列， 就像「GET / HTTP/1.1」（用來請求網頁伺服器的預設頁面），有選擇的接收像 E-mail 一樣的 MIME 訊息。此消息中包含大量用來描述請求各個方面的信息頭序列，響應一個選擇的保留數據主體。接收到請求序列後（如果要的話，還有訊息），伺服器會發回一個應答訊息，諸如「200 OK」，同時發回它自己的訊息，此訊息的主體可能是被請求的文件、錯誤訊息或者其他的一些訊息。圖2-13爲 HTTP protocol 示意圖。

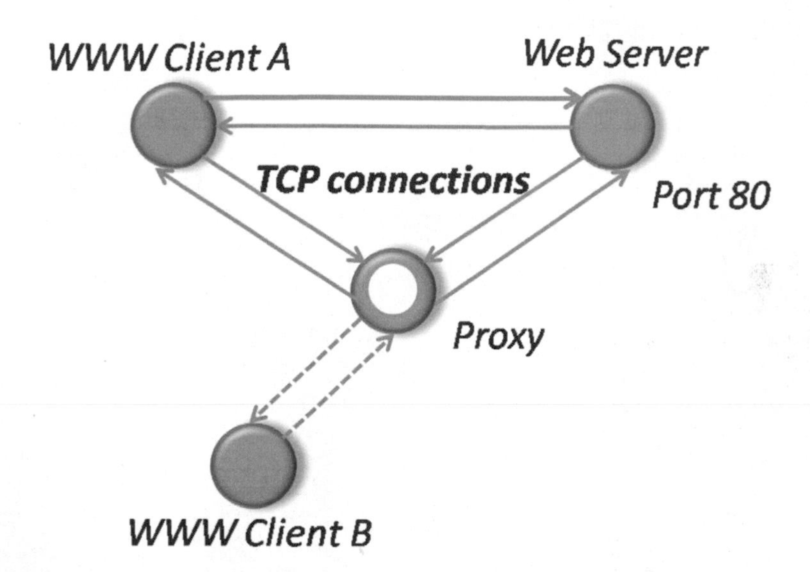

【圖2-13】HTTP Protocol

假設主機已經與交通大學首頁建立好 TCP 連線（如圖2-14），如果要觀察 HTTP 協定如何傳輸超媒體文件，可任選一個超連結（Hyper-Link）來發起 HTTP 要求，在本範例中是選取Yahoo首頁（見圖2-15）。圖2-16爲存取 Yahoo 首頁時，HTTP 協定運作所產生的各個封包，封包的意義如表2-2所示。

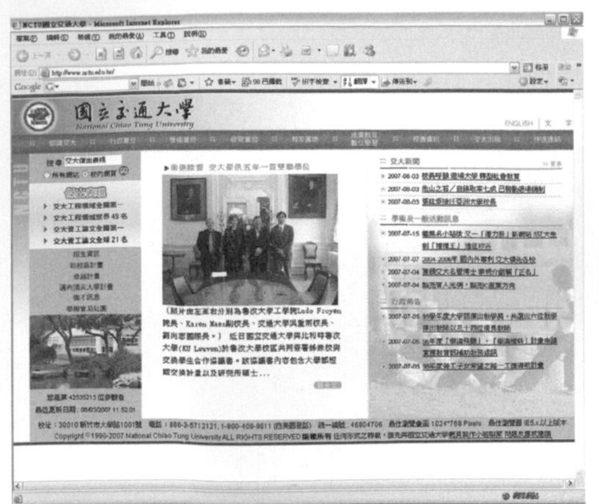

【圖2-14】交通大學首頁

【圖2-15】Yahoo首頁

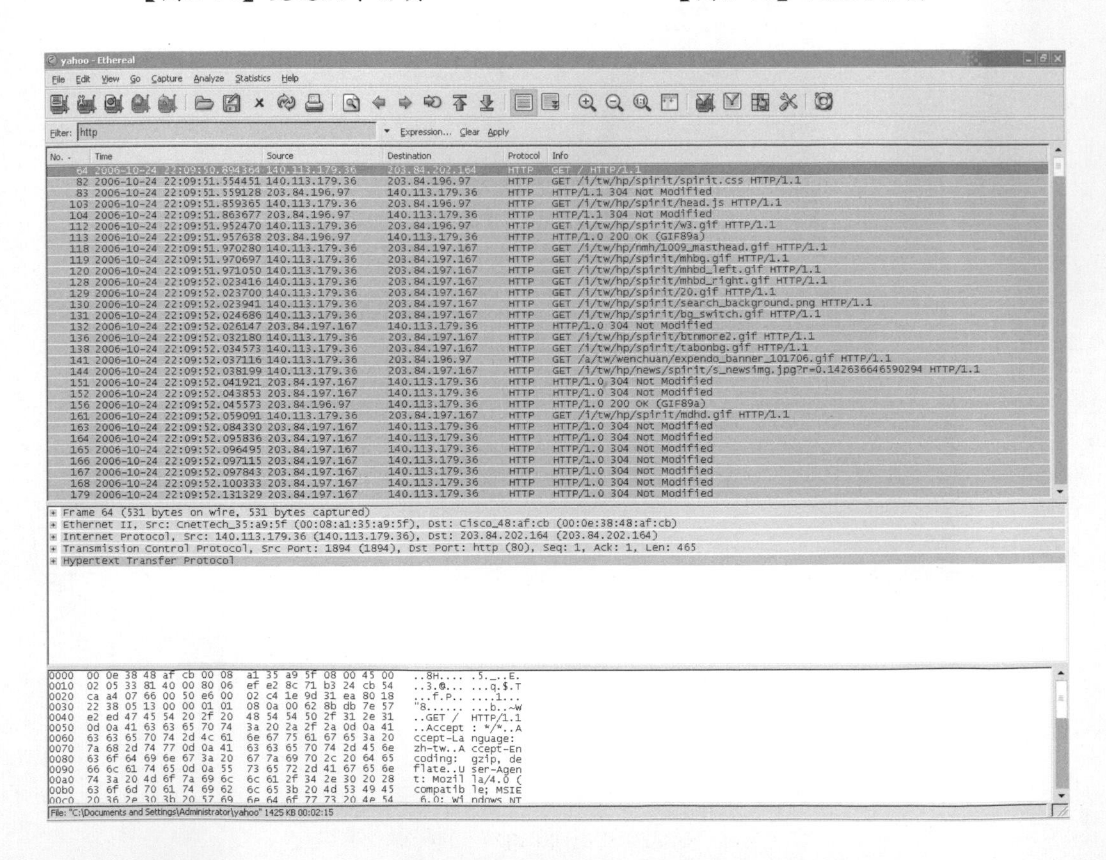

【圖2-16】存取Yahoo首頁所產生的HTTP協定封包

【表2-2】HTTP協定封包的意義

順序	封包來源	協定封包意義
64	本機	GET /news/ HTTP/1.1 要求傳送 /news 目錄下的首頁。
		由 Accept、Accept-Language以及Accept-Encoding 指明主機端可接受的文件樣式。 由 User-Agent 指明本機端採用 MSIE 作為 HTTP 協定處理器。 由 Connection 指明 TCP 層繼續保持連線。
82	網頁端	HTTP/1.1 200 OK 傳回 /news 目錄下的首頁。
		由 Server 指明網頁端採用 Apache/1.2.4 作為 HTTP 協定處理器。 由 Last-Modified 指明最後修改時間為 02 Oct 2006 13:43:55。 由 Content-type 指明內容為 text/html 的文件樣式。 Data 部分包含 /news 目錄下的首頁。
83	本機	GET /news/head.html HTTP/1.1 要求傳送 /news 目錄首頁中的 head.html。
		由 Accept、Accept-Language 以及 Accept-Encoding 指明主機端可接受的文件樣式。 由 User-Agent 指明本機端採用 MSIE 作為 HTTP 協定處理器。 由 Connection 指明 TCP 層繼續保持連線。
103	網頁端	HTTP/1.1 200 OK 傳回head.html。
		由 Server 指明網頁端採用 Apache/1.2.4 作為 HTTP 協定處理器。 由 Last-Modified 指明最後修改時間 19 Oct 2006 06:37:22。 由 Content-type 指明內容為 text/html 的文件樣式。 Data 部分包含 head.html。
104	本機	GET /news/read-news/listall.pl.cgi HTTP/1.1 要求執行 listall.pl.cgi。
		由Accept、Accept-Language以及 Accept-Encoding 指明主機端可接受的文件樣式。 由 User-Agent 指明本機端採用 MSIE 作為 HTTP 協定處理器。 由 Connection 指明 TCP 層繼續保持連線。
112	本機	GET /cgi-bin/Count.cgi?dd=E&df=news.dat HTTP/1.1 要求執行計數器。
		由 Accept、Accept-Language以及Accept-Encoding 指明主機端可接受的文件樣式。 由 User-Agent 指明本機端採用 MSIE 作為 HTTP 協定處理器。 由 Connection 指明 TCP 層繼續保持連線。

113	網頁端	HTTP/1.1 200 OK 回覆計數器結果及圖樣。
		由 Server 指明網頁端採用 Apache/1.2.4作為 HTTP 協定處理器。 由 Transfer-Encoding 指明圖樣及計數結果分為 chunks 傳送。 由 Content-type 指明內容為 image/gif 的文件樣式。 Data部分包含圖樣及計數結果。
118	網頁端	HTTP/1.1 200 OK 回覆 listall.pl.cgi 執行結果 listall_pl.html。
		由 Server 指明網頁端採用 Apache/1.2.4 作為 HTTP 協定處理器。 由 Transfer-Encoding 指明執行結果分為 chunks 傳送。 由 Content-type 指明內容為 text/html 的文件樣式。 Data部分包含 listall_pl.thml 的部分結果。
119	本機	GET /Image/bga.gif 要求傳送 listall_pl.html 中的 bga.gif。
		由 Accept、Accept-Language以及 Accept-Encoding 指明主機端可接受的文件樣式。 由 User-Agent 指明本機端採用 MSIE 作為 HTTP 協定處理器。 由 Connection 指明 TCP 層繼續保持連線。
120	網頁端	HTTP/1.1 200 OK 傳回 bga.gif。
		由 Server 指明網頁端採用 Apache/1.2.4 作為 HTTP 協定處理器。 由 Last-Modified 指明最後修改時間 22 May 2006 13:17:54。 由 Content-type 指明內容為 image/gif的文件樣式。 Data 部分包含 bga.gif。
128	網頁端	HTTP/1.1 200 OK 回覆 listall.pl.cgi 執行結果 listall_pl.html （重送封包15）。
		由 Server 指明網頁端採用 Apache/1.2.4 作為 HTTP 協定處理器。 由 Transfer-Encoding 指明執行結果分為 chunks 傳送。 由 Content-type 指明內容為 text/html 的文件樣式。 Data部分包含 listall_pl.thml 的部分結果。
129	網頁端	More data 回覆 listall.pl.cgi 執行結果 listall_pl.html。
		Data部分包含 listall_pl.thml 的部分結果。
130	網頁端	More data 回覆 listall.pl.cgi 執行結果 listall_pl.html。
		Data部分包含listall_pl.html的部分結果。

上述封包的內容詳見圖2-17～圖2-29。除了上述列舉出來的封包之外，其它封包主要是用在 TCP 層溝通，包括建立連線與識別，在此不列舉。

```
yahoo - Ethereal
File Edit View Go Capture Analyze Statistics Help
Filter: http   Expression... Clear Apply
No. Time Source Destination Protocol Info
64 2006-10-24 22:09:50.894364 140.113.179.36 203.84.202.164 HTTP GET / HTTP/1.1
82 2006-10-24 22:09:51.554451 140.113.179.36 203.84.196.97 HTTP GET /i/tw/hp/spirit/spirit.css HTTP/1.1
83 2006-10-24 22:09:51.559128 203.84.196.97 140.113.179.36 HTTP HTTP/1.1 304 Not Modified
103 2006-10-24 22:09:51.859365 140.113.179.36 203.84.196.97 HTTP GET /i/tw/hp/spirit/head.js HTTP/1.1
104 2006-10-24 22:09:51.863677 203.84.196.97 140.113.179.36 HTTP HTTP/1.1 304 Not Modified
112 2006-10-24 22:09:51.952470 140.113.179.36 203.84.196.97 HTTP GET /i/tw/hp/spirit/w3.gif HTTP/1.1
113 2006-10-24 22:09:51.957638 203.84.196.97 140.113.179.36 HTTP HTTP/1.0 200 OK (GIF89a)
118 2006-10-24 22:09:51.970280 140.113.179.36 203.84.197.167 HTTP GET /i/tw/hp/nmh/1009_masthead.gif HTTP/1.1
+ Frame 64 (531 bytes on wire, 531 bytes captured)
+ Ethernet II, Src: CnetTech_35:a9:5f (00:08:a1:35:a9:5f), Dst: Cisco_48:af:cb (00:0e:38:48:af:cb)
+ Internet Protocol, Src: 140.113.179.36 (140.113.179.36), Dst: 203.84.202.164 (203.84.202.164)
- Transmission Control Protocol, Src Port: 1894 (1894), Dst Port: http (80), Seq: 1, Ack: 1, Len: 465
    Source port: 1894 (1894)
    Destination port: http (80)
    Sequence number: 1    (relative sequence number)
    [Next sequence number: 466    (relative sequence number)]
    Acknowledgement number: 1    (relative ack number)
    Header length: 32 bytes
  + Flags: 0x0018 (PSH, ACK)
    Window size: 8760
    Checksum: 0x0513 [correct]
  + Options: (12 bytes)
- Hypertext Transfer Protocol
  + GET / HTTP/1.1\r\n
    Accept: */*\r\n
    Accept-Language: zh-tw\r\n
    Accept-Encoding: gzip, deflate\r\n
    User-Agent: Mozilla/4.0 (compatible; MSIE 6.0; Windows NT 5.1; SV1; .NET CLR 1.1.4322)\r\n
    Host: tw.yahoo.com\r\n
    Connection: Keep-Alive\r\n
    Cookie: B=50262692j4gre&b=3&s=kj; F=a=VWXiaBosvdtthGUN5AgE40Qz0jrsPByi5rKgAdCreodarsS1U9gvrHOLN.tJ&b=hQM.; Y=v1&n=cr60p6qvseo0&p=&iz=403&intl=tw; I=ir=gq&i
    \r\n
0020  ca a4 07 66 00 50 e6 00  02 c4 1e 9d 31 ea 80 18   ...f.P.. ....1...
0030  [illegible]
0040  [illegible] 47 45 54 20 2f 20  48 54 54 50 2f 31 2e 31   ..GET /  HTTP/1.1
0050  0d 0a 41 63 63 65 70 74  3a 20 2a 2f 2a 0d 0a 41   ..Accept : */*..A
0060  63 63 65 70 74 2d 4c 61  6e 67 75 61 67 65 3a 20   ccept-La nguage: 
0070  7a 68 2d 74 77 0d 0a 41  63 63 65 70 74 2d 45 6e   zh-tw..A ccept-En
Transmission Control Protocol (tcp), 32 bytes
```

【圖2-17】第一個HTTP封包內容

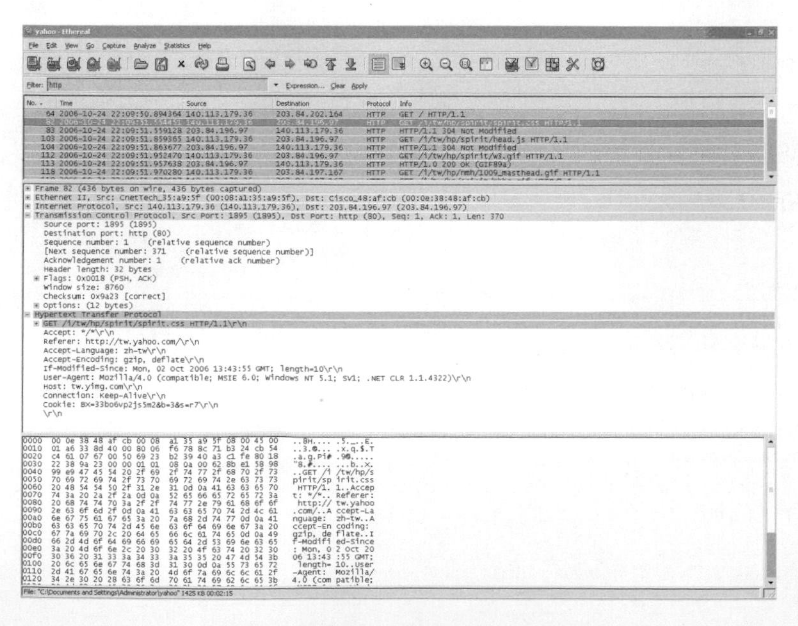

【圖2-18】第二個HTTP封包內容

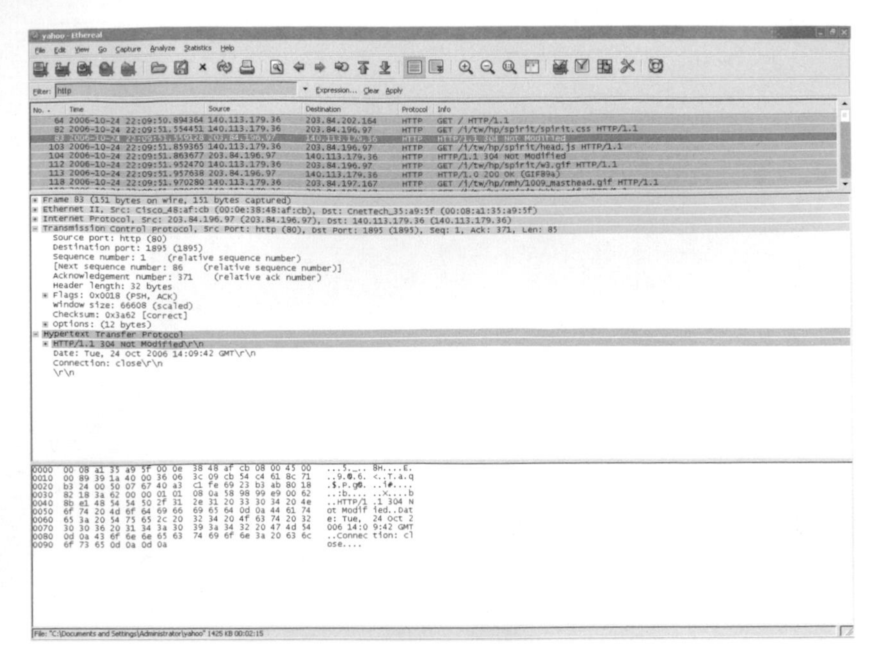

【圖2-19】第三個HTTP封包內容

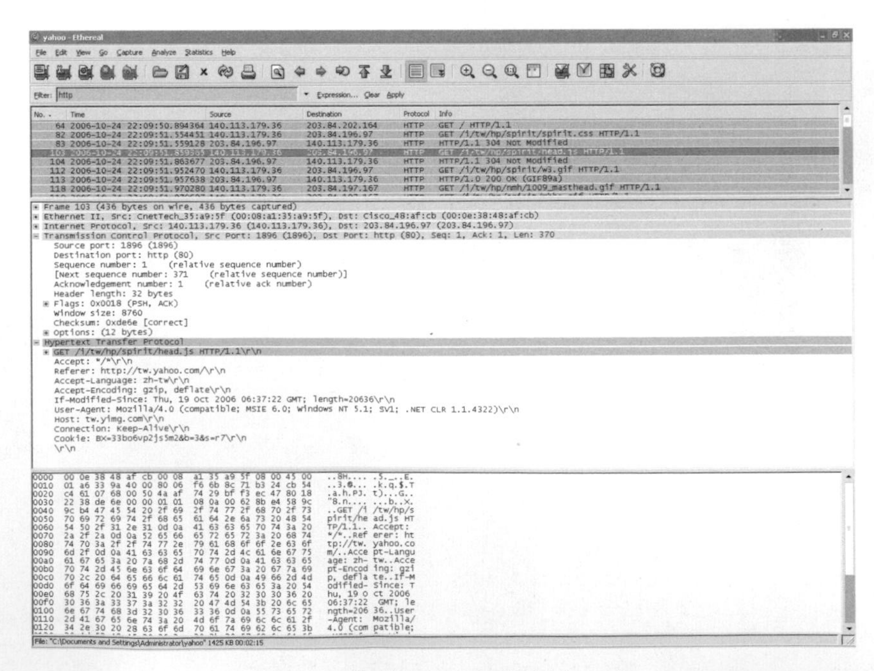

【圖2-20】第四個HTTP封包內容

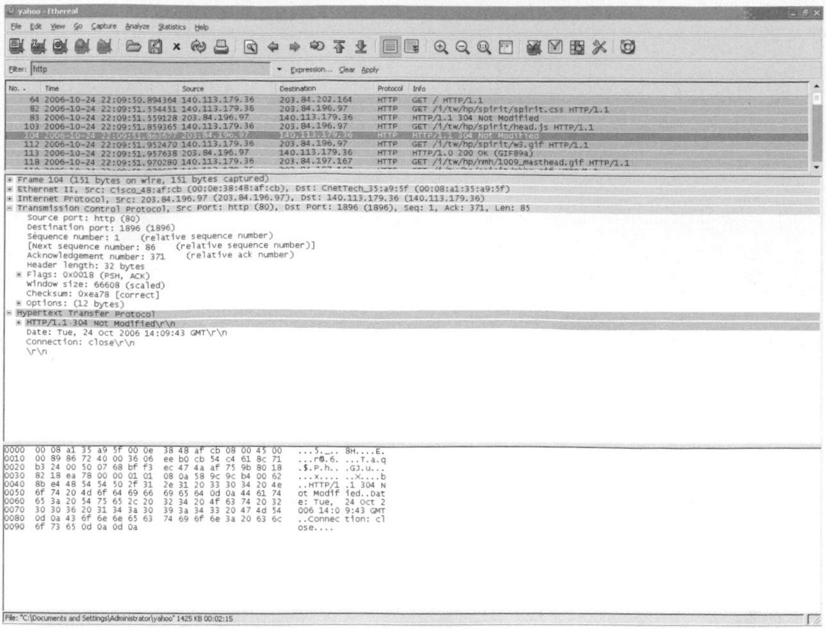

【圖2-21】第五個HTTP封包內容

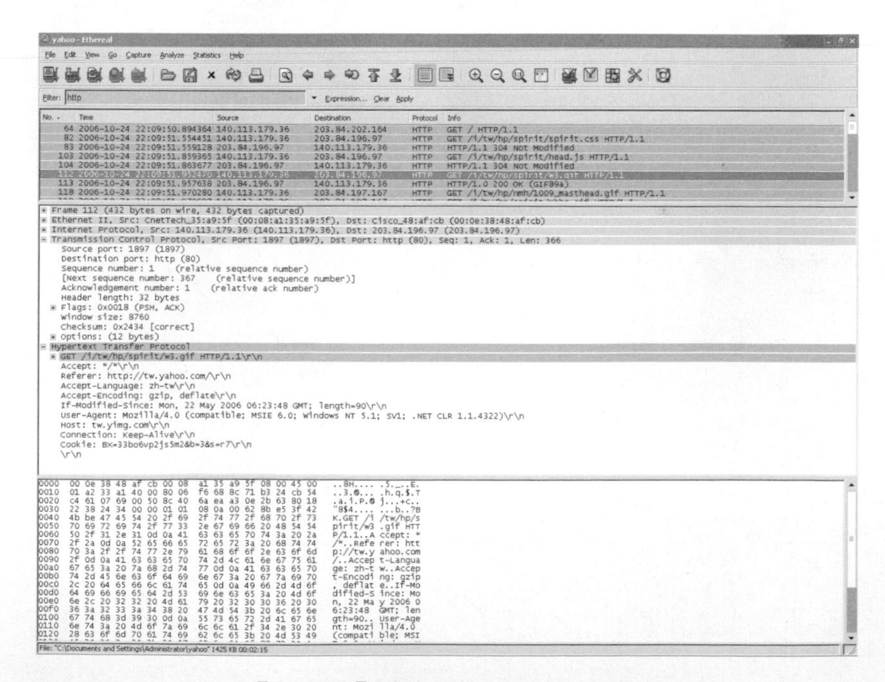

【圖2-22】第六個HTTP封包內容

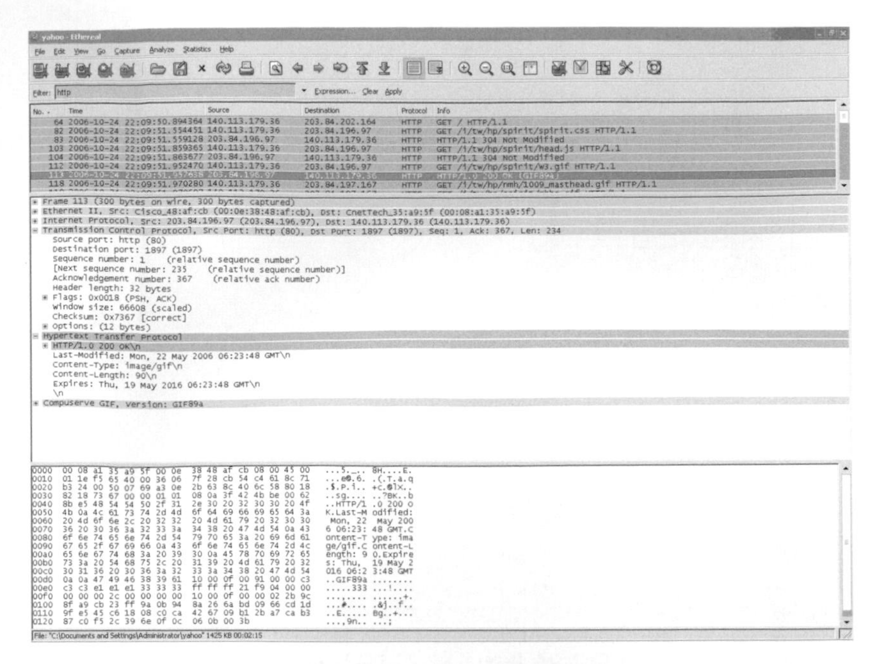

【圖2-23】第七個HTTP封包內容

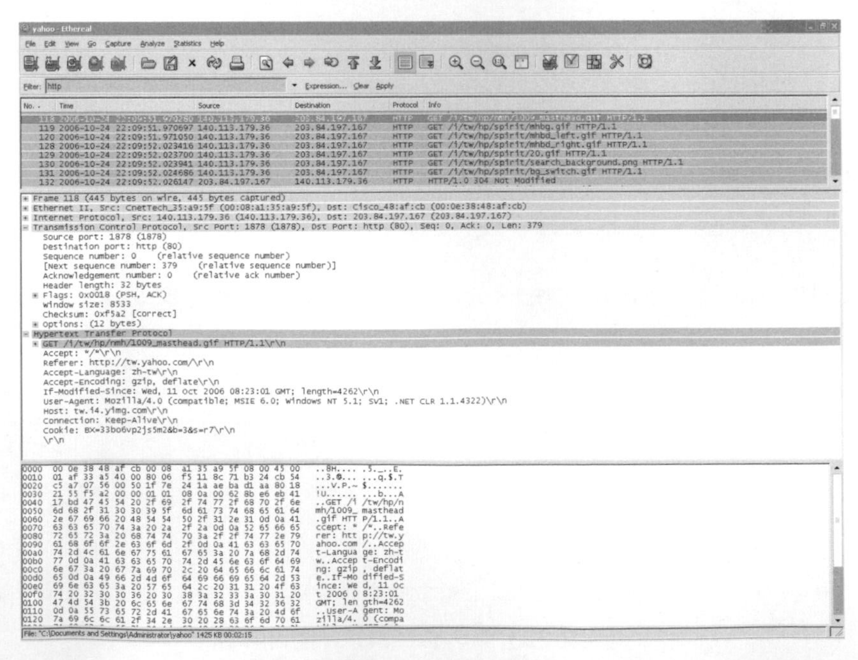

【圖2-24】第八個HTTP封包內容

```
yahoo - Ethereal
File  Edit  View  Go  Capture  Analyze  Statistics  Help
Filter: http                    Expression...  Clear  Apply

No. .  Time                        Source          Destination     Protocol  Info
118 2006-10-24 22:09:51.970280 140.113.179.36  203.84.197.167  HTTP  GET /i/tw/hp/nmh/1009_masthead.gif HTTP/1.1
119 2006-10-24 22:09:51.970697 140.113.179.36  203.84.197.167  HTTP  GET /i/tw/hp/spirit/mhbg.gif HTTP/1.1
120 2006-10-24 22:09:51.971050 140.113.179.36  203.84.197.167  HTTP  GET /i/tw/hp/spirit/mhbd_left.gif HTTP/1.1
128 2006-10-24 22:09:52.023416 140.113.179.36  203.84.197.167  HTTP  GET /i/tw/hp/spirit/mhbd_right.gif HTTP/1.1
129 2006-10-24 22:09:52.023700 140.113.179.36  203.84.197.167  HTTP  GET /i/tw/hp/spirit/20.gif HTTP/1.1
130 2006-10-24 22:09:52.023941 140.113.179.36  203.84.197.167  HTTP  GET /i/tw/hp/spirit/search_background.png HTTP/1.1
131 2006-10-24 22:09:52.024686 140.113.179.36  203.84.197.167  HTTP  GET /i/tw/hp/spirit/bg_switch.gif HTTP/1.1
132 2006-10-24 22:09:52.026147 203.84.197.167  140.113.179.36  HTTP  HTTP/1.0 304 Not Modified

+ Frame 119 (438 bytes on wire, 438 bytes captured)
+ Ethernet II, Src: CnetTech_35:a9:5f (00:08:a1:35:a9:5f), Dst: Cisco_48:af:cb (00:0e:38:48:af:cb)
+ Internet Protocol, Src: 140.113.179.36 (140.113.179.36), Dst: 203.84.197.167 (203.84.197.167)
- Transmission Control Protocol, Src Port: 1881 (1881), Dst Port: http (80), Seq: 0, Ack: 0, Len: 372
    Source port: 1881 (1881)
    Destination port: http (80)
    Sequence number: 0    (relative sequence number)
    [Next sequence number: 372    (relative sequence number)]
    Acknowledgement number: 0    (relative ack number)
    Header length: 32 bytes
  + Flags: 0x0018 (PSH, ACK)
    Window size: 8760
    Checksum: 0x2c75 [correct]
  + Options: (12 bytes)
- Hypertext Transfer Protocol
  + GET /i/tw/hp/spirit/mhbg.gif HTTP/1.1\r\n
    Accept: */*\r\n
    Referer: http://tw.yahoo.com/\r\n
    Accept-Language: zh-tw\r\n
    Accept-Encoding: gzip, deflate\r\n
    If-Modified-Since: Mon, 22 May 2006 10:09:30 GMT; length=175\r\n
    User-Agent: Mozilla/4.0 (compatible; MSIE 6.0; Windows NT 5.1; SV1; .NET CLR 1.1.4322)\r\n
    Host: tw.i5.yimg.com\r\n
    Connection: Keep-Alive\r\n
    Cookie: BX=33bo6vp2js5m2&b=3&s=r7\r\n
    \r\n

0000  00 0e 38 48 af cb 00 08  a1 35 a9 5f 08 00 45 00   ..8H.... .5._..E.
0010  01 a8 33 a7 40 00 80 06  f5 16 8c 71 b3 24 cb 54   ..3.@... ...q.$.T
0020  c5 a7 07 59 00 50 07 bd  64 ed 1b 0a 23 94 80 18   ...Y.P.. d...#...
0030  22 38 2c 75 00 00 01 01  08 0a 00 62 8b e6 ea fe   "8,u.... ...b....
0040  3a 62 47 45 54 20 2f 69  2f 74 77 2f 68 70 2f 73   :bGET /i /tw/hp/s
0050  70 69 72 69 74 2f 6d 68  62 67 2e 67 69 66 20 48   pirit/mh bg.gif H
0060  54 54 50 2f 31 2e 31 0d  0a 41 63 63 65 70 74 3a   TTP/1.1. .Accept:
0070  20 2a 2f 2a 0d 0a 52 65  66 65 72 65 72 3a 20 68    */*..Re ferer: h
0080  74 74 70 3a 2f 2f 74 77  2e 79 61 68 6f 6f 2e 63   ttp://tw .yahoo.c
0090  6f 6d 2f 0d 0a 41 63 63  65 70 74 2d 4c 61 6e 67   om/..Acc ept-Lang
00a0  75 61 67 65 3a 20 7a 68  2d 74 77 0d 0a 41 63 63   uage: zh -tw..Acc
00b0  65 70 74 2d 45 6e 63 6f  64 69 6e 67 3a 20 67 7a   ept-Enco ding: gz
00c0  69 70 2c 20 64 65 66 6c  61 74 65 0d 0a 49 66 2d   ip, defl ate..If-
00d0  4d 6f 64 69 66 69 65 64  2d 53 69 6e 63 65 3a 20   Modified -Since:
00e0  4d 6f 6e 2c 20 32 32 20  4d 61 79 20 32 30 30 36   Mon, 22  May 2006
00f0  20 31 30 3a 30 39 3a 33  30 20 47 4d 54 3b 20 6c    10:09:3 0 GMT; l
0100  65 6e 67 74 68 3d 31 37  35 0d 0a 55 73 65 72 2d   ength=17 5..User-
0110  41 67 65 6e 74 3a 20 4d  6f 7a 69 6c 6c 61 2f 34   Agent: M ozilla/4
0120  2e 30 20 28 63 6f 6d 70  61 74 69 62 6c 65 3b 20   .0 (comp atible;
File: "C:\Documents and Settings\Administrator\yahoo" 1425 KB 00:02:15
```

【圖2-25】第九個HTTP封包內容

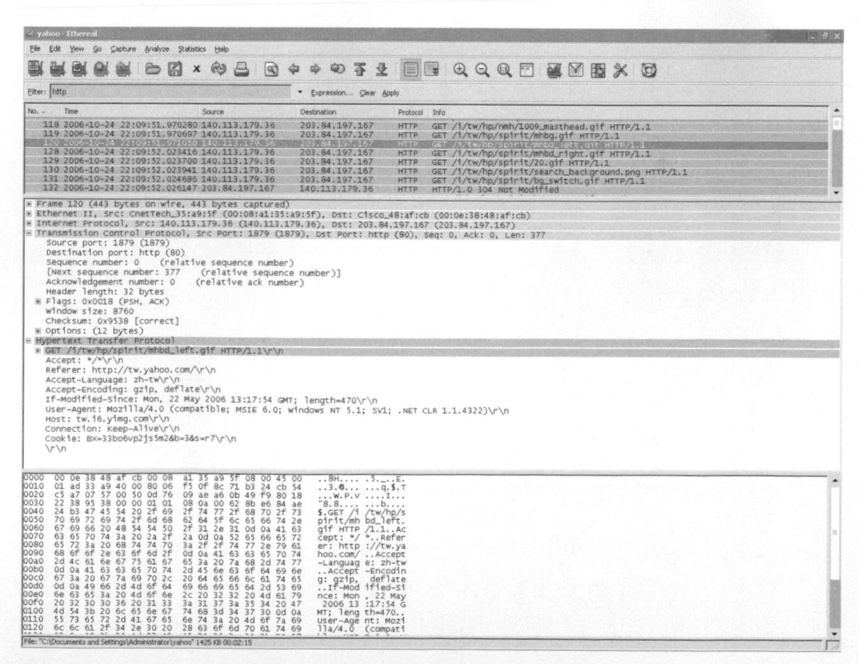

【圖2-26】第十個HTTP封包內容

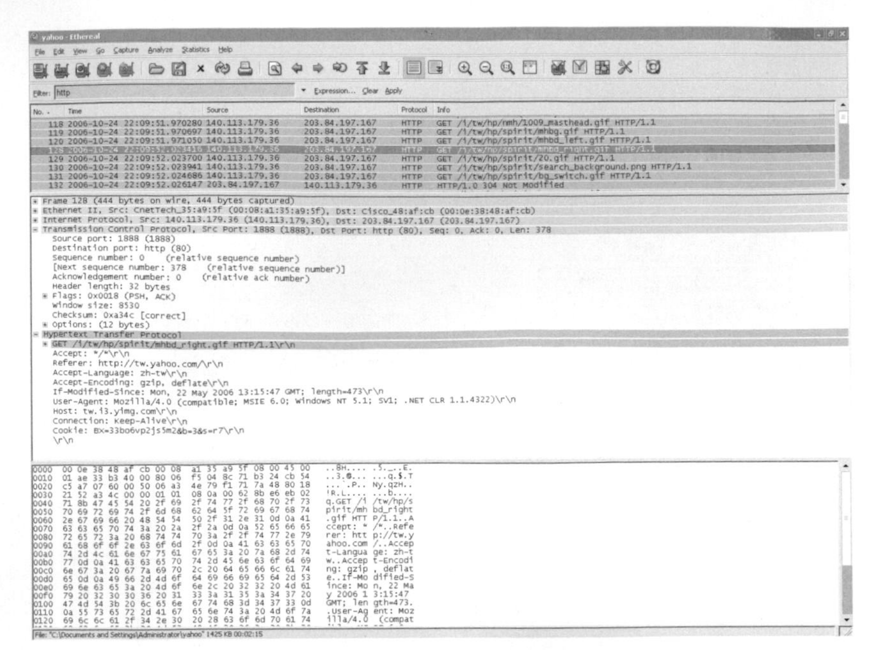

【圖2-27】第十一個HTTP封包內容

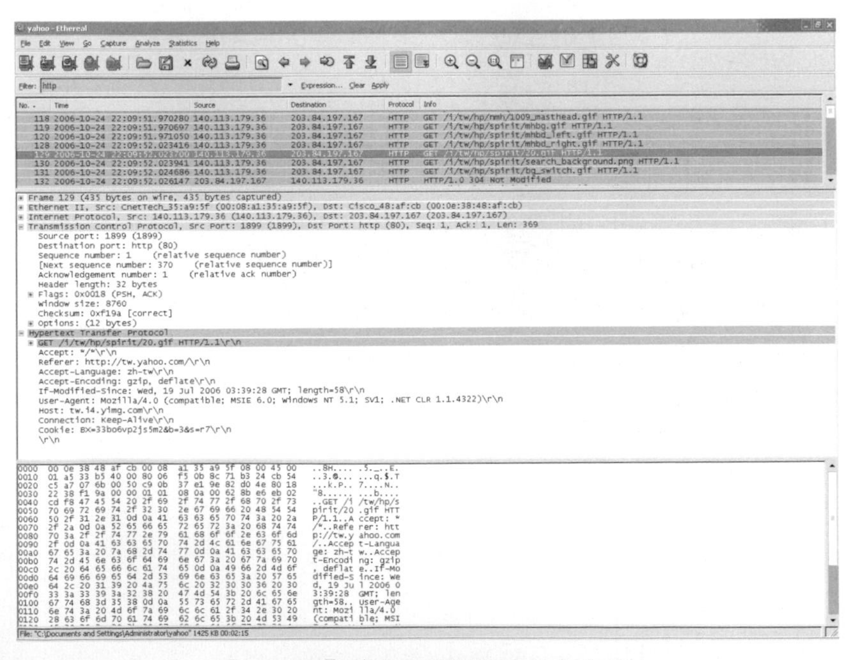

【圖2-28】第十二個HTTP封包內容

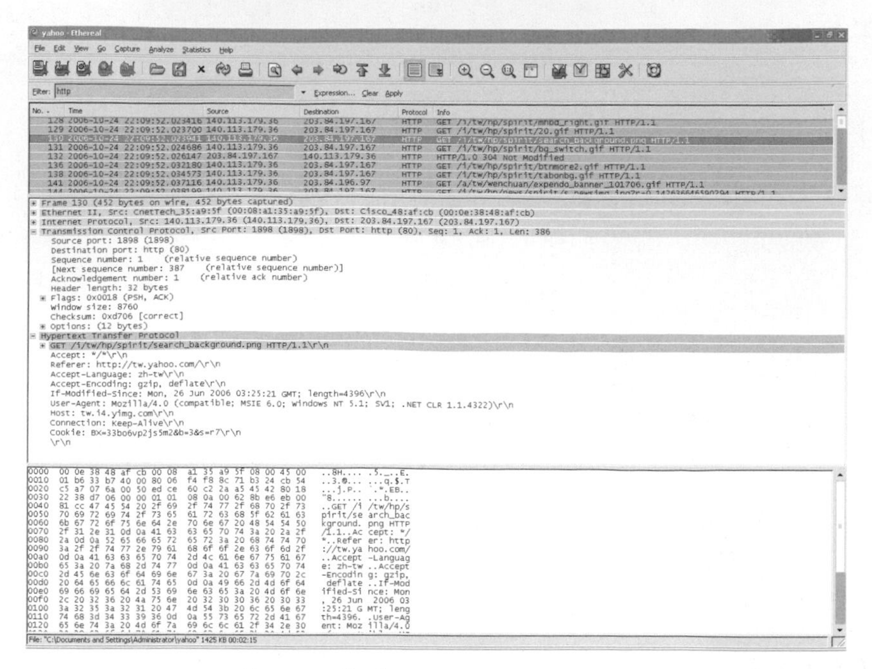

【圖2-29】第十三個HTTP封包內容

VI. 問題與討論

1. 請以點對點（peer-to-peer）或主從架構（client-server）的觀點來討論所觀察的協定，包括用途、協定封包格式及運作流程。

2. 請討論所觀察的協定是使用哪種下層協定？以及被哪些上層協定所使用？並討論之間的關係。

3. 估計所觀察的封包資料量大小，及對網路造成的負擔。（以數值討論）

4. 依序列出 HTTP 和其他 protocol 所佔用網路 traffic 的比例，以及 frame size 的分布情形。

5. 請自行設計協定運作的錯誤狀況，由所觀察的 PDU 中描述協定本身對錯誤狀況的處理。

6. 由 PDU（Protocol Data Unit）（即封包）間 inter-arrival time 的記錄，討論所觀察協定的延遲狀況，以及延遲主要發生在何時何處。

7. 自行發掘問題並尋找解答。

VII. 參考文獻

[1] IETF Homepage, “http://www.ietf.org”.

[2] J.D. Case, M. Fedor, M.L. Schoffstall, and C. Davin, “Simple Network Management Protocol (SNMP),” RFC1157, May-01-1990.

[3] M. Rose, "SNMP over OSI," RFC1418, March 1993.

[4] D.C. Plummer, “Ethernet Address Resolution Protocol: Or converting network protocol addresses to 48.bit Ethernet address for transmission on Ethernet hardware,” RFC826, Nov-01-1982.

[5] R. Finlayson, T. Mann, J.C. Mogul, M. Theimer, “Reverse Address Resolution Protocol,” RFC903, Jun-01-1984.

[6] P.V. Mockapetris, “Domain names - concepts and facilities,” RFC1034, Nov-01-1987.

[7] P.V. Mockapetris, “Domain names – implementation and specification,” RFC1035, Nov-01-1987.

[8] J. Postel, “Simple Mail Transfer Protocol”, RFC821, Aug-01-1982.

[9] Sun Micro-systems, “RPC: Remote Procedure Call Protocol specification: Version 2,” RFC1057, Jun-01-1988.

[10] G. Malkin, “RIP Version 2,” RFC2453, Nov 1998.

[11] R. Fielding, J. Gettys, J. Mogul, H. Frystyk, L. Masinter, P. Leach, T. Berners-Lee, “Hypertext Transfer Protocol -- HTTP/1.1,” RFC2616, Jun 1999.

[12] D. Waitzman, C. Partridge, S.E. Deering, “Distance Vector Multicast Routing Protocol,” RFC1075, Nov-01-1988.

[13] J. Myers & M. Rose, “Post Office Protocol - Version 3,” RFC1939, May 1996.

[14] S. Shepler, B. Callaghan, D. Robinson, R. Thurlow, C. Beame, M. Eisler, D. Noveck, “NFS: Version 4,” RFC3010, Nov 2000.

[15] NetBIOS Working Group. Defense Advanced Research Projects Agency, Internet Activities Board, End-to-End Services Task Force, "Protocol standard for a NetBIOS service on a TCP/UDP transport: Concepts and methods," RFC1001, Mar-01-1987.

[16] NetBIOS Working Group. Defense Advanced Research Projects Agency, Internet Activities Board, End-to-End Services Task Force, "Protocol standard for a NetBIOS service on a TCP/UDP transport: Detailed specifications," RFC1002, Mar-01-1987.

[17] Ethereal Homepage, "http://www.ethereal.com".

[18] NetXRay Homepage, "http://www.netxray.co.uk".

[19] Wireshark Homepage, "http://www.wireshark.org".

03 Linux網路協定程式追蹤

I. 實驗目的

瞭解並實地追蹤Linux下網路卡驅動程式（adapter driver）、協定驅動程式（protocol driver）的原始碼，內容包括：（1）追蹤開機程序中網路Process的始末，（2）研究Linux中的軟體架構並進行核心編譯，（3）追蹤核心（kernel）中的原始碼，包括網路卡驅動程式與協定驅動程式。

實驗報告的內容應包含：實驗題目、參與人員及系級、實驗目的、設備、方法、記錄、問題討論、心得。報告各部分內容應是經過討論、整理、濃縮後，重新詮釋而寫出，切勿全部剪下、照單全貼。

所列實驗方法為參考用，若有更好的方法請在報告問題討論裡的「自問自答題目」裡詳述步驟，會有額外的加分。

II. 實驗設備

本實驗需要的硬體請自備。以下所列項目為最低需求，請儘可能使用較新的軟硬體。

一、硬體

項目	數量	備註
個人電腦PC	1	Intel x86-compatible processors及256MB記憶體（或以上之配備）
網路卡	1	目前市面上流行的網路卡皆能適用
軟式磁碟片	1	1.44MB floppy

二、軟體

項目		數量	備註
Linux	Fedora Core 5	1	本實驗採用 Redhat 系統的 Linux 來說明。採用其他 distribution 或其他公開原始碼且與 UNIX 相容的版本（如FreeBSD）亦可。Linux可由各大FTP站取得[1][2]。

III. 背景資料

一、Linux的背景

Linux是一套完全免費、32位元多人多工的 UNIX 相容系統。它最早是在使用 Intel x86 CPU 架構下的 PC 發展，如今它已經能在多種 CPU 架構下執行，如 Compaq Alpha AXP、Sun SPARC、Motorola 68000系列、MIPS、Power PC、ARM、SuperH等。它不但同時相容於 System V 和 BSD UNIX，更符合 POSIX 標準。最重要的是，它的原始碼完全公開，更新非常快速，所以非常適合學術界研究使用，且也是許多 embedded system 採用的作業系統。

Linux的起源最早是在1991年10月5日由一位芬蘭的大學生 Linus Torvalds 撰寫了 Linux 的核心程式0.0.2開始的，然而其後續發展幾乎是拜網際網路上世界各方高手貢獻而成。由於Linux具有免費、效能高、原始碼公開等特性，目前流行的程度非常迅速，許多軟硬體公司已開始移植軟體到Linux上，更有許多相關的發展計畫，如 GNOME、KDE、CLE等等正在進行著。在商業界裡更有許多公司行號早已以 Linux 當作 Server。Linux作業系統可以說是軟體的一股潮流、Bill Gates揮之不去的夢魘。

二、Linux的核心功能[3]

Linux kernel的功能與其他 UNIX 系統的 kernel 類似，主要是處理「Process Management」、「Memory Management」、「File System」、「Device Control」、「Networking」等事項：

1.Process Management

process的起始（create）、終結（destroy）與 process 間的通訊（Inter-Process Communication）都由 kernel 來管理。

2.Memory Management

kernel建立一個 virtual addressing space 的記憶體給所有的 Process使用，應用程式只需利用 malloc、free 等的 function call 即可使用記憶體資源而不會與其他 process 衝突。

3.File System

Linux非常仰賴 File System 的觀念，幾乎所有東西（如虛擬終端機、周邊裝置等）皆可以被對應到檔案中。

4.Device Control

Linux在 device driver 方面與 DOS 很不一樣的是，把 device driver 合併在 kernel 裡。所有硬體的驅動程式都跑在 kernel space，所以欲加入新的硬體，大半都必須重新編譯核心。有一個辦法是將驅動程式寫成 module，就可以動態地載入、移除驅動程式而不需重新編譯 kernel。

5.Networking

由於網路的功能不能只針對某些 process，使得網路的部份需由作業系統直接負責。一個封包從 interface 進來後，中間尚須經過層層的 protocol stack（如TCP、IP等）才分派到 user space 的應用程式；這裡 Networking 專指中間 protocol stack 的部分。

三、Linux的網路架構

除了GNU（GNU's Not Unix）中的眾多軟體可以使用外，Linux 還可以當作 router、firewall 等網路設備。由於其網路功能非常強大，又公開原始碼，使我們對網路的運作流程產生無比的興趣，本實驗的目的就是追蹤 Linux 「網路卡驅動程式」、「網路協定驅動程式」、「網路應用程式」之間的互動關係。

由於「驅動網路卡」的工作屬於核心功能中「device control」的部分，而「協定堆疊」屬於核心功能中「Networking」的部分，我們得知此兩者在Linux/UNIX的環境下，是存在於核心程式（kernel）中。

四、檢視核心原始碼

在此我們僅檢視有關網路方面的核心原始碼，也就是「網路卡驅動程式」與「協定驅動程式」的原始碼：

1.網路卡驅動程式

A.Hardware Dependent的部分：在 kernel source tree 根目錄下的drivers/net/ 裡有各種已被支援的網路卡驅動程式原始碼。如果是 NE2000 Compatible 的 Chip，原始碼爲 ne.c；若是 Intel EtherExpress PRO 10/100Mbps 的網路卡，原始碼爲 eepro100.c，以此類推，詳細的網路卡支援都可在 source tree 下的原始碼中找到。

B.Hardware Independent的部分：MAC 層的運作可在 source 根目錄的 net/ethernet/ 中找到。

2.協定驅動程式

核心原始碼在 source 根目錄的 net/ipv4/，例如 ip_output.c 中有許多重要的 function，如 ip_build_and_send_pkt，ip_queue_xmit等。

五、開機程序始末[5]

一個典型的 Linux 開機程序有數個步驟：

1.核心載入

在 Linux 中通常以 grub 來載入核心，/etc/grub.conf 爲其設定檔。

2.硬體偵測與設定

核心載入後執行硬體偵測設定、初始化核心的工作。網路卡及協定驅動程式皆在此載入。

3.產生System Process（init等process）

硬體偵測完後產生 init 這個 user space 的 process。init是所有其他process 的老祖宗，其初始化是經由讀取 /etc/inittab 設定檔來開始執行系統初始化的 script。

4.執行系統初始化的script

/etc/inittab是 init 的設定檔，裡頭有參考到許多其他的 /etc/rc.d/ 中的script ，其中第一會先參考到 /etc/rc.d/rc.sysinit ，再來會參考到的是 /etc/rc.d/rcX.d，X爲0～6，每一種代表一種開機模式。Internet 的 daemon（xinetd） 就是在這些 script 中載入的。

5.進入multi-user的session

由 init 衍生出 getty 設定終端機屬性，再衍生出一個 login process 來讓使用者登入。

IV. 實驗方法

安裝Linux

安裝 Linux 非常簡單，用光碟直接開機安裝，或用 FTP 等就可以灌好。坊間有許多參考書籍介紹安裝這部分，網路上也有很多 site 有說明文件，在此就不贅述。

啟動 Linux 的網路功能

在 Fedora 5 [8]，只需要在安裝的時候，設定好 IP address、netmask、getway、DNS server（Primary nameserver）等等，即可在開機後直接啓動網路功能，若想要在開機後重新設定網路功能，可利用 ifconfig 及 netconfig 指令，或是使用 x window 中的 System->Adminstration->Network 來設定。設定完不需重新開機，只需要下「service network restart」指令即可將網路功能重新啓動。若是網路卡十分特殊，則需要去原廠網頁抓網路卡的驅動程式並安裝，最後再照上面步驟執行即可。

觀察開機程序

觀察開機的方法有很多，主要可以列成幾點：

1.觀察開機螢幕：開機時可馬上記錄螢幕顯示，先用 Scroll Lock 將螢幕畫面暫停，再利用 shift+PageUp 上下觀察。

2.利用 dmesg指令：開機結束進入帳號後輸入 dmesg 指令以觀看開機訊息。

3.觀看 log檔：透過 syslogd 記錄到 log 檔，詳細情形見下文。

追蹤核心中網路驅動程式的方法

在本實驗裡，我們將執行 ping 來觸發 kernel 中的網路處理模組，並利用下列提供的兩個方法擷取執行的過程。

追蹤核心程式與追蹤普通 user space 的程式有很大的不同，在此提供兩個方法：利用「kernel之 printk 透過 syslogd 來記錄執行程序」、利用「gdb之 remote debugging 使得 kernel 可以 step by step 執行」，而實驗步驟則專注在第一種方法。

1.利用printk產生訊息：

在 kernel space 中，無法像一般在 user space 寫程式一樣，利用 printf 將訊息列印到標準輸出，因爲 printf 是一個讓user space 程式使用的 function。Kernel 中要利用 printk 來將訊息列印出來，其與 printf 不同的是，他沒有處理浮點數的能力，另外就是每一個 printk 還伴隨著一個log level，可以說就是此 message 的 priority。Linux系統有一 klogd daemon，可以記錄 kernel 的 message。如果系統上尚有 syslogd，就可以很方便地攔截 klogd 的 message，並根據不同的 log level 記錄在不同的檔案或顯示在不同的 console（見圖3-1）。

syslogd 的設定檔是 /etc/syslog.conf，把 kern.* 的這一行加上註解，並在下一行加入 "kern.=info /var/log/kern_info" 就可以將所有 log level爲 KERN_INFO 的 message 寫在 /var/log/ker_info 的檔案。

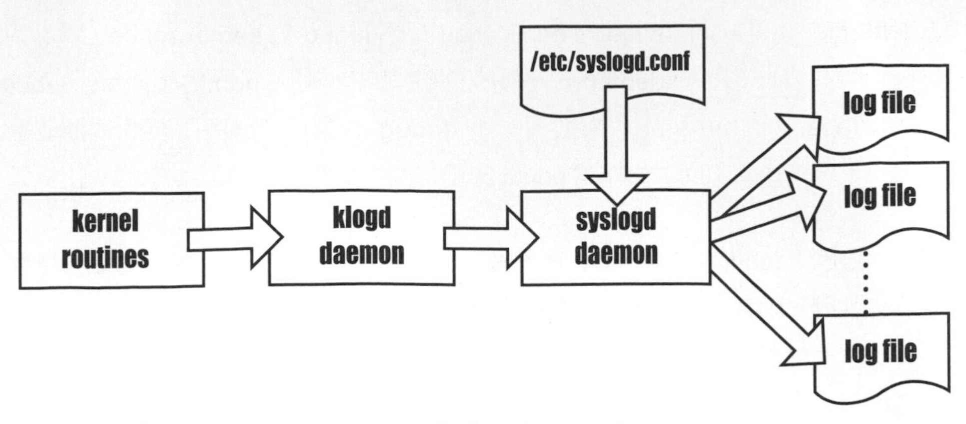

【圖3-1】klogd與syslogd合作記錄kernel產生的message

使用 printk 的方法很簡單，其格式爲 printk（loglevel, "formatted string"）[1]。log level 的值詳見表3-1，可由 kernel.h中找到其定義。

【表3-1】Kernel message的log level

Log level	意義
KERN_EMERG	System is unusable
KERN_ALERT	Action must be taken immediately
KERN_CRIT	Critical conditions
KERN_ERR	Error conditions
KERN_WARNING	Warning conditions
KERN_NOTICE	Normal but significant condition
KERN_INFO	Informational
KERN_DEBUG	Debug-level messages

在 TCP/IP的protocol stack 中加入「適量」的 printk function call，即可得到一些有意義的結果。

2.利用debugger：

在 trace 程式時我們通常會用 debugger 來設 breakpoint，並 step by step 地去執行程式，然而在 debug 對象是 kernel 時，可就享受不到這種便利了。畢竟

1. 注意printk中的loglevel和後面的字串之間並無逗點。

debugger 也是 user space 的 application，要 debug 到 kernel space，就必須要透過一些其他的手段。kdebug是一個好用的工具，其利用 gdb 的 remote debugging interface 在「run-time」來做到一些 debug 的動作，像是「更改欲偵測對象之data」、「呼叫函式（如呼叫 printk 印出某個變數目前的值）」等。

雖然 kdebug 可以在 run-time 做到上述的動作，卻仍無法做到設定中斷點或是單步執行，因爲一台機器總不能把自己的 kernel 停掉時，還要繼續執行 debugger 來看一些變數值。要做到這樣的事可以透過 remote debugging 的方式，由一台電腦跑 gdb，另一台電腦跑 kernel，而兩台之間利用 RS-232 串連起來溝通。由於此種方法較複雜，詳情請參考[3][4]。

V. 實驗步驟

步驟1　追蹤開機訊息

步驟1.1　在開機以 root 登錄後輸入 dmesg > file，將開機訊息 dump 到檔案裡並記錄檔案內容【記錄1】。

步驟2　編譯核心及設定 IP 位址

步驟2.1　取得核心：請在 Linux 下到 FTP site [6] 抓取核心原始碼至 /usr/src

步驟2.2　解開核心：在您的 home directory 下使用 tar xvzf linux-2.x.x.tar.gz（檔名視kernel版本而定）解出 kernel source tree，並詳讀其根目錄下的 README 檔。

步驟2.3　設定核心：在編譯前得先設定好 kernel 要有哪些功能。至 kernel source tree 根目錄下執行 make config（一問一答設定）或 make menuconfig（依選單選擇設定）進入設定 kernel的階段。另外，如果你有安裝 X 視窗環境，利用 make xconfig 會有比較好的介面。在下面我們專注在網路方面的 kernel configuration：

步驟2.3.1　在 Loadable Module Support 的大項裡：

步驟2.3.1.1　Enable loadable module support 選 YES 可以讓系統有能

力動態載入模組，達到節省資源使用的目的。不過若是只選這個，要用到此 module 時，尚須手動利用 insmod或modprobe 指令載入。

步驟2.3.1.2 Automatic Kernel module loading 選 YES 可讓 kernel 認爲要用到某 module 時自動將 module 載入，不需手動用 insmod 或 modprobe 載入。

步驟2.3.2 在 Networking->Networking Option 大項裡：

步驟2.3.2.1 TCP/IP networking 選 YES 可讓 kernel 支援 Internet 的功能，也就是有了 TCP/IP的protocol stack。

步驟2.3.3 在 Device Drivers->Network Device Support大項裡：

步驟2.3.3.1 Network Device Support 選 YES以支援網路卡。

步驟2.3.3.2 Ethernet （10 or 100Mbps）->Ethernet（10 or 100Mbps） 選YES 可讓 kernel 支援 IEEE 802.3 制訂的標準（如10BASE-T、100BASE-TX等）。

步驟2.3.3.3 Ethernet （10 or 100Mbps）下可選擇網路卡型號，如此設定完後，會產生適當的makefile提供編譯。

步驟2.4 輸入 make clean：將之前編譯過的檔案刪除，如果是第一次編譯則不需此步驟。

步驟2.5 輸入make：編譯新的 kernel image。若編譯不成功或是最後掛不起來，可能要重新選擇 config 中的項目。若編譯成功 image 會放在 kernel source tree 下的 arch/i386/boot/ 下的 bzImage。

步驟2.6 安裝module：利用 make modules_install 將新的 module 拷貝到/lib/modules 下。

步驟2.7 移動新的 kernel image 到 /boot 目錄：將 kernel source tree 下arch/i386/boot 中的 bzImage 搬到 /boot 下，並更名爲 vmlinuz-2.6.15.1（指令爲 "mv /usr/src/linux/arch/i386/boot/bzImage /boot/vmlinuz-2.6.15.1"）

步驟2.8　移動新的 System map 到 /boot 目錄：將 kernel source tree 下的 System.map 搬到 /boot/System-2.6.15.1.map

步驟2.9　切換到 /boot目錄下，製作 ramdisk images 給 preloading modules：mkinitrd initrd-2.6.15.1.img 2.6.15.1

步驟2.10　編輯 Linux loader 的設定檔：更改 /etc/grub/menu.lst，新增如下幾列（此處只要仿照原本能夠開機的設定，再稍微更改即可。不同PC的設定可能不盡相同）：

```
title Mykernel (2.6.15.1)
        root (hd0,5)
        kernel /vmlinuz-2.6.15.1 ro root=LABEL=/ rhgb quiet
        initrd /initrd-2.6.15.1.img
```

步驟2.11　設定Internet參數：在執行本步驟前雖然 kernel 已經支援 Internet 的各項模組，但是若不加以設定正確的參數，仍然無法連上Internet。通常在安裝 Linux 時就會設定 IP address、Netmask 等，系統也會建好 routing table。不過要處理一些比較複雜的事時（譬如插很多張網路卡，或這台 Linux 要當 router 等），就會需要一些 tool 來協助管理這些參數。

步驟2.11.1　設定網路卡參數：

假設欲設定的網路卡參數如表3-2所示：（請勿照抄IP）

【表3-2】設定網路卡的參數

參數	參數值
Interface	eth0
IP address	140.113.88.181
Broadcast address	140.113.88.255
Netmask	255.255.255.0

你可以經由指令「ifconfig eth0 140.113.88.181 netmask 255.255.255.0 broadcast 140.113.88.255」來設定 eth0 interface，或是用之前所述的 netconfig 或 x window 介面。

步驟2.11.2　設定 routing table：

平常不需要使用到這個指令，但是如果插了好幾張網路卡，便需要這個指令來協助管理 routing table，以告知應用程式要從哪一個 interface 送出去。經由設定 routing table，指明哪些 IP 位址往那個 interface 送，就可以解決這樣的問題。如果要加一個 default gateway的 entry 到 routing table，鍵入 "route add –net default gw 140.113.88.254 dev eth0"；如果要讓所有通往 140.113.23.* 的封包都從 eth1 interface 出去，鍵入 "route add –net 140.113.23.0 dev eth1" 即可，或是直接使用 x window 下 System->Administration->Network->Devices tab，點擊 device，設定 Route。

步驟3　追蹤核心程式碼網路驅動程式

步驟3.1　設定 syslogd：編輯 /etc/syslog.conf，把 kern.* 的那一行加上註解，並加上一行"kern.=info /var/log/kern_info"。存檔後重新開機，syslogd 就會可以將所有 log level爲KERN_INFO 的 message 寫在 /var/log/ker_info 的檔案。

步驟3.2　追蹤 ping 送出 ICMP echo 的流程：[7]

爲追蹤 ping 的工作流程，請到 kernel source tree 將下列檔案的函示中加上註解，亦可於欲追蹤的函示上自行加入註解。

之後到 kernel source tree 的根目錄下重新執行「編譯核心」的步驟

編號	檔名	函式名稱	備註
1	net/ipv4/icmp.c	xrlim_allow()	
2		icmpv4_xrlim_allow()	
3		icmp_reply()	
4		icmp_send()	
5		icmp_unreach()	加在 ICMP_NET_UNREACH ICMP_HOST_UNREACH ICMP_PORT_UNREACH ICMP_PROT_UNREACH

6		Icmp_redirect()	
7		Icmp_echo()	
8	net/ipv4/ip_input.c	ip_local_deliver()	
9		ip_rcv()	
10	net/ipv4/ip_output.c	ip_build_and_send_pkt()	
11		ip_output()	
12		ip_queue_xmit()	
14		ip_append_data()	
15		ip_append_page()	
16		ip_fregment()	
17		ip_reply_glue_bits()	
18		ip_send_reply()	
19	/net/ipv4/arp.c	arp_send()	
20	/net/ipv4/af_inet.c	inet_listen()	
21		inet_create()	
22		inet_release()	
23		inet_bind()	
24	/net/ipv4/route.c	ip_route_output_slow()	
25		ip_route_output_flow()	
26		ip_route_output_key()	
27	/net/ethernet/pe2.c	make_EII_client()	
28	/net/ethernet/eth.c	eth_header()	
29		eth_rebuild_header()	
30		eth_type_trans()	
31		eth_header_parse()	

（2.6~2.9及2.11），如此僅會重新compile有被更動過的檔、link出新的 kernel 並更新 kernel，接著就可以實驗之後的步驟。當然也可以視需要自行添加 printk。

步驟3.2.1　選擇 ping的待測機器：爲嚴格定義待測機器位址，請按照下列公式推出在你環境下的近端、遠端機器之 IP位址。

公式：(H and M)＝(R and M)＝(N1 and M)＝(N2 and M)≠(F and M)

公式中的 and 代表作 bitwise 的 AND 運算。H、M、R、N1、N2、F的意義請參照表3-3。將原已設定的H、R、M與選出的F、N1、N2記錄下來【記錄2】。

【表3-3】H、M、R、N1、N2、F的意義

	狀態	IP address（32-bit）
本機位址	已連上Internet	H（host）
本機Netmask	-	M（mask）
router或gateway位址	已連上Internet	R（router）
選擇的遠端（跨subnet）待測機器位址	已連上Internet	F（far）
選擇的近端（同subnet）待測機器位址	已連上Internet	N1（near）
選擇的近端（同subnet）待測機器位址	尚未連上Internet	N2（near）

步驟3.2.2 清除本機 ARP table：

重新開機以後，在文字模式下開啟三個 Virtual Console（Ctrl+Alt+F1、Ctrl+Alt+F2、Ctrl+Alt+F3）分別以 root 登入，第一個 Console 專門用來下指令，第二個 Console 專門用來看 log 檔，第三個專門用來看 ARP table，之後會用到的指令請參考表3-4。

【表3-4】清除本機ARP table 的指令

指令	Virtual Console	指令內容
A	1	ping –c 1 xxx.xxx.xxx.xxx（ping 待測機器一次）
B	2	more /var/log/kern_info（觀看 log 檔） cat /dev/null > /var/log/kern_info（清除 log 檔）
C	3	cat /proc/net/arp（檢視目前系統 ARP table） 或 指令arp

步驟3.2.3 ping遠端機器：

步驟3.2.3.1 下達指令C觀看 ARP table，記錄目前已有的 Entry【記錄3】。

步驟3.2.3.2　下達指令B中的第二個指令清除 log 檔的內容。

步驟3.2.3.3　緊接在步驟2後，下達指令A測試遠端已經可上 Internet的機器（位址為F）。

步驟3.2.3.4　下達指令B觀看 log 檔，記錄後將其內容全部清掉【記錄4】。

步驟3.2.3.5　下達指令C觀看 ARP table，記錄目前 table 中有的 Entry【記錄5】。

步驟3.2.4　ping近端機器（ping在同一 subnet的機器，不透過 router）:

步驟3.2.4.1　下達指令B中的第二個指令清除 log 檔的內容。

步驟3.2.4.2　緊接前一步驟，下達指令A測試近端已經可上 Internet 的機器（位址為N1）。

步驟3.2.4.3　下達指令B觀看 log 檔，記錄後將其內容全部清掉【記錄6】。

步驟3.2.4.4　下達指令C觀看 ARP table，記錄目前 table 中有的 Entry【記錄7】。

步驟3.2.4.5　重複步驟3.2.4.2～3.2.4.5【記錄8】。

步驟3.2.5　ping 近端不存在或未上網機器：

步驟3.2.5.1　下達指令B中的第二個指令清除 log 檔的內容。

步驟3.2.5.2　緊接前一步驟，下達指令A測試近端不存在或未上網機器（位址為N2）。

步驟3.2.5.3　下達指令B觀看 log 檔，記錄後將其內容全部清掉【記錄9】。

步驟3.2.5.4　下達指令C觀看 ARP table，記錄目前 table 中有的 Entry【記錄10】。

VI. 實驗記錄

<table>
<tr><th>記錄</th><th colspan="2">內容</th></tr>
<tr><td>1</td><td colspan="2">開機訊息：</td></tr>
<tr><td rowspan="7">2</td><td>機器</td><td>IP address</td></tr>
<tr><td>H（host）</td><td></td></tr>
<tr><td>M（netmask）</td><td></td></tr>
<tr><td>R（router）</td><td></td></tr>
<tr><td>F（far）</td><td></td></tr>
<tr><td>N1（near1）</td><td></td></tr>
<tr><td>N2（near2）</td><td></td></tr>
<tr><td rowspan="4">3</td><td colspan="2">重開機後ARP table已有的entry：</td></tr>
<tr><td colspan="2"></td></tr>
<tr><td colspan="2"></td></tr>
<tr><td colspan="2">.
.
.
.</td></tr>
<tr><td>4</td><td colspan="2">ping遠端機器（F）後log檔內容：
.
.
.
.</td></tr>
</table>

<table>
<tr><td rowspan="4">5</td><td>ping遠端機器（F）後ARP table現有entry：</td></tr>
<tr><td></td></tr>
<tr><td></td></tr>
<tr><td>.
.
.
.</td></tr>
<tr><td>6</td><td>ping近端機器（N1）後log檔內容：
.
.
.
.</td></tr>
<tr><td rowspan="4">7</td><td>ping近端機器（N1）後ARP table現有entry：</td></tr>
<tr><td></td></tr>
<tr><td></td></tr>
<tr><td>.
.
.
.</td></tr>
<tr><td>8</td><td>ping近端機器（N1）後log檔內容：
.
.
.
.</td></tr>
</table>

9	ping近端不存在或未上網機器（N2）後log檔內容： . . . .
10	ping近端不存在或未上網機器（N2）後ARP table現有entry：
	. . . .

VII. 問題與討論

1. 根據【記錄1】，Trace開機訊息的訊息（越多越好，尤其與網路相關的訊息），尋求每一訊息由哪一個檔案（核心程式碼或初始化 script）的哪一指令所產生，做成如下格式的表格。

開機訊息	檔案名稱	對應的指令或函式
. . . .	. . . .	. . . .

2. 請說明實驗小組 trace 網路卡驅動程式、協定驅動程式的流程，以及所用時間。

3. 分別解釋【記錄3、4、5】（ping遠端機器）、【記錄6、7】（ping近端機器）、【記錄8、9】（ping近端不存在或未上網機器）的結果，並綜合做出ping送出 ICMP echo 的流程圖。

4. 請自行設計一個問題，並自行回答。

Ⅷ. 參考文獻

[1] 交大資工Linux 網站，linux.cs.nctu.edu.tw。可取得燒錄檔，或用NFS、FTP方式的安裝。

[2] Chinese GNU/Linux Extensions, http://cle.linux.org.tw, 中文化linux可開機光碟image（燒錄檔）提供者。

[3] Alessandro Rubini, "Linux Device Drivers," O'Reilly & Associations, Feb. 1998.

[4] 蔡品再、林盈達，追蹤 Linux 核心的方法， http://speed.cis.nctu.edu.tw/~ydlin/miscpub/remote_debug.pdf。

[5] Nemeth Snyder et al., "UNIX System Administration Handbook," Third Edition, Prentice Hall, Aug. 2000.

[6] Linux kernel的取得處，ftp://linux.cs.nctu.edu.tw/kernel。

[7] Douglas E. Comer, David L. Stevens "Internetworking with TCP/IP Volume Ⅱ," Third Edition, Prentice Hall, June 1998.

[8] Fedora Core download site, http://fedoraproject.org/wiki/.

[9] 鳥哥的私房菜：Linux核心編譯與管理，http://linux.vbird.org。

04 Linux 子網域分割之設定與觀察

I. 實驗目的

本實驗目的爲了解子網路分割的方式，netmask在 Host 端、Router 端以及廣播封包處理的方式。透過Linux上一些工具，可以實際觀察這些運作。

此外，您也可以練習把一份報告寫得很完整、邏輯很正確、文句很流暢。將此實驗報告當成一篇測試報告來撰寫。實驗報告的內容應包含：實驗題目、參與人員及單位、目的、設備、方法、記錄、問題討論及心得、參考資料。

II. 實驗設備

一、硬體

項目	數量	備註
網路卡	4	建議使用常見的網路卡，可免去裝網路卡驅動程式的麻煩
Cat-5網路線（跳接線）	2	用來連接二張網路卡
個人電腦	3	其中一台至少要有二張網路卡做為主機。另外二台電腦要有網路功能。

二、軟體

項目	數量	備註
Linux 作業系統[1]	1	Linux 套件之 Kernel 版本為 2.6 以上，本實驗所使用的Linux為Fedora core 5。
tcpdump[2]	1	用來觀察封包的工具，如果你的 Linux 套件沒有附這個工具，請到 http://www.tcpdump.org/ 或其他 FTP 站下載。安裝 tcpdump 前得先裝好 libpcap。 此處實驗所使用的tcpdump版本為3.9.5，libpcap版本為0.9.5

III. 背景資料

一、傳統的 IP 地址配置

傳統上我們把 Internet 上 32-bit 的 IP 位址分爲二大部份，前面一部份爲 Network Prefix，後面一部份爲 Host Number，如圖4-1[3]。爲了不同的使用量需求，根據 Network Prefix 的長度又分爲三大類，分別爲 Class A、Class B 和 Class C[1]。如表4-1。

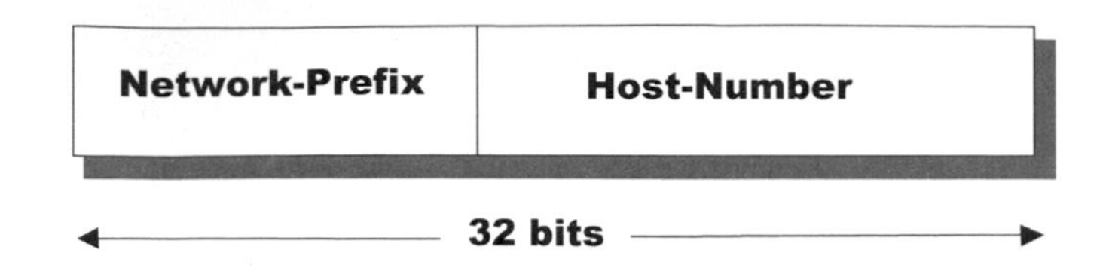

【圖4-1】傳統 IP 位址配置方式

【表4-1】三大類 IP 位址分佈情形

Class	Leading Bits	Prefix Length	Range	Netmask
A	0	8	0.0.0.0-127.255.255.255	255.0.0.0
B	10	16	128.0.0.0-191.255.255.255	255.255.0.0
C	110	24	192.0.0.0-223.255.255.255	255.255.255.0

從表4-1中我們可以看出這三大類IP位址的分佈情形和數量。以Class B爲例，Network Prefix 的長度爲 16-bit，其前二個 bit 是1和0，因此Class B就一共有216-2這麼多個Networks，而每個 Network下就有232-16個IP位址可用[2]。

在這種使用方式下延伸出一些問題。我們可以發現不同 Class 的 Network下所分配到的可使用 IP位址個數差異實在是很大，而在同一個 Network 中的廣播流量也大的驚人。試想在 Class A 的 Network 中，某一個 IP 位址做廣播，就會讓這個 Network 中的其他數以萬計的 IP 位址也收到，如果有好幾個 IP 位址都在廣播，那這個區段的網路可能就癱瘓了。另一個問題是 Router 上的路徑表會成長的十分龐大，以應付如此多

1. 另有Class D為multicast位址及Class E保留將來使用，但本實驗暫不討論。

2. 但有些位址另有保留他用，如廣播位址等。

的 Networks 及 Hosts。為了解決這個問題，便有「子網路（Subnet）分割」的想法被提出。本文所介紹的，即是目前廣為使用的網路分割方式以及 Host、Router 端對 Netmask 的運作和處理方式。

二、Netmask 的運作方式 [4]

1.Host 端

我們首先得了解 Netmask 的運作方式。在 Host 端，如圖4-2所示，這是二個 Class B 的 Network。當 A 要送封包給同一個 Network 內的 B 時，便執行下列運算：

i.拿自己的 IP 位址和自己的 Netmask 做 AND 運算：172.16.0.1 & 255.255.0.0＝172.16.0.0。

ii.拿 B 的 IP 位址和自己的 Netmask 做 AND 運算：172.16.0.2 & 255.255.0.0＝172.16.0.0。

iii.比較 1、2 的結果，發現結果相同，因此 A 便將封包直接傳送給 B。

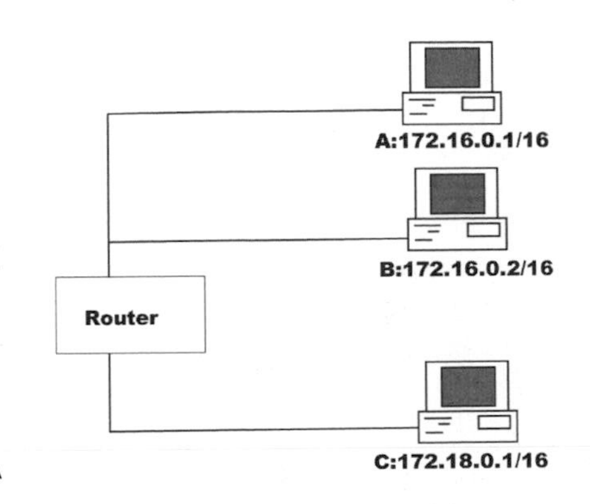

【圖4-2】 網路示意圖[3]

但是，當 A要將封包送給不同 Network下的 C 時，同樣執行上述的運算：

i.拿自己的 IP 位址和自己的 Netmask 做 AND 運算：172.16.0.1 & 255.255.0.0＝172.16.0.0。

ii.拿 C 的 IP 位址和自己的 Netmask 做 AND 運算：172.18.0.1 & 255.255.0.0＝172.18.0.0。

iii.比較 1、2 的結果，發現結果不同，因此 A 將封包直接傳送給 Router，由 Router 轉送給 C。

這裡所謂「直接傳送封包」，指的是先由發送端以 ARP 協定取得router端的 Ethernet Address 後，再往該位置傳送。

---

3. 圖4-2的A:172.16.0.1/16，表示Netmask為16 bits，即255.255.0.0

2.廣播封包

廣播封包的範圍也是用 netmask 來定義。假設我們從 172.16.1.1/16設定送出廣播封包，那麼其廣播的位址爲 172.16.255.255，而只有在 172.16.0.0 這個 network 下的機器會收到廣播封包。

3.Router 端

在 Router 端，一樣得拿 netmask 來運算，以得知該將封包往哪裡送，這裡的查詢動作須進行「Longest Prefix Match」。

【表4-2】Routing Table 範例

Entry	Destination	Netmask	Gateway[4]
1	172.16.0.0	255.255.0.0	gw1
2	172.16.1.0	255.255.255.0	gw2
3	172.16.2.0	255.255.255.0	gw3

以表4-2爲例，當 Router 收到一個要送往 172.16.2.1 的封包時，所需的動作如下：

i. 比較第一筆紀錄：172.16.2.1 & 255.255.0.0＝172.16.0.0；
172.16.0.0 & 255.255.0.0＝172.16.0.0，結果相符合。

ii. 比較第二筆紀錄：172.16.2.1 & 255.255.255.0＝172.16.2.0；
172.16.1.0 & 255.255.255.0＝172.16.1.0，結果不符合。

iii.比較第三筆紀錄：172.16.2.1 & 255.255.255.0 ＝172.16.2.0；
172.16.2.0 & 255.255.255.0＝172.16.2.0，結果相符合。

iv.第一筆和第三筆紀錄皆符合，但第三筆的 netmask 有 24-bit 較長，因此選擇往 gw3 送封包。這個方法便稱爲「Longest Prefix Match」。

4. 早期的文件常將router稱為gateway，因此在討論routing時亦常沿用此名稱。

三、分割子網路的方式

了解 netmask 的運作方式後，接下來看看常用的子網路分割法有哪些。在這裡介紹二種方式，一種是 transparent router，另一種方式就是利用不同長度的 netmask。

1.使用 Proxy-ARP Transparent Router [5]

一般而言，若要在 Ethernet 上傳送封包的目的地是屬於相同的子網路，那麼在傳送前，得先利用 ARP 取得目的地 IP 位址相對應界面的 Ethernet Address，然後才能將封包送往目的地。

利用這個概念，在一個大的網路環境裡，將其分割成數塊，每一塊以 transparent router 連接即可。如圖4-3，特別注意圖中 C的IP位址與圖4-2的不同。（想想看為什麼？）

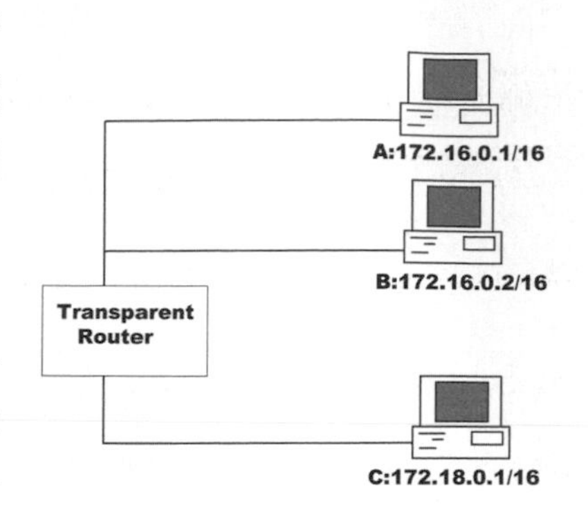

【圖4-3】Transparent Router

如果由 A 送封包到 B，那麼流程還是和之前一般 Router 的情況相同。不過，如果從 A 送到 C，經過 A 運算後，A 發現自己和 C 是屬於同一個 network，於是便直接將封包往 C 送。但實際上，A 和 C 是在不同的實體網路下，因此當 Transparent Router 收到由 A 發出的 ARP-request 後，若發現 C 和 A 是位於 Transparent Router 的不同邊，便代 C 以自己的Ethernet Address回答，讓 A 把封包送過來給自己後，再將封包轉送到 C。反之，C 送給 A 的時候亦同。

Proxy-ARP Transparent Router會透過ARP request學習各子網域下的各host的IP位址與Ethernet位址的對應關係，並將這些資訊共用於連接其他子網路的界面。如此就可以讓連接於router上的幾個子網路透過這一個router而相互連結。詳細的運作請參考 [5]。

2.使用不特定長度的netmask

這個方法的原理就是從原來的三大類 IP位址裡的 Host-Number 裡再取幾個出來做「Subnet-Number」，如圖4-4所示。

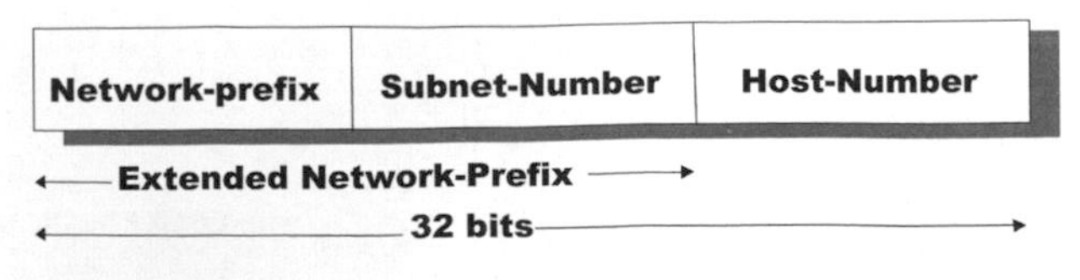

【圖4-4】分割子網路後的 IP 位址配置方式

Subnet-Number 這一部份可以是固定長度或是不固定長度。以固定長度爲例，可以在一個 Class B 的 IP 位址下再拿 2 個 bits 出來做 Subnet-Number，如此可分割出四個子網路。每個子網路所使用 Netmask 的長度就變爲 18 bits（255.255.192.0），如表4-3所示。

【表4-3】固定 Netmask 長度的切法

Subnet Number	Least-Significant 2 bytes	Address	number of IP位址
140.113.0.0	00000000.00000000	140.113.0.0-140.113.63.255	2^{14}
140.113.64.0	01000000.00000000	140.113.64.0-140.113.127.255	2^{14}
140.113.128.0	10000000.00000000	140.113.128.0-140.113.191.255	2^{14}
140.113.192.0	11000000.00000000	140.113.192.0-140.113.255.255	2^{14}

再以不固定長度的 Netmask 爲例，在一個原本爲 Class B 的 IP 位址下將其切割爲四個子網路，由於每個子網路的 Netmask 不同，因此每個子網路下所能容納的 IP 位址就不同，如表4-4所示。

【表4-4】不固定 Netmask 長度的切法

Subnet Number	Least-Significant 2 bytes	Address	number of IP位址
140.113.0.0	00000000.00000000	140.113.0.0-140.113.127.255	2^{15}
140.113.128.0	10000000.00000000	140.113.128.0-140.113.191.255	2^{14}
140.113.192.0	11000000.00000000	140.113.192.0-140.113.223.255	2^{13}
140.113.224.0	11100000.00000000	140.113.224.0-140.113.255.255	2^{13}

其中，每個子網路的 Host-Number 部份，若 bits 全爲 0 ，表示該子網路的 Network ID；若 bits 全爲 1 表示該子網路的廣播位址。

使用 netmask 來分割子網路是目前最常用的方式，一般的 Router 只要能處理不特定長度的 netmask 就能正確的處理封包的流向，而 host 端只要遵照原本發送封包的運算方式即可。

四、Linux 核心裡的處理方式

1.廣播封包

當 Linux 核心收到廣播封包時，若發現目的地 IP 位址的 Ethernet Address 不需要經過 ARP-request 查詢就可得知（如廣播封包或是安裝在自己機器上的網路卡 Ethernet Address），那麼就直接拿來填入 Ethernet frame header。當我們對廣播位址送封包時，Ethernet Address 會被填入 ff:ff:ff:ff:ff:ff，而這個封包只有在同一實體網路下的機器才會收到。相關的程式碼如表4-5所示。

【表4-5】相關程式碼

檔名	函數	備註
linux/net/ipv4/arp.c	arp_find()	
	arp_set_predefined()	RTN_LOCAL RTN_MULTICAST RTN_BROADCAST

2.Routing table lookup

當封包第一次進入作業系統核心要求轉送時，作業系統核心便會根據封包的目的地決定要將封包往哪個路徑送。而選擇路徑時則根據各個路徑上所設定的 netmask 配合 longest prefix match 原則選擇最適合的路徑。

Linux 核心以二層 hash table 配合 link list 來實作，如圖4-5所示。第一層 hash 是以 netmask 的長度來決定；第二層 hash 則是以封包的目的地來決定。在查詢時，從 netmask 較長的紀錄開始查詢，因此只要查到符合目的地的資料，那麼查到的資料一定就會是符合且 netmask 最長的資料。

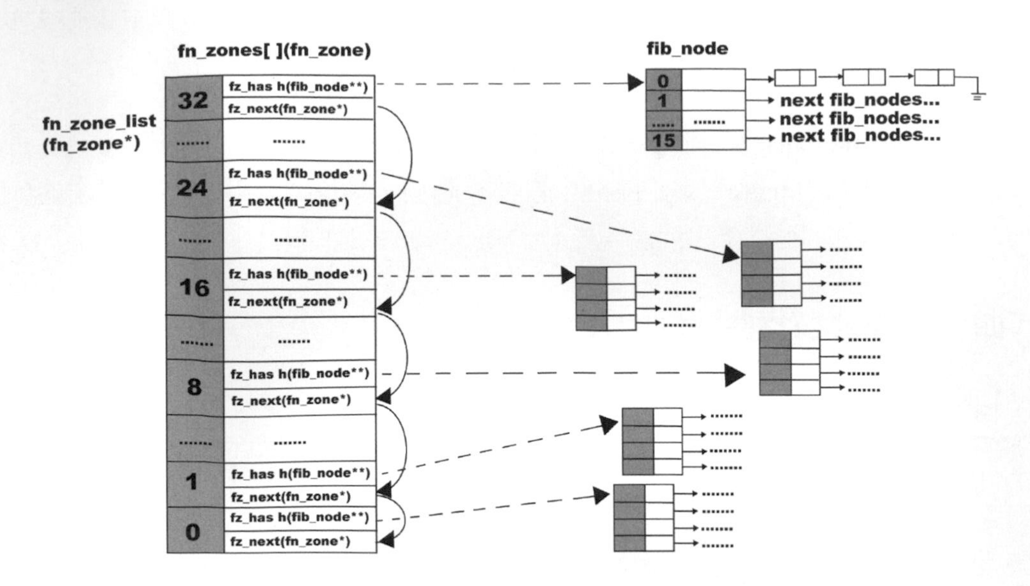

【圖4-5】Linux kernel routing table 資料結構示意圖

相關的查詢程式碼請參閱 linux/net/ipv4/fib_hash.c中的fn_hash_lookup()函式。

當查詢到適當的路徑後，Linux 核心會把查到的路徑給 cache 起來，以方便日後使用。同時，為了加速往後處理封包的速度，處理封包的函式（如 forward、local deliver 或是 multicast）也會一起被記錄起來。

3.Routing cache

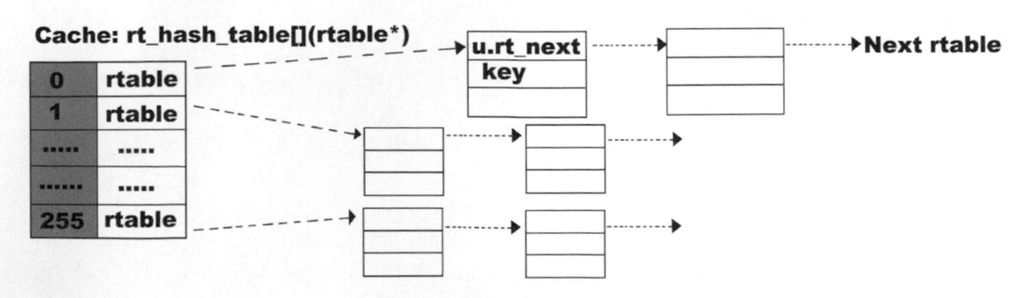

【圖4-6】Linux kernel routing cache 資料結構示意圖

一旦作業系統核心轉送過任何一個封包後，便會將這次查詢的結果放到 routing cache 記錄中，下次還有封包要到同一個地方，如果目的地相同的話，就不需要再到龐大的 routing table 裡重新尋找。因此，在真正開始查詢 routing table前，作業系統核心會先查詢 routing cache 裡是否已經有記錄。

Routing cache 的資料結構比 routing table 單純，他是一個有 255 個 bucket 的 hash table，每一個 bucket 是一個 link list，如圖4-6所示。在查詢時，只要先做一次 hash 的動作，然後對 link list 做 linear search 即可。相關的程式碼如linux/net/ipv4/route.c中的ip_route_input()函式。

IV. 實驗步驟

步驟1 Proxy-ARP

步驟1.1 將要做爲 Proxy-ARP 的機器上安裝二張網路卡。

步驟1.2 安裝 Linux，設定好上面的二張網路卡，其二個 IP 位址皆爲 Private IP 位址，如 172.16.1.254 以及 172.16.129.254，netmask 的長度爲 24 bits。

步驟1.3 在 Proxy-ARP 的機器上安裝 tcpdump。

步驟1.4 打開核心裡 IP Forwarding 的功能（透過 proc 檔案系統）。

```
echo 1 > /proc/sys/net/ipv4/ip_forward
```

步驟1.5 將另外二台電腦安裝具有網路功能的作業系統，設定其 IP 位址及 netmask，並用 Cat-5 雙絞線跳線，分別將這二台電腦與 Proxy-ARP 主機連線。基本的軟硬體設定完成後，應如圖4-7所示。請注意，必須要將A、B、C三台電腦的防火牆及防毒軟體關閉。

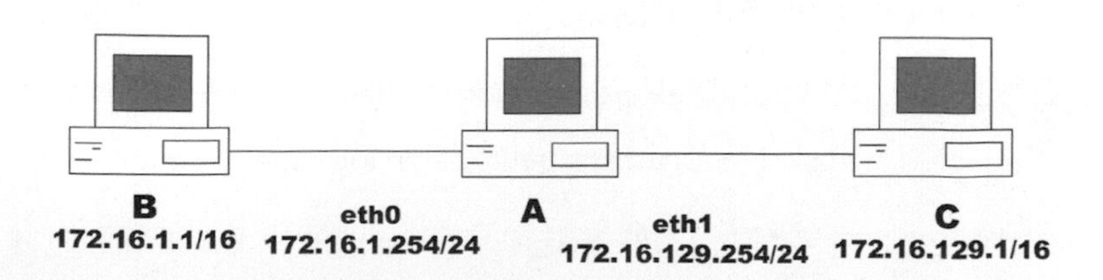

【圖4-7】 Proxy-ARP 實驗平台架構

步驟1.6　從 B 或 C 上 ping A 上面的任何一個界面，看是否可以成功連線【記錄1】。

步驟1.7　從 B ping C 看是否可以成功連線【記錄2】。

步驟1.8　在 A 機器（Proxy-ARP 主機）上以 root 身分執行 arp 命令爲 B 和 C 機器設立靜態的 ARP-cache 記錄。

```
# arp –i eth0 –Ds 172.16.129.1 eth0 pub
# arp –i eth1 –Ds 172.16.1.1 eth1 pub
```

然後用 arp –n 觀看 ARP-cache 的資料【記錄3】。

步驟1.9　在 Proxy-ARP 主機上（A 機器）執行

```
# tcpdump –n arp
```

利用 tcpdump 來監聽 arp 封包。

步驟1.10　從 B 或 C 上 ping A 上面的二個界面，查看是否可以成功連線【記錄4】。

步驟1.11　從 B ping C 查看是否可以成功連線【記錄5】。

步驟1.12　從 B ping A eth0 之 IP位址（如 172.16.1.254）。

步驟1.13　記錄 B 上面的 ARP-cache【記錄6】。

步驟1.14　記錄 A 上面 tcpdump 所得到的結果【記錄7】。

步驟2　Longest Prefix Matching 及 Routing Cache

步驟2.1　將要做爲 Router 的機器上安裝二張網路卡。

步驟2.2　安裝 Linux，設定好上面的二張網路卡，其二個 IP/Netmask 的設爲 172.16.225.254/20 及 172.16.255.254/24。

步驟2.3　在 Router 的機器上安裝 tcpdump。

步驟2.4　打開核心裡 IP Forwarding 的功能（透過 proc 檔案系統）。

```
echo 1 > /proc/sys/net/ipv4/ip_forward
```

步驟2.5　將另外二台電腦安裝具有網路功能的作業系統，設定其 IP 地址及 netmask，並用Cat-5雙絞線跳線，分別將這二台電腦與 Proxy-ARP 主機連線。基本的軟硬體設定完成後應如圖4-8所示。

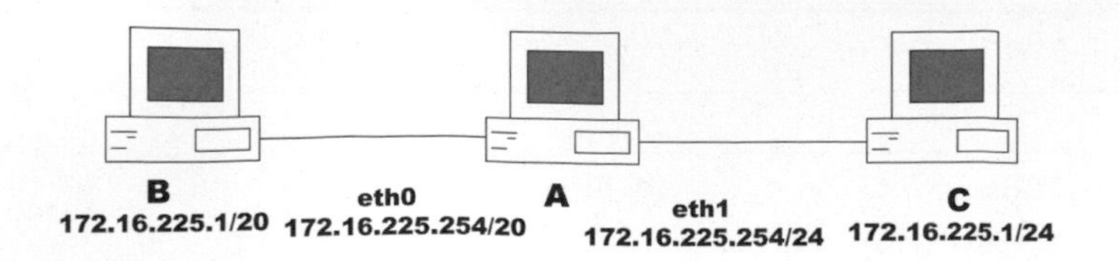

【圖4-8】Longest Prefix Matching 實驗平台架構

步驟2.6　修改 Router 主機上的 Linux 核心原始碼，在「背景知識」所述與 routing 相關程式碼中適當位置用 printk（KERN_INFO "..."）的方式列印 kernel 內的資訊。

步驟2.7　make kernel 並安裝後，重新用新的kernel開機。

步驟2.8　從 C ping B，每次送1個封包即可，重覆這個動作二、三次。

步驟2.9　觀察並記錄 /var/log/messages（或是以 dmesg 的方式）內由 printk() 所產生的訊息，並指出 Longest Prefix Matching 及 Routing Cache的位置【記錄8】。

步驟3　觀察廣播封包的流向

步驟3.1　設定讓 Linux 機器連上 Internet。

步驟3.2　在本機上執行

```
# tcpdump –n arp or icmp
```

步驟3.3　用 ping 發送二個封包至 Local Broadcast Address。以 140.113.88.0/24 這個 network 爲例：

```
$ ping –c 2 140.113.88.255
```

步驟3.4　觀察 tcpdump 的結果，並記錄之【記錄9】。

V. 實驗紀錄

記錄	項目	結果
1	ARP-cache 未設定前：從測試機器 ping Proxy-ARP 主機的界面	
2	ARP-cache 未設定前：Proxy-ARP 下的受測主機互相 ping	
3	ARP-cache 設定後的 arp –n 結果	
4	ARP-cache 設定後：從測試機器 ping Proxy-ARP 主機的界面	
5	ARP-cache 設定後：Proxy-ARP 下的測試主機互相 ping	
6	Proxy-ARP 測試主機上的 ARP-cache	
7	Proxy-ARP 主機上的 tcpdump 結果	
8	Longest Prefix Matching 及 Routing cache 的紀錄分析	
9	ping Local Broadcast位址的 tcpdump 結果。	

VI. 問題與討論

1. 爲何在 Ethernet 上傳送封包前得先做 ARP-request 的動作求得目的地的 Ethernet Address？

2. 比較並解釋【記錄2】與【記錄5】之結果。

3. 假設 A 之 IP/Netmask 設定爲 140.113.88.152/24；B 之設定爲 140.113.179.73/16，假設其中以 Transparent Router連結。若以 B ping A，以 netmask 的角度來看，請問是否能連通？爲什麼？

4. 解釋【記錄6】之結果。

5. 比較 Routing table lookup和Routing cache lookup查詢的順序以及執行的速度。

6. 解釋【記錄9】之結果。

7. 自問自答。請自行提出問題並尋找解答。

VII. 參考資料

[1] Fedora Core 5, http://fedora.redhat.com/, November 2006.

[2] tcpdump-3.9.5, http://www.tcpdump.org/, November 2006.

[3] Thomas A. Maufer, "IP Fundamentals", PTR PH, 1999.

[4] Ying-Dar Lin, "Classic Internet Protocols"（course slides）, http://speed.cis.nctu.edu.tw/~ydlin/course/cn/part2/classicip.pdf, NCTU, May 1999.

[5] Bob Edwards, "Proxy-ARP Subnetting HOWTO", 1997.

05 媒介存取協定模擬

I. 實驗目的

了解媒介存取次層（Medium Access Sub-layer）中多重存取協定（Multiple Access Protocol）的原理與效能，並藉此熟習模擬軟體的使用。本實驗選定 ALOHA、CSMA/CD 及 CSMA/CA 作爲研究對象，探討協定中的參數對系統效能的影響。

II. 實驗設備

1 硬體

項目	數量	備註
個人電腦PC	1	最好是Pentium以上，並具備32MB以上的記憶體

2 軟體

項目	數量	備註
Fedora Core 4	1	
NCTUns 3.0	1	Developed by the Network and System Laboratory of NCTU CS.

III. 背景資料

媒體存取協定原理

在本實驗中，我們所要觀察的多重存取協定爲 ALOHA、CSMA/CD 與 CSMA/CA。ALOHA的基本原理爲自由傳送，然而當有兩個訊框（Frame）同時佔用到通道（即傳送時間有部份重疊），就會發生碰撞。每當工作站送出訊息後，會檢查通道看是否傳輸成功。如果成功，工作站會看到回應；若傳輸不成功，工作站便一再地重送訊框，直到傳送成功爲止。

CSMA (Carrier Sense Multiple Acces)，可以分爲 Persistent CSMA 與 Non-persistent CSMA 兩種。前者的原理爲：當工作站有資料要傳送時，它會先聆聽通道，看當時是否有其他工作站正在傳送；若通道是忙碌的，工作站就一直等到通道閒置再傳送；若工作站偵測到閒置的通道，它就送出訊框。第二種爲 Non-persistent CSMA，與前一種一樣，在工作站傳送前，它會聆聽通道；若沒有其他工作站在傳送，此工作站就開始傳送；若已經有別的工作站在通道上傳送，這個工作站不會持續感測通道，而是等上一段隨機時間，然後再聆聽通道，並重複這個演算法。

CSMA/CD，即 CSMA 加上了 Collision Detection。顧名思義，其不僅有 CSMA的功能，且工作站在偵測到碰撞時就會停止訊框的傳送，以降低頻寬的損失浪費，然後，工作站便進行 binary exponential backoff，決定下次重送這個訊框的時間。

CSMA/CA，爲用於無線網路上的存取協定。與乙太網路使用的 CSMA/CD 不同的原因爲在無線網路的環境下，偵測無線訊號的碰撞有困難，因此 CSMA/CA 改採取避免碰撞 Collision Avoidance)的方式。避免碰撞的方法是，在傳送訊框前先行偵測工作頻段中的電磁波能量來察覺頻道是否閒置，若發現閒置，則自行產生一組隨機亂數作爲延遲時間（backoff），在延遲時間後若頻道仍爲閒置，則立即將訊框送出。若延遲時間內頻道處於忙碌，則再次等待其閒置並重新啟動隨機延遲，直到送出爲止。如此一來資料的碰撞機率便大幅降低。

Simulation 的概念

在網路建構中，事先的效能分析是在實際鋪設網路前的必要工作。一般而言，網路的效能分析通常分爲「數學模型的計算」以及「網路模擬」。數學分析的缺點在於經常無法在多種可能因素下，建立一個符合真實網路系統的數學模型並求解。我們通常要做一些假設來簡化模型，才能得到數值解，但這些假設有時會不符合實際狀況。 所以在目前的網路效能分析中，設定合適的模擬環境，藉以獲知可能的效能，便成爲學術界及工業界必要的方法之一。

在本實驗中，NCTUns-3.0 爲我們所使用的模擬軟體，乃是由交通大學資工系網路與系統實驗室所開發的一套圖像式模擬系統；目前在 NCTUns 中並沒有內建的程式語言來撰寫使用者所需的網路協定，或描述其他網路元件的行爲。關於這一點，本軟體較某些工業上常用的模擬工具來得稍微遜色。然而，就一般常用的網路元件及協定，NCTUns 所具備的功能還算是完整。拜其強大的圖型操作介面，在使用上可快速上手及進行架構佈置，對於基本的網路流量及封包監測等模擬是非常方便的。至於詳細的細節，可以參考 NCTUns 線上教學網頁[1]。

NCTUns 使用說明

NCTUns 的功能繁多，在此我們僅針對本實驗會用到的功能作介紹，並詳細解說操作的步驟。以下操作的步驟主要爲建立實驗的網路架構及設定各項記錄資訊，在解說「實驗步驟」時會時常提及，因此請熟悉此部份的資料。

1.開啟 NCTUns

1.1 開啓 Terminal 視窗並切換至 /usr/local/nctuns/bin 目錄下，鍵入 ./dispatcher，啓動 Dispatcher 程序。

1.2 開啓 Terminal 視窗並切換至 /usr/local/nctuns/bin 目錄下，鍵入 ./coordinator，啓動 Coordinator 程序。

1.3 開啓 Terminal 視窗並切換至 /usr/local/nctuns/bin 目錄下，鍵入 ./nctunsclient，啓動 NCTUns之Client 端程式，並在 X-Windows 下看到 NCTUns 操作介面。

2.建立網路架構

2.1 NCTUns 的操作環境下有 Draw Topology 、Edit Property 、Run Simulation、Play Back四種模式，在上方工具列中第二排右方的 [D]、[E]、[R]、[P] 等圖示即爲切換此四種模式使用。

2.2 在 NCTUns 中提供許多協定的 Host 端及各種網路設備的模擬，且採用圖示介面方便使用。在建構模擬環境時，必須將操作模式設定在 [Draw Topology] 下才行，在圖示上點選後，便可在下方模擬環境中任意佈點，比傳統拖曳式的規劃更有效率。圖5-1即爲本實驗將會用到的各元件說明：

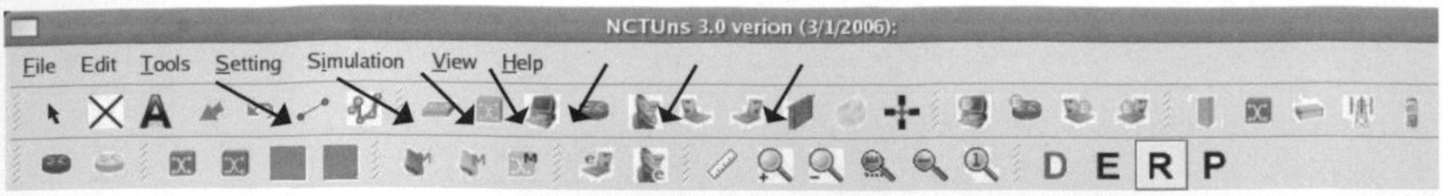

【圖5-1】NCTUns 工具箱元件介紹

3.設定節點內容及記錄資訊

3.1 在規劃完網路架構後，便可切換到 Edit Property 模式下開始修改各節點的內容及設定需記錄的資訊。在切換的同時 NCTUns 會要求將目前的架構圖儲存下來，請自行指定可識別的檔名即可。圖5-2即為示範的網路架構圖：

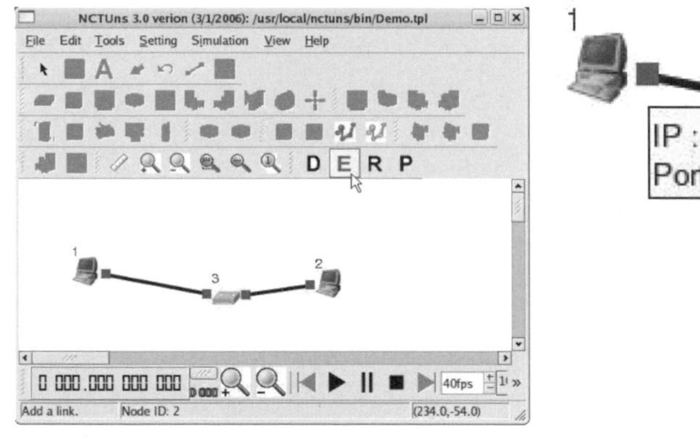

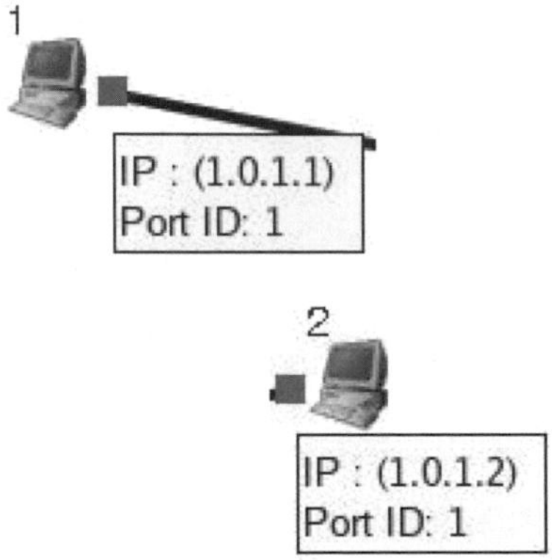

【圖5-2】網路架構圖示例

【圖5-3】檢查各連線端點之IP

3.2 開始建立網路流量前，我們須先知道各 Host 端所持有之 IP 為何。在 NCTUns 環境下，只需將滑鼠游標移至各連線旁（不是 Host 端），便會自動顯示出該端點所持有之 IP。如圖5-3所示：

3.3 雙擊欲設定的 Host 端即可開啓 Property 視窗進行設定。其可設定的內容繁多，在此我們僅介紹本次實驗將使用的參數：

3.3.1 在 Host 1 的 Application 欄位新增一程序，並設定：

```
Start Time = 0.0(sec)
Stop Time = 60.0(sec)
Command = ttcp –r –s –u –p 5001  // Receive on port 5001
```

3.3.2 在 Host 2 的 Application 欄位新增一程序，並設定：

```
Start Time = 0.0(sec)
Stop Time = 60.0(sec)
Command = ttcp –t –s –u –f 10M –p 5001
1.0.1.1  // Send to 1.0.1.1 with port 5001
```


3.3.3 進入 Host 1 的 Node Edit 中，雙擊 MAC802.3，並勾選欲紀錄的資訊。如圖5-4：

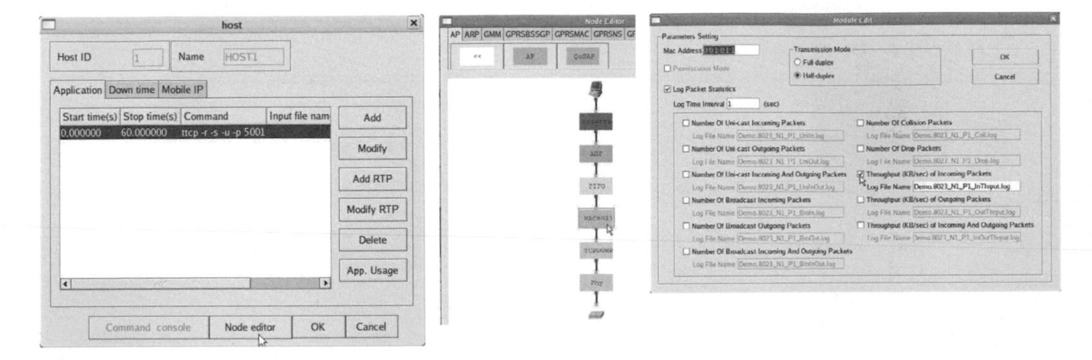

【圖5-4】設定節點及流量紀錄資訊

3.4 至此，已完成所有模擬進行前的設定動作。

4.開始進行模擬

4.1 切換至 Run Simulation 模式，並用選單 [Simulation] > [Run]即可開始進行模擬

5.觀察結果及流量分析

5.1 在模擬結束後，系統會自動切換到 Play Back 模式下，此時點選下方的 [Play] 鍵號即可看到網路傳輸中的封包狀態（圖5-5）。

5.2 若先前有勾選紀錄資訊，則可用 [Tools] > [Plot Graph]檢視結果圖（圖5-6）。

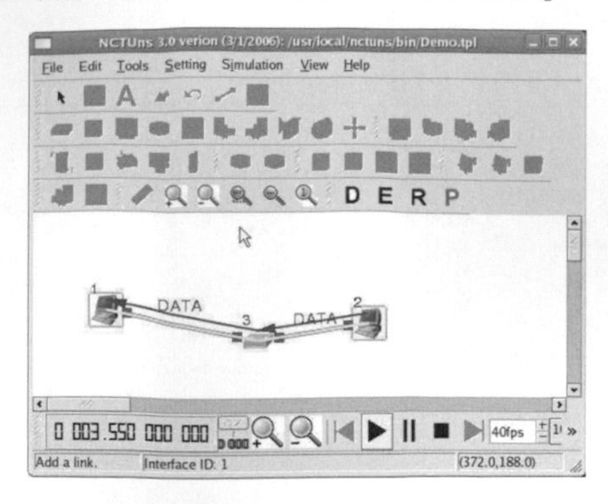

【圖5-5】檢視傳送狀態

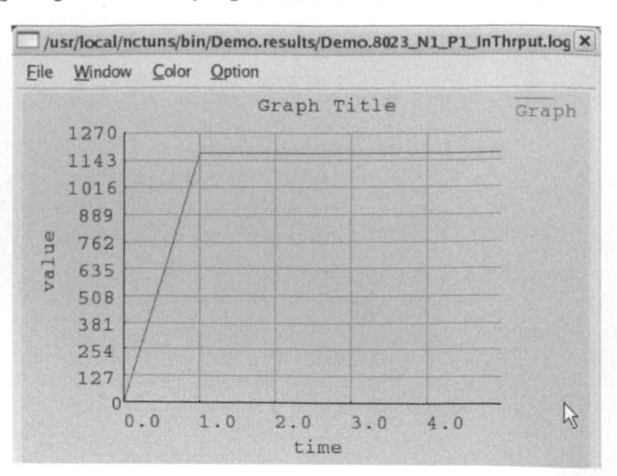

【圖5-6】檢視紀錄資訊

IV. 實驗方法

在本實驗中，我們要觀察與計算的為 CSMA/CD 協定下使用 Hub、Switch，及 Router 的效能，以及 CSMA/CA 協定的效能。我們觀察連線間的 throughput 並且定義系統的「負擔（Offered load）」為「灌進網路的量（傳送資料總量）」除以「線路容量」，即：

$$offered\_load = \frac{input(bps)}{capacity(bps)}$$

再以模擬軟體所得出的「實際傳送成功的量（接收資料總量）」，「線路容量」，得知此網路的「吞吐量（throughput）」即：

$$throughput = \frac{output(bps)}{capacity(bps)}$$

實驗的方法如下：

首先，在工作站上執行 NCTUns，依照上一節所示範的步驟：訂定基本的網路架構、並且設定所需的參數值、啟動模擬程序，於模擬結束後記錄相關數值，及計算這些協定於此特定的參數值下所展現的效能。在模擬後，我們依序要探討下列議題：

1. Offered load 與 throughput 之間的關係
2. Hub/Switch/Router 在封包遞送機制上的差異
3. CSMA/CD及CSMA/CA 協定在 throughput 上的比較
4. 頻寬（bandwidth）與最大 throughput 之間的關係

爲了更清楚地描述實驗方法，底下列舉一個範例（適用於記錄1）：

offered_load = input / capacity

capacity = 100 Mbps・・・・・・・【1】

input = 10(nodes) × 10Mbps = 100 Mbps ・・・・・・・・【2】

由【1】【2】

offered_load = input / capacity = 100 / 100 = 1

假設 Simulate 120 秒

Number of frames transmitted after 120 secs = 100 x 120 = 12000

Throughput = 10300 / 12000 = 85.87 %

Link Utilization 85.87 %

V. 實驗步驟

到此爲止，您應該已建好本實驗的網路環境，以從事下列的實驗細項。以下有數種不同的網路設定要觀察，請按照背景資料中的「NCTUns 使用說明」所述的基本動作更改參數，以得到有用的數據。

1.本實驗網路架構的結果整理：以實驗步驟所設定的參數值，推算進入網路連線中的流量 （以 Mbps 爲單位），根據模擬結果觀察在不同媒介下的流量變化【記錄1】，並且使用Play Back 觀察模擬時在線路上資料傳送的機制，並利用報告資訊代入 Throughput 之計算公式，計算其 Throughput【記錄1】。

2.CSMA/CD 下使用 Hub 觀察 Offered load 與 Throughput 的關係： 同步驟 1，在 CSMA/CD link下，以10 個 Nodes 爲基本網路架構，並使用 Hub 連接所

有 Node，指定某一 Node 作爲接收端，改變 Bandwidth，從原本的 100 Mbps 改爲 200Mbps，觀察模擬連線所傳送的流量，以此結果計算 Offered load 及 Throughput【記錄2】。重覆上面的實驗，但 Bandwidth 分別改爲 100x3 Mbps【記錄3】及 100x4 Mbps【記錄4】，也就是將 offered load 由 1 變成 1/2、1/3、及1/4。

3.CSMA/CD 下使用 Hub 觀察 Offered load 與 Throughput 的關係：重複步驟 1 及 2，並改用 Switch 橋接所有 Node，記錄並計算其結果【記錄 5 ~ 8】。

4.CSMA/CD 下使用 Hub 觀察 Offered load 與 Throughput 的關係：重複步驟 1 及 2，並改用 Router 橋接傳送群與接收端，記錄並計算其結果【記錄 9 ~ 12】。

5.CSMA/CA 下 Offered load 與 Throughput 的關係： 重新建立一無線網路的架構，重複步驟 1 及 2，同樣的，依「NCTUns 使用說明」所述設定其 Bandwidth，記錄並計算 CSMA/CA 的結果【記錄 13 ~ 16】。

VI. 實驗記錄

記錄	環境設定		Throughput
1	CSMA/CD 10 Nodes By Hub	Offered Load = 1	
2		Offered Load = 1/2	
3		Offered Load = 1/3	
4		Offered Load = 1/4	
5	CSMA/CD 10 Nodes By Switch	Offered Load = 1	
6		Offered Load = 1/2	
7		Offered Load = 1/3	
8		Offered Load = 1/4	
9	CSMA/CD 10 Nodes By Router	Offered Load = 1	
10		Offered Load = 1/2	
11		Offered Load = 1/3	
12		Offered Load = 1/4	

13	CSMA/CA 10 Nodes	Offered Load = 1	
14		Offered Load = 1/2	
15		Offered Load = 1/3	
16		Offered Load = 1/4	

VII. 問題與討論

注意：請針對問題中每一項目回答，並避免引述「太多」資料。

1.在接收端指定記錄 Input Throughput 並利用 Plot Graph 繪製出結果之流量圖，可觀察到使用不同媒介所產生之不同之流量曲線。試比較其差異及分析及成因。

2.利用 Play Back 觀察在各不同架構下封包傳遞的方式及順序，並利用 CSMA/CD、CSMA/CA 之規則與各設備傳遞方式解釋其成因。

3.在實驗中改變其 Bandwidth 時，Throughput 的變化量各有不同。請以 Bandwidth、Throughput爲 X、Y軸作圖並解釋其原因。

VIII. 參考文獻

[1]. NCTUns官方網站 http://nsl10.csie.nctu.edu.tw/

06 路由器操作設定

I. 實驗目的

本實驗的目的是希望學生藉由使用模擬程式練習操作、設定路由器（router），利用路由器連通不同的子網路以建立簡單的網路雛型，並在實驗中了解路由協定（routing protocol）以及存取控制表列（Access Control List）在網路內所扮演的角色，以更深一層了解 OSI 協定層次架構的意義。

實驗報告的內容應包含：實驗題目、參與人員及系級、實驗目的、設備、方法、記錄、問題討論、心得。報告內容應是經討論、整理、濃縮後，重新詮釋而寫出，切勿全部剪下、照單全貼。所列實驗方法爲參考用，若有更好的方法請在報告問題討論裡的「自問自答題目」裡詳述步驟，會有額外的加分。

II. 實驗設備

1.軟體

項目	數量	備註
Packet Tracer 4.0	1	由各組向助教索取。

實驗的架構如圖6-1，其中 s 表 serial interface， e 表 Ethernet interface 即 AUI[1]；實驗一開始請使用 packet tracer 佈置出如圖所示的環境，並使用軟體所提供的設定畫面，確實設定好各 pc 之 ip 及 netmask。另外，雖然軟體也有提供方便的選單畫面，讓使用者不需透過 CLI 來設定 router，但不建議各位使用該功能。畢竟在實際操作時，並不會有這項功能。請依照實驗步驟的說明，連到各 router 之 pc 作 telnet 登入動作，來設定 router，才能確實達到練習 router 設定的目的。

1 AUI(Attachment Unit Interface)為10 Mb/s Ethernet使用的介面。

IP 分配

IP 分配	R1.e0: 140.113.121.254	R1.e1: 140.113.120.1
	R1.s0: 140.113.1.1	R1.s1: 140.113.2.254
	R2.e0: 140.113.122.254	R2.e1: 140.113.120.2
	R2.s0: 140.113.2.1	R2.s1: 140.113.3.254
	R3.e0: 140.113.123.254	R3.e1: 140.113.120.3
	R3.s0: 140.113.3.1	R3.s1: 140.113.1.254

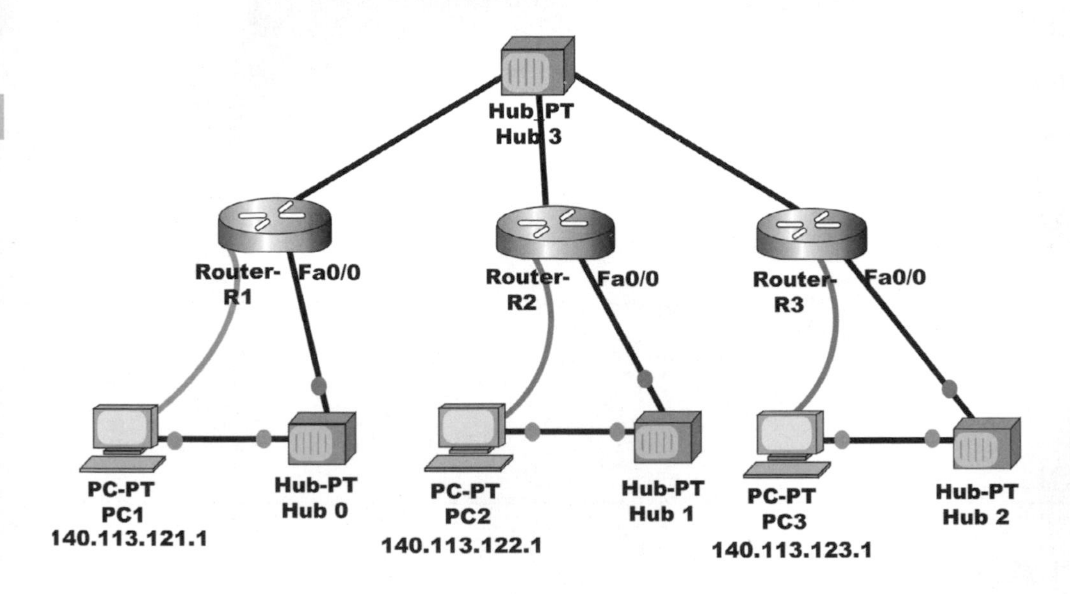

【圖6-1】IP分配環境初始設定圖

III. 背景資料

本節首先介紹實驗中所使用的路由器 Cisco 2514 的規格 [1]，以了解其各介面的作用；其次介紹路由協定以及 Cisco 2514 所支援的一些路由協定，可了解路由協定對路由表（routing table）的影響；最後介紹存取控制表列，藉此了解路由器如何利用過濾功能以保護網路安全。

一、Cisco 2514介面規格

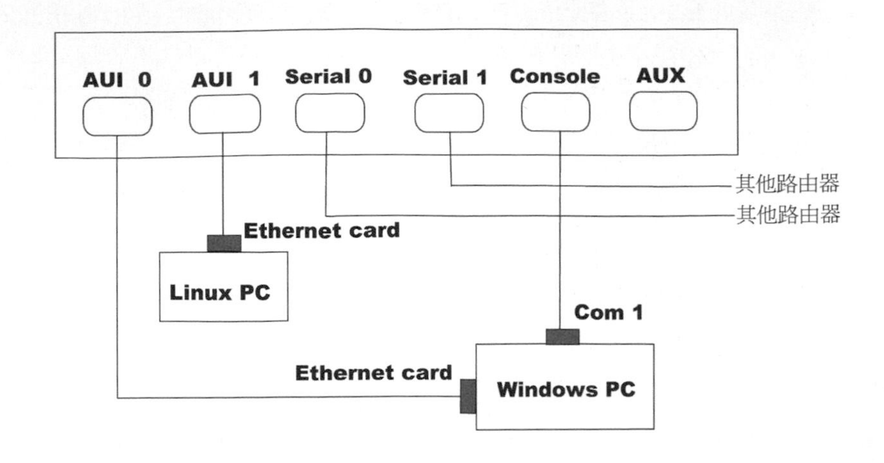

【圖6-2】Cisco 2514 router interface

圖6-2是一台 Cisco 2514 router的介面，包括了兩個 AUI （Attachment Unit Interface）、兩個 serial ports、一個 console 及一個 AUX （AUXiliary port）。其中 AUI是 router 與 Ethernet Transceiver 的連接介面；而 serial port 則是 router 與 WAN（廣域網路）的連接介面，簡單的說它是用來做 router 互相連接的介面；另外 console 則是用來與主機（可以是一台 PC）連接的介面，如此可透過主機直接對 router 做設定修改；最後的 AUX 則是用來連接數據機的（此實驗中不會用到）。

由上圖可知利用單一台 router 使其兩個 AUI 介面各連接一台 PC，且其中一台 PC 可再利用其 COM1介面與 router 的 console 介面連接當 router 主機，透過對 router 做適當的環境設定，則可以做出兩個最雛型的子網路。

二、路由協定

我們可以將 routing protocol 分爲二大類：靜態（static）與動態（dynamic）。當靜態的 routing table 無法正確反應網路狀況時，則以動態協定所建立的 routing table 來修補。但是當網路大到某種程度時，routing table不可能詳盡地記錄到所有的網路節點，此時需要有個 default router，當在 routing table 中找不到對應記錄時，封包將送往此 default router，由其負責繞送。一個網路系統（可能是一個企業的系統，包含一個 default router）稱爲一個 AS （Autonomous System），適用於一個系統內的 routing protocol 稱爲 Interior Routing Protocol，適用於系統之間的 routing protocol 則爲 Exterior Routing Protocol。

動態 Routing protocol 則可再分爲二大類[2]：distance vector routing 以及 link state routing。其中 distance vector routing 的運作是靠每個 router 與相鄰 router 交換 distance vector（即由該 router到所有其他 router的距離），每個 router 根據這些 local 交換的 vector 來更動自己的 vector，即更動 routing table，如 RIP [3]。爲維護此 routing table，相鄰 routers 需定期互送訊息以確定表格所記錄的資料沒有過期。而 link state routing 中，每個 router 將自已連接的 link 的狀態廣播給其他 router，每一個 router 再根據這些 global 資訊計算路徑，如OSPF [4]。

以下簡單介紹三種本實驗所涉及的 routing protocol，注意這些協定皆屬於 Interior Routing Protocol。

1.Static Routing

由系統管理者自行設定到某目的 IP 位址或目的子網路的路徑（routing table），好處是比較有安全控制以及可減少流量。

2.RIP （Routing Information Protocol） [3]

RIP 屬於 distance vector routing，記錄 hop count 以決定最佳路徑，其最大可允許的 hop count 爲 15，預設每30秒就與鄰近的 router 互送訊息。當網路有斷線情況時會有 count-to-infinity 的問題，故適用於較小的 AS。

3.IGRP （Interior Gateway Routing Protocol） [5]

此處的 IGRP 是 Cisco 公司自己發展的一個 distance vector routing protocol，使用一組參數來決定最佳路徑，此組參數包括頻寬（Bandwidth）、延遲（Delay）、網路負載量（Load）、可靠度（Reliability）以及最大傳送單位（Maximum transmission unit）。

三、路由器模擬程式（Packet Tracer）

Packet Tracer是一套由 Cisco所設計的路由器模擬程式。由於路由器的取得較爲不易，尤其以本實驗而言，需要三部路由器、三部個人電腦，以及三個集線器才能夠架設好實驗平台。而 Packet Tracer 提供了一個方便的模擬方式，只要在程式內的平面圖上，佈上實驗所需的設備（如圖6-1），即可以在個人的電腦上，作模擬的網路配置，使用者亦可以在各種設備的圖示上作模擬的操作；如 pc 設備可以提供遠端登入畫面，讓使用者登入此 pc 使用 rs232 埠連接之 router。遠端登入設定該 router 之功能，幾乎和使用一般設備相同，相當方便。

四、存取控制表列（Access Control List）

存取控制表列 [6] 的功能就是可以拒絕某些你不想要的 packet，例如某個 IP位址的 packet或是某種 traffic type（如：FTP, TCP, ICMP…）的 packet，進而維護網路安全。圖6-4是其檢驗流程，其中已有三個存取控制表列，有如三個 filters。

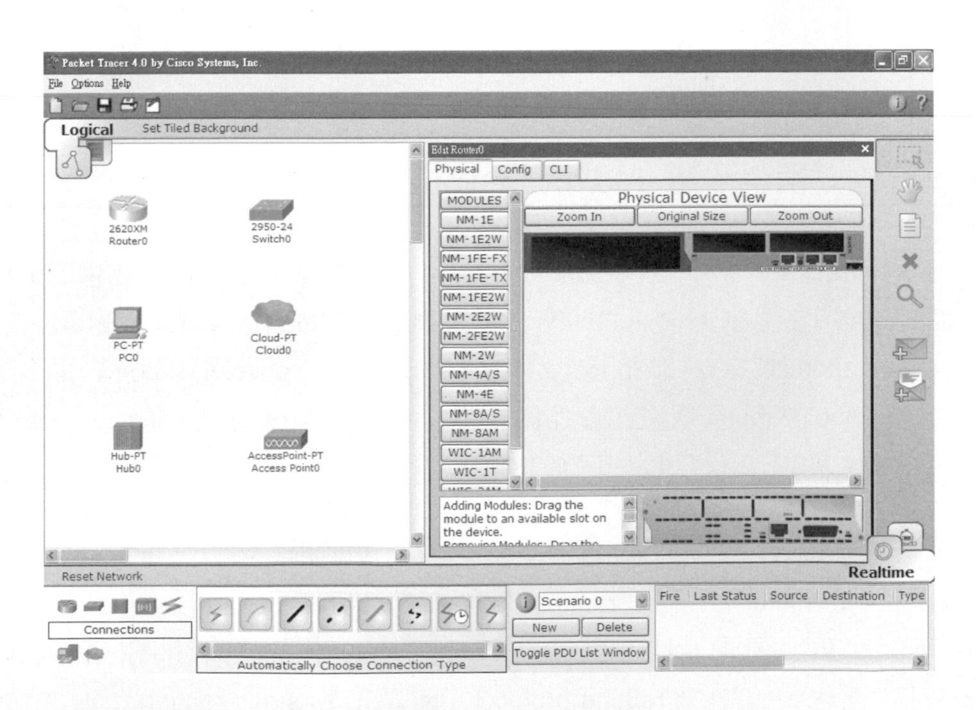

【圖6-3】Packet Tracer 軟體畫面

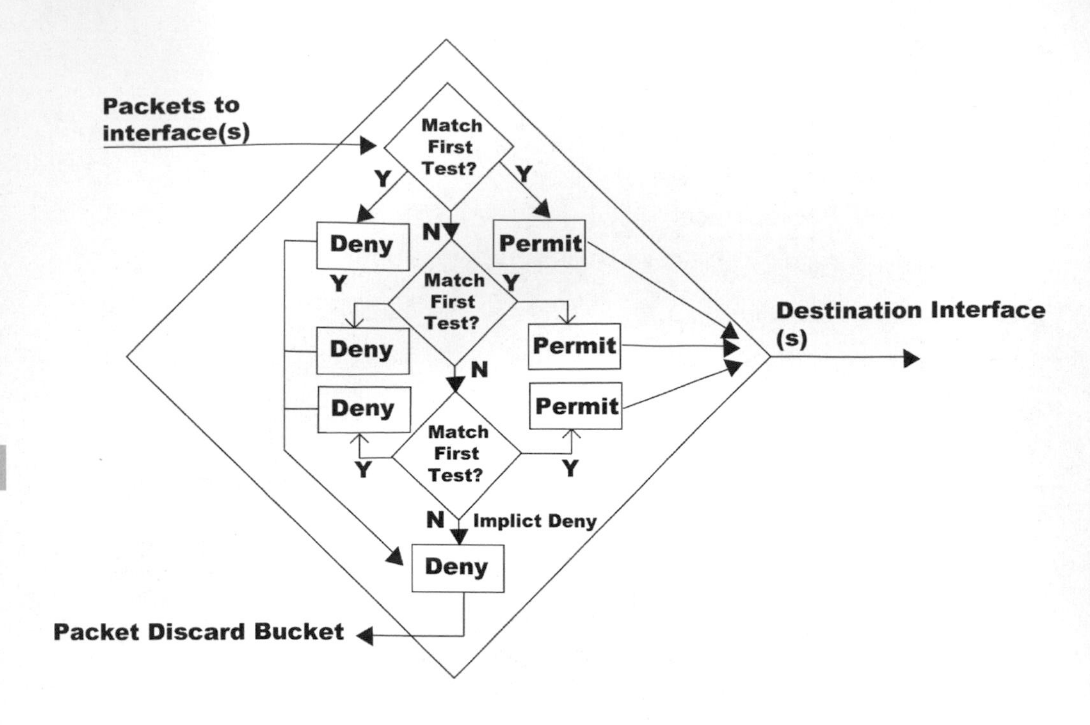

【圖6-4】存取控制表列運作流程圖

IV. 實驗方法與步驟（以第二台Router為例）

安裝好 Packet Tracer 這套軟體後，可以使用畫面顯示各元件，來配置出如圖6-1所示的網路環境。需注意的一點就是，各元件間的連線所使用的線材設備是有所區別的，例如 pc與 router間的連接、使用 rs232 埠連接到 router 之 console 埠的連接，以及 pc 與 hub 間、hub 與 router間需透過網路線來連接。由於每台 router 的 console 介面是與 PC 的 COM1 連接，所以各組必須透過 PC 來操作實驗。

實驗流程大致可分四大步驟：第一步驟爲初始化，即開啓軟體中 Windows 的應用程式 Hyper Terminal 做爲操作 router 的介面。第二步驟爲分別設定 router 四個介面（e0, e1, s0, s1） 的 IP 位址，若設定無誤，則此 router 已透過（e0, e1）連通兩個子網路。第三步驟目的爲測試 routing protocol，學習如何在 static routing table 中加入 routing entry，如何取消或重新啓動 RIP、IGRP routing protocol，在使用不同 routing protocol 的狀況下觀察 routing table 有何不同；在此步驟中將利用 serial cable 串接所有的 router，使得路由得以多方向進行。第四步驟則爲測試存取控制表列的功能；由於資料封包在每段連線中是可雙向流動的，所以在此步驟中，將利用存取控制表列的功能把連接 router 的兩段 serial cables 改爲單向流通，即對某台 router 而言，屬於某 IP 位址的資料封包只能出不能進，進而達到保護的功能。

步驟1 準備開始

步驟1.1 在下指令的過程中，任何時刻都可以打「?」尋求線上支援。

步驟1.2 使用 ctrl-c 可中斷正在執行的指令。

步驟1.3 在 [ ] 中爲預設值，若要接受預設值則直接按 enter。

步驟1.4 Cisco的機器要 disable 某項功能時，其指令格式通常爲：「no command parameter」，其中若不加「no」，則表要 enable 此功能。

步驟1.5 常用指令（在回答問題的時候可能需要用到這些指令）。

步驟1.5.1 ping xxx.xxx.xxx.xxx（檢測與某IP位址是否連通）。

步驟1.5.2 show ip route（觀看 routing table）。

步驟1.5.3 show ip protocols（觀看目前此 router 有那些 routing protocol 是 enabled）。

步驟1.5.4 traceroute xxx.xxx.xxx.xxx（觀看到某 IP 位址的 routing path）。

步驟1.5.5 show access-lists（觀看目前有那些已設定的 access-lists）。

步驟2 初始化（粗體字部份為由鍵盤所做的輸入）

步驟2.1 點選畫面中 PC2 電腦圖示。

步驟2.2 進入右邊出現之視窗，點選 Desktop 標籤，點選 terminal 選項，會出現 Terminal Configuration 畫面。

步驟2.3「Bit Per Second」選項選擇「9600」，即設定與 console 連接的速度。

步驟2.4「Flow control」選擇「Hardware」。

步驟2.5 其它設定則使用預設值，按「OK」。

步驟2.6 R2> enable （ “R2>” 爲 command prompt，所下指令爲進 入enable mode）。

步驟2.7 通常 router 會詢問密碼，由於我們使用的是模擬器，所以不會詢問密碼。

步驟2.8 R2#write erase （清除 Nonvolatile Random Access Memory 內已有的設定），按y確定。

步驟2.9 此時 initial interface 應如下（四個 interface 都沒設定）：

Any interface listed with OK? value "NO" does not have a valid configuration

Interface	IP-Address	OK?	Method	Status	Protocol
Ethernet0	unassigned	NO	unset	up	up
Ethernet1	unassigned	NO	unset	up	up
Serial0	unassigned	NO	unset	up	up
Serial1	unassigned	NO	unset	up	up

步驟3 設定 **router**的**hostname** 及四個 **interface** 的 **IP** 位址

步驟3.1 R2#configure terminal 進入設定模式。

步驟3.2 R2（configure) # hostname R2更改router hostname爲r2 。

步驟3.3 Configuring interface FastEthernet0/0:

R2(config)#interface fastethernet0/0

R2(config-if)#ip address 140.113.122.253 255.255.255.0

步驟3.4 Configuring interface FastEthernet1/0:

R2(config)#interface fastethernet1/0

R2(config-if)#ip address 140.113.120.2 255.255.255.0

步驟3.5 Configuring interface Serial2/0:

R2(config)#interface Serial2/0

R2(config-if)#ip address 140.113.120.2 255.255.255.0

Configuring interface Serial3/0:

R2(config)#interface Serial3/0

R2(config-if)#ip address 140.113.120.2 255.255.255.0

Note： 一開始連線到 router 的時候是在 normal mode；在 normal mode 下使用 enable 指令並輸入正確密碼後就可進入 enabled mode。

Note：此時 RIP 是 enabled，需另下指令才能disable掉。

【記錄1】觀看目前的 routing table，記錄各 interface 連線狀況，並解釋之。

【記錄2】ping自己 subnet 及其它 subnet 上的 IP 位址，記錄哪幾台是可連通的。

步驟4 設定 static routing table and routing protocols

在此步驟中，將先測驗 static routing 的功能，在 disable RIP 和 IGRP 後再測試可以接通那些子網路，註此時的 route 都仍是透過 Ethernet。

接著我們將利用 serial cable 來串接三台 router，增加 routing的方向，enable RIP 和 IGRP，測試這兩種協定的功能。

步驟 4.1 新增 static routing table entry。

步驟 4.1.1 R2>enable （進入enabled mode）

步驟 4.1.2 R2#configure （“R2#” 為enabled mode的command prompt，下configure 指令才能修改環境設定）

Configuring from terminal, memory, or network [terminal]?

Enter configuration commands, one per line. End with CNTL/Z.

步驟 4.1.3 R2（config)#ip route 140.113.121.0 255.255.255.0 140.113.120.1

Note: ip route爲新增一筆資料到 static routing table 的指令，其後所接的參數意義爲將往140.113.121.x （140.113.121.x 與 255.255.255.0 netmask的結果）的 packet 都 forward 至140.113.120.1 （在2.15步驟中設定了子網路部份的 bit 數目爲8，所以到 140.113.120.1 的封包會透過 120.113.120.2，即 e1 介面送出）。

步驟4.1.4 R2(config)#ip route 140.113.123.0 255.255.255.0 140.113.120.3

Note:要往140.113.123.0 子網路的 packet 都 forward 到 140.113.120.3

【記錄3】記錄可ping到的其它子網路的IP位址。

步驟4.2 Disable routing protocols

步驟4.2.1 R2#configure

```
Configuring from terminal, memory, or network [terminal]?
Enter configuration commands, one per line. End with CNTL/Z
```

步驟4.2.2 R2(config)#no router rip (disable rip)

步驟4.2.3 R2(config)#^Z (Ctrl+z)

【記錄4】記錄目前有那些 routing 是 enable 的。

【記錄5】觀看目前的 routing table，記錄各 interface 連線狀況並解釋。

【記錄6】將e1的線拔掉，是否可 ping 到其它子網路的 IP 位址。

步驟4.3 連接routers 之間的 serial interface 並設定 clock rate。

步驟4.3.1 用 serial cable 串接 serial interface，其線路請參照圖6-5粗線部份。

步驟4.3.2 由連接 serial cable DCE （Data Communications Equipment）端的機器設定 serial cable 的 clock rate，此例假設連接第二台 Router serial 2的serial cable 是 DCE 端，所以只有設定 interface serial 2，在操作時請考慮實際狀況。

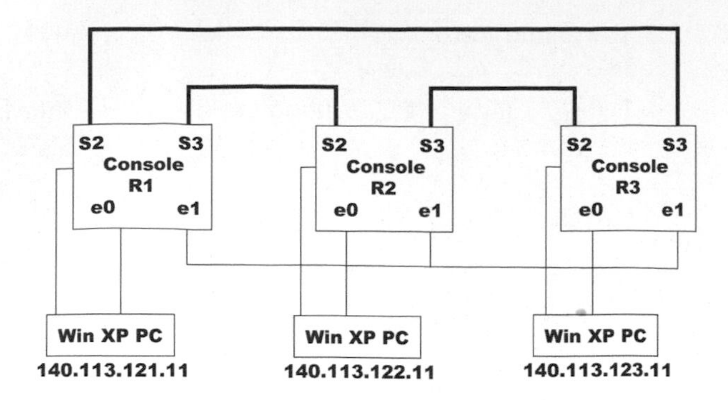

【圖6-5】加上serial cable後的網路環境

步驟4.3.3 R2#configure

```
Configuring from terminal, memory, or network [terminal]?
Enter configuration commands, one per line.  End with CNTL/Z
```

步驟4.3.4 R2(config)#interface serial 2/0 （設定 serial 0）

步驟4.3.5 R2(config-if)#clock rate ?（在下指令的過程中可隨輸入「?」，系統會顯示有那些參數可以選擇，如下所示）

```
Speed (bits per second
  1200
  2400
  4800
  9600
  ....
  ....

  500000
  800000
  1000000
  1300000
  2000000
  4000000
  <300-4000000>  Choose clockrate from list above
R2(config-if)#clock ra
```

步驟4.3.6 R2(config-if)#clock rate 1000000

步驟4.3.7 R2(config-if)#exit

步驟4.3.8 R2(config)#exit

【記錄7】觀看目前的 routing table，記錄各 interface 連線狀況並解釋。

Note:一條 serial cable 的兩端各為 DTE（Data Terminal Equipment）端或 DCE 端，並分別有標籤標示，例如：V.35 DCE REV. DO …。而只能藉由 DCE 端才能設定 clock rate，實驗時每條 serial cable 都須由其 DCE 端設定 clock rate。

步驟4.4 Enable及configure RIP

步驟4.4.1 R2#configure

```
Configuring from terminal, memory, or network [terminal]?
Enter configuration commands, one per line.  End with CNTL/Z.
```

步驟4.4.2 R2(config)#router rip (enable rip)

步驟4.4.3 R2(config-router)#network 140.113.0.0 （設定需為140.113.x.x的網路建立RIP的的 routing table）

步驟4.4.4 R2(config-router)#exit

步驟4.4.5 R2(config)#exit

【記錄8】觀看目前的 routing table，記錄各 interface連線狀況，並解釋之。

【記錄9】只拔掉一條 serial cable，觀看是否能否即時建立新的 routing table 以反應網路狀況，是否出現 count-to-infinity 的問題，並請解釋為什麼有或是沒有出現此問題。

【記錄10】觀看目前的 routing table，記錄各 interface 連線狀況並解釋。

【記錄11】將記錄9中拔掉的 serial cable 接回，觀看是否能即時建立新的 routing table 以反應網路狀況。再將剛接回的線拔掉，看是否出現 count-to-infinity 的問題。

步驟5 Access Control List的設定

所有的連線一開始都是雙向連通的，在此部份我們要利用 access control list 的過濾功能將屬於 140.113.122.X 的資料封包流動方向改為如圖6-6，因此請確定各 router 所設定的方向是正確的。

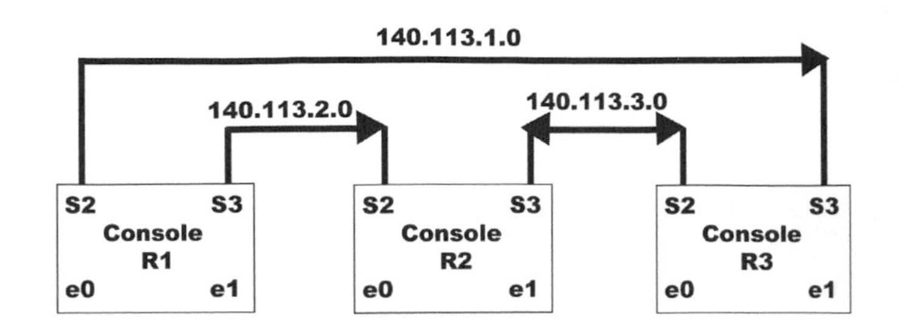

【圖6-6】屬於140.113.122.X的packets流向圖

步驟5.1 R2#configure

```
Configuring from terminal, memory, or network [terminal]?
Enter configuration commands, one per line.  End with CNTL/Z.
```

步驟5.2 R2(config)#access-list ?（看有那些參數可以選擇）

<1-99> IP standard access list ... 未完

Note:在下指令的過程中隨時可以打「?」，善用on-line help

步驟5.3 R2(config)#access-list 1 deny 140.113.122.0 0.0.0.255

（IP standard access list第一條：拒絕所有IP位址是140.113.122.x的packets）

步驟5.4 R2(config)#interface serial 2/0

步驟5.5 R2(config-if)#ip access-group 1 out

（限制140.113.122.x的packets不能從serial 0出去）

Note:此例仍是以 R2 爲範例；在此步驟中若最後一個參數是 in，則表示不能從 serial0 進入。若步驟4.4的參數是 serial 1，則是對 serial 1 的方向做限制。

步驟5.6 R2(config-if)#exit

步驟5.7 R2(config)#exit

【記錄12】觀看目前已設定那些 access-lists了。

【記錄13】開啓 PC 圖示，進入 terminal，由此下ping 的指令，並記錄是否能 ping 到140.113.122.x 的機器。若 access-list 的功能生效，在 terminal 下 ping 的指令，會看到什麼訊息？

步驟5.8 取消 access-lists

步驟5.8.1 Router-C#configure

Configuring from terminal, memory, or network [terminal]?

Enter configuration commands, one per line. End with CNTL/Z.

步驟5.8.2 Router-C(config)#no access-list 1

步驟5.8.3 Router-C(config)#exit

步驟6 請先了解VI中所列舉的討論問題，若須動手實驗才能找到解答的項目，請先在此實驗之。

V. 實驗記錄

所記錄的 router 是 （ R1, R2, R3 ）？________

【記錄1】以你所記錄的 router 爲主，一共連接了___個 subnets？

請在圖6-7將連通的部份由虛線改爲實線，並於實線旁標明連通訊息代號，另外條列訊息代號及其訊息內容，並註解訊息之意義。

ex: 1: C 140.113.122.0 is directly connected, Ethernet 0

註解：.....................

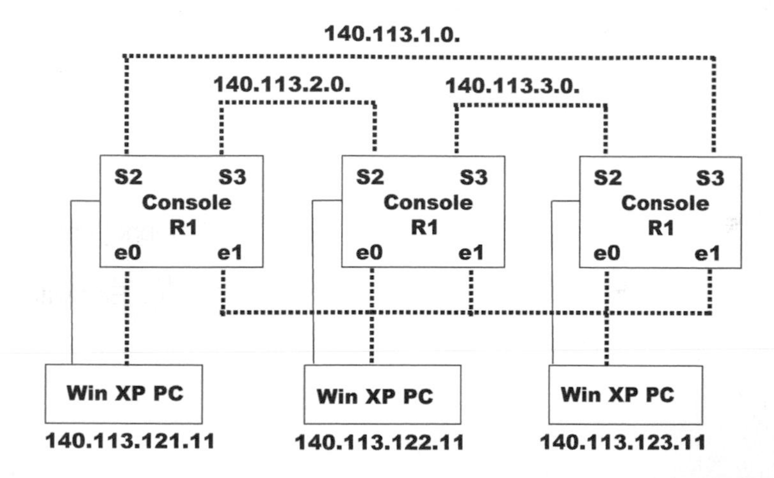

【圖6-7】網路連通圖（1）

【記錄2】請填寫下列表格，並打勾以標示那些subnet是屬於此router的。

【表6-1】網路連通表（1）

	Subnet	可ping到的IP位址
	140.113.1.0	
	140.113.2.0	
	140.113.3.0	
	140.113.120.0	
	140.113.121.0	
	140.113.122.0	
	140.113.123.0	

【記錄3】記錄可 ping 到的其它子網路的 IP 位址。

【表6-2】網路連通表（2）

Subnet	可ping到的IP位址
140.113.1.0	
140.113.2.0	
140.113.3.0	
140.113.120.0	
140.113.121.0	
140.113.122.0	
140.113.123.0	

【記錄4】記錄目前有那些 routing protocol是 enable的。

【記錄5】以你所記錄的 router 爲主，一共連接了___個 subnets？

請在圖6-8將連通的部份由虛線改爲實線，並於實線旁標明連通訊息代號，另外條列訊息代號及其訊息內容，並註解訊息之意義。

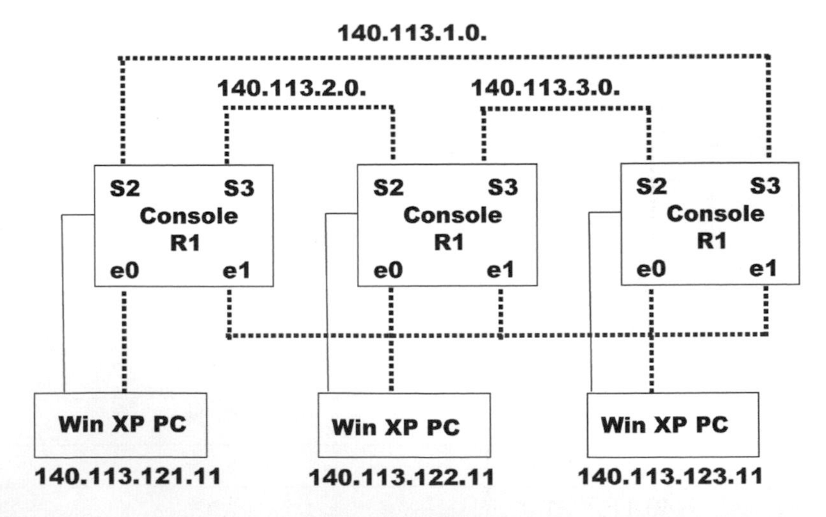

【圖6-8】網路連通圖（2）

【記錄6】記錄可 ping 其它子網路的 IP 位址。

【表6-3】網路連通表（3）

Subnet	可ping到的IP位址
140.113.1.0	
140.113.2.0	
140.113.3.0	
140.113.120.0	
140.113.121.0	
140.113.122.0	
140.113.123.0	

【記錄7】以你所記錄的 router 爲主，一共連接了___個subnets？

請在圖6-9將連通的部份由虛線改爲實線，並於實線旁標明連通訊息代號，另外條列訊息代號及其訊息內容，並註解訊息的意義。

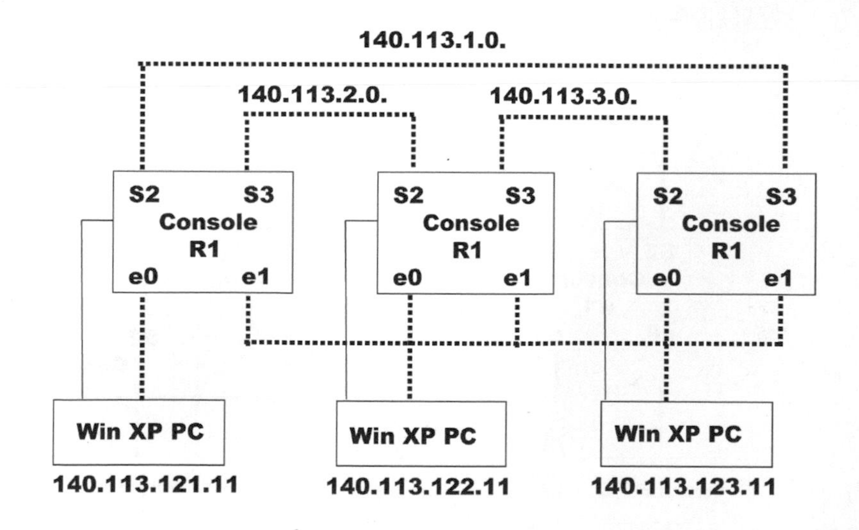

【圖6-9】網路連通圖（3）

【記錄8】以你所記錄的 router 爲主，一共連接了___個 subnets？

請在圖6-10將連通的部份由虛線改爲實線，並於實線旁標明連通訊息代號，另外條列訊息代號及其訊息內容，並註解訊息的意義。

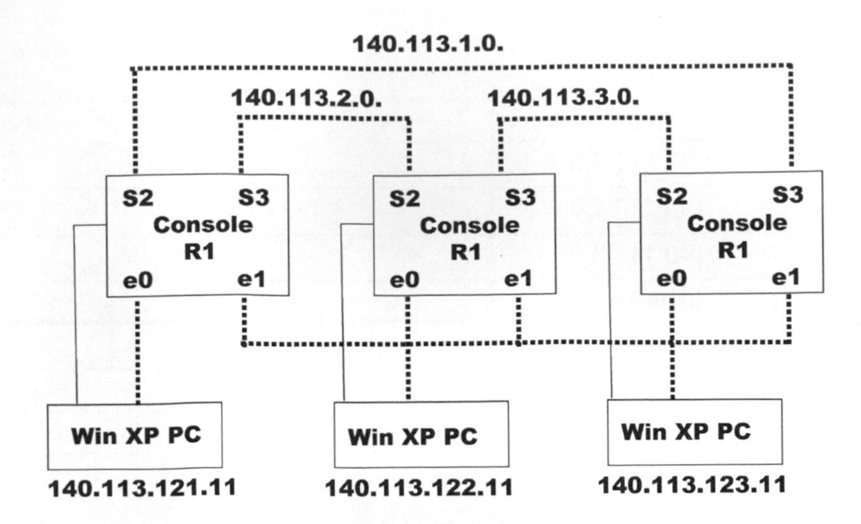

【圖6-10】網路連通圖（4）

【記錄9】是否出現 count-to-infinity 的問題，並請解釋爲什麼有或是沒有出現此問題，並請於圖6-11標明是拔掉那條線。

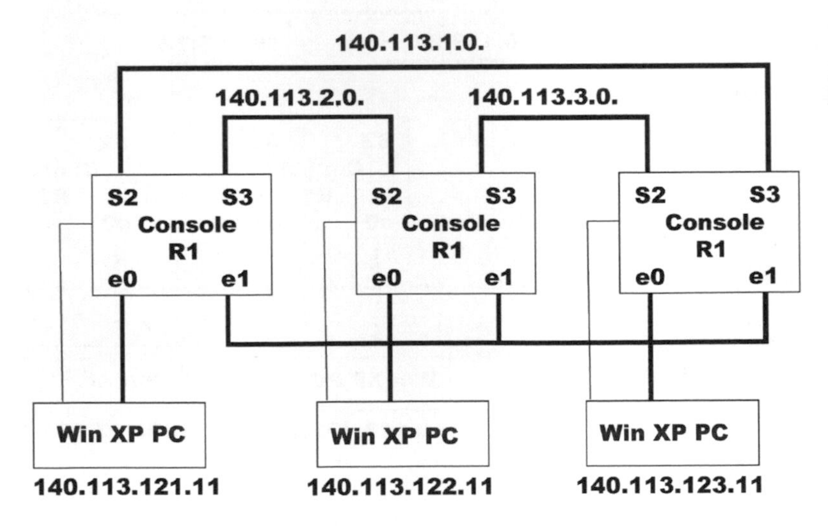

【圖6-11】網路連通圖（5）

【記錄10】以你所記錄的 router 爲主，一共連接了___個 subnets？

請在圖6-12將連通的部份由虛線改爲實線，並於實線旁標明連通訊息代號，另外條列訊息代號及其訊息內容，並註解訊息的意義。

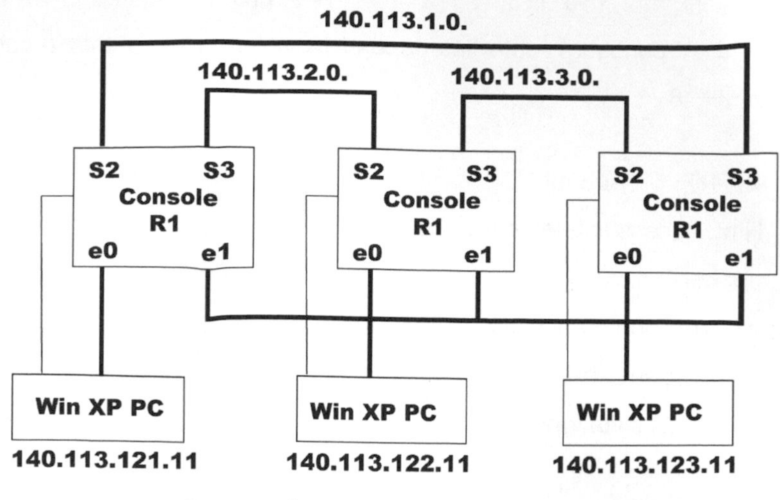

【圖6-12】網路連通圖（6）

【記錄11】將記錄9中拔掉的 serial cable 接回，觀看是否能即時建立新的 routing table 以反應網路狀況。再將線拔掉，看是否出現 count-to-infinity 的問題。

【記錄12】觀看目前已設定那些 access-lists 了，並說明你下了哪些指令。

【記錄13】開啓 MS-DOS 模式視窗，由此下 ping 的指令，並記錄是否能 ping 到 140.113.122.x 的機器。若access-list 的功能生效，在 MS-DOS 下 ping 的指令，會看到什麼訊息？

VI. 問題討論（請善用Cisco的線上支援：輸入’？’）

1. 描述正常及完整的 router 設定程序，用了哪些指令，用途爲何？

2. 若三台 routers 設定使用不同的 routing protocol，會不會產生問題？請解釋原因。

3. 若3個 LAN 的 IP subnet 設成一樣，會產生什麼樣的問題？

4. 如何將一個 subnet 切割成兩個分開的subnet?

例如將一個 140.113.121.X 分成 140.113.121.0X 及 140.113.121.1X。
Hint: 在 configure router interfaces 的時候，number of bits in subnet field 不一定要設8 。

5. 如何在一個 subnet 上限制及禁止使用某一種 application？
Hint: access-lists extended lists (100-199) can test the following attributes of a packet：
   (a) Source and destination addresses
   (b) Specific TCP/IP-suite protocols
   (c) Destination ports

6. RIP的 count-to-infinity 問題是如何產生的？畫圖舉例說明要在什麼樣的網路環境下才能看出此問題的存在。

7. 自問自答，請自行提出問題並尋找解答。

VII. 參考文獻

[1] Cisco 2500 Series Router Installation and Configuration Guide, http://www.cisco. com/univercd/cc/td/doc/product/access/acs_fix/cis2500/2514/index.htm.

[2] Andrew Tanenbaum, “Computer Networks”, Prentice Hall, 3rd edition, 1996.

[3] G. Malkin, “RIP Version 2”, RFC 2453, November 1998.

[4] J. Moy, “OSPF Version 2”, RFC 2328, April 1998.

[5] An introduction to IGRP, http://www.cisco.com/warp/public/459/2.html.

[6] Access Control List: Overview and Guildlines, http://www.cisco.com/univercd/cc/td/ doc/product/software/ios113ed/113ed_cr/secur_c/scprt3/scacls.htm.

07 Linux路由器之建構與追蹤

I.實驗目的

本實驗中將學習如何使用一般個人電腦建構一台 Linux 路由器，再分別使用除錯工具軟體與測試方法，了解此路由器之設定與運作方式。

實驗一開始先學習使用Linnux 路由 （route） 的基本指令以及了解其設定方式，接著安裝 routing daemon 套件－Quagga，並學習其設定方式。最後安裝 KDB 套件，追蹤核心內對於 routing 的處理流程。

II.實驗設備

1.硬體

項目	數量	備註
個人電腦	1	本身須具有on board的網路卡。
網路卡	1	須選用Linux kernel有支援之網路卡。

2.軟體

項目	版本	數量	備註
Linux distribution	Fedora V [1]	1	本實驗採用 Fedora 系統的Linux來說明。採用其他 distribution 亦可。Linux 可由各大 FTP 站取得。
Linux kernel[2]	2.6.16	1	可以到 http://www.kernel.org/ 取回。因為我們選的 KDB patch 版本的關係，所以我們選用此一版本。
Kdb[3]	4.4	1	至http://oss.sgi.com/projects/kdb/ 下載此軟體。此軟體為一 kernel patch 檔、需與kernel 版本互相搭配。
Quagga[4]	0.99.4-1	1	請至 http://www.quagga.net/ 下載此軟體。

III.背景資料

一、路由器概念

一般來說，電腦數量小於數十部的區域網路不需要路由器，只需要用 hub 或 switch 連接每一部電腦，然後透過單一線路連接到 Internet。但如果是電腦數量過多的網路環境，就會需要考量到實際佈線的困難以及效能。例如大樓內不同樓層要使用 hub/switch連接所有的電腦，在佈線上相當困難。要解決這個問題，可以透過每一個樓層架設一部路由器，並在各樓層間，用路由器相連接，就能夠簡單的管理各樓層的網路；否則，因爲各樓層之間沒有架設路由器，而是直接以網路線串接各樓層的 hub/switch 時，由於同一網域的資料是透過廣播來傳遞的，整棟大樓的電腦因而處於同一 collision domain，當整個大樓的某一部電腦在廣播時，所有的電腦將會予以回應，會造成大樓內網路效能低落。所以架設路由器將實體線路區隔開，能夠區隔出各樓層之間的 collision domain，藉以提昇網路效能。

由於各樓層之間爲不同網域，當主機想要將資料傳送到不同的網域時便得透過路由器。路由器會分析來源端封包的 IP 表頭，找出目標的 IP 後，透過路由器本身的路由表（routing table）將這個封包向下一個目標傳送。

二、Linux Route 介紹

通常，在 Linux 系統上的路由都是靜態路由，也就是由系統管理員使用" route"命令所加入之靜態路由規則。

相對於靜態路由，另一種路由方式爲動態路由。動態路由的規則是由各路由器之間，藉由路由協定程式互相交換路由規則而形成的。常見的路由協定有 RIPv1、RIPv2、ISIS、BGP 等。

以下介紹幾個在 Linux 中處理網路封包路由之函式：

ip_rt_ioctl：

此函式主要負責處理使用者以 route 指令所加入或刪除之靜態路由規則。如果要作的是刪除路由的動作，則先清除路由表中的規則，再檢查快取中有無副本，有的話也一併刪除，以確保其一致性。如果請求是增加路由的話，則先檢查指定的介面是否已存在此路由規則，沒有的話便新增這個路由規則，但此時並不會在路由快取新增資料。

ip_route_input：

每次進入系統的封包，都會觸發此函式，查詢此封包之路由。

首先會使用 hash function rt_hash_code() 來查詢此封包之路由資訊，是否存在系統之route cache，若不存在，則接著觸發 ip_route_inpute_mc 對此封包作處理。

ip_route_input_mc：

當發現該封包之目的位址為 multicast，則將此封包用此函式處理，否則就交給函式ip_route_input_slow 處理。

ip_route_input_slow：

當封包之路由資訊不存在於系統之快取且不屬於 multicast 的封包，則會由此函式作處理。

三、Linux 之 route指令

在 Linux 系統中，使用 "route –n"，可以列出目前系統中的路由規則。

```
[root@localhost /]# route -n
Kernel IP routing table
Destination    Gateway    Genmask          Flags  Metric  Ref   Use Iface
192.168.1.0    0.0.0.0    255.255.255.0    U      0       0     0 eth0
192.168.2.0    0.0.0.0    255.255.255.0    U      0       0     0 eth1
169.254.0.0    0.0.0.0    255.255.0.0      U      0       0     0 eth0
```

欄位名稱	功能
Kernel IP routing table	Kernel內的 IP routing table
Destination	目的地的 IP 網路位址（Network Address）
Gateway	Gateway 的 IP address
Genmask	Destination 的 subnet mask
Flag	用來指示此 route rule的狀態
Metric	需要經過幾個 hops 才能到達 destination
Ref	Reference 到此 rule 之 daemon 個數，如 RIP
Use	至目前為止，使用此 rule 之封包個數
Iface	此 rule所套用之網路介面(如eth0、eth1)

四、追蹤Linux核心

本實驗採用KDB來追蹤Linux核心。目前在Linux上常用的GDB，其對 kernel 除錯功能僅限於讀取核心資料而不能使用如設定breakpoints或者step by step 的執行。其它的延伸套件（如kdebug）則多了一些優點，包括對模組進行除錯，但仍缺乏以上二項功能。

KDB提供在本機端設定 breakpoints 以及 step by step 執行的動作。GDB 雖可達到相同目的，但卻需要使用者透過 serial port 在一台機器上執行而對另外一台機器進行除錯。

KDB的指令列表如下：

Command	Description
bc	Clear Breakpoint
bd	Disable Breakpoint
be	Enable Breakpoint
bl	Display breakpoints
bp	Set or Display breakpoint
bpa	Set or Display breakpoint globally
bt	Stack Traceback
btp	Display stack for process <pid>
cpu	Switch cpus
env	Show environment
ef	Display exception frame

go	Restart execution
help	Display help message
id	Disassemble Instructions
l l	Follow Linked Lists
md	Display memory contents
mds	Display memory contents symbolically
mm	Modify memory contents
ps	Display active task list
reboot	Reboot the machine
rd	Display register contents
rm	Modify register contents
sr	Magic SysRq key
ss	Single Step
ssb	Single step to branch/call
set	Add/change environment variable

本實驗需要在 kernel 設定中斷點 breakpoint，觀察在stack中的資料及執行單個指令的功能。以下為節錄自其 manual 的相關指令說明及其範例。

1. bp和bd

bp schedule	
	Sets an instruction breakpoint at the begining of the function schedule.
bp schedule+0x12e	
	Sets an instruction breakpoint at the instruction located at schedule+0x12e.
bp ttybuffer+0x24 dataw	
	Sets a data write breakpoint at the location referenced by ttybuffer+0x24 for a length of four bytes.
bp 0xc0254010 datar 1	
	Establishes a data reference breakpoint at address 0xc0254010 for a length of one byte.
bp	List current breakpoint table.
bd 0	Disable breakpoint #0.

2. bt

```
[root@host /root]# cat /proc/partitions
Entering kdb on processor 0 due to Debug Exception @ 0xc01845e3
Read/Write breakpoint #1 at 0xc024ddf4
kdb> bt
EBP                Caller            Function(args)
0xc74f5f44 0xc0146166     get_partition_list(0xc74d8000)
0xc74f5f8c 0xc01463f3     get_root_array(0xc74d8000, 0x13, 0xc74f5f88,
0xf3, 0xc00)
0xc74f5fbc 0xc0126138     array_read(0xc76cd80, 0x804aef8, 0xc00,
                          0xc76cdf94)
0xbffffcd4 0xc0108b30     sys_read(0x3, 0x804aef8, 0x1000, 0x1000,
                          0x804aef8)
kdb> bp
Instruction Breakpoint #0 at 0xc0111ab8 (schedule) in dr0 is disabled on cpu
0
Data Access Breakpoint #1 at 0xc024ddf4 (gendisk_head) in dr1 is enabled
on cpu
0 for 4 bytes
kdb> go
[root@host /root]#
```


3. ss

```
kdb> bp gendisk_head datar 4
Data Access Breakpoint #0 at 0xc024ddf4
(gendisk_head) in dr0 is enabled on cpu 0
for 4 bytes
kdb> go
[root@host /root]# cat /proc/partitions
Entering kdb on processor 0 due to Debug Exception @ 0xc01845e3
Read/Write breakpoint #0 at 0xc024ddf4
[0]kdb> ssb
sd_finish+0x7b:        movzbl 0xc02565d4,%edx
sd_finish+0x82:        leal    0xf(%edx),%eax
sd_finish+0x85:        sarl    $0x4,%eax
sd_finish+0x88:        movl    0xc0256654,%ecx
sd_finish+0x8e:        leal    (%eax,%eax,4),%edx
sd_finish+0x91:        leal    (%eax,%edx,2),%edx
sd_finish+0x94:        movl    0xc0251108,%eax
```

```
sd_finish+0x99:        movl    %eax,0xfffffc(%ecx,%edx,4)
sd_finish+0x9d:        movl    %ecx,0xc0251108
sd_finish+0xa3:        xorl    %ebx,%ebx
sd_finish+0xa5:        cmpb    $0x0,0xc02565d4
[0]kdb> go
[root@host /root]#
[0]kdb> ss
sys_read:              pushl   %ebp
SS trap at 0xc01274c1
sys_read+0x1:          movl    %esp,%eb p
[0]kdb> ss
sys_read+0x1:          movl    %esp,%ebp
SS trap at 0xc01274c3
sys_read+0x3:          subl    $0xc,%esp
[0]kdb> ss



sys_read+0x3:          subl    $0xc,%esp
SS trap at 0xc01274c6
sys_read+0x6:          pushl   %edi
[0]kdb>
```

五、Quagga套件

Quagga爲一路由軟體套件，此套件爲一共享軟體，可以在網路上自由下載使用。Quagga 由著名的路由軟體Zebra改版而來，支援 OSPFv2、OSPFv3、RIP v1 and v2、 RIPng以及 BGP-4 協定。

Quagga在安裝完後，會在本機使用第2601號埠，提供使用者遠端登入設定。登入後爲 Quagga 之 view mode，只提供基本觀察指令，不能修改其設定。另一模式爲 configure mode，可供遠端設定更多 Quagga 設定。

Quagga view mode指令列表如下：

Command	Description
echo	Echo a message back to the vty
enable	Turn on privileged mode command
exit	Exit current mode and down to previous mode
help	Description of the interactive help system
list	Print command list
quit	Exit current mode and down to previous mode
show	Show running system information
terminal	Set terminal line parameters
who	Display who is on vty

Quagga configure mode指令列表如下：

Command	Description
access-list	Add an access list entry
banner	Set banner string
debug	Debugging functions (see also 'undebug')
enable	Modify enable password parameters
end	End current mode and change to enable mode.
exit	Exit current mode and down to previous mode
help	Description of the interactive help system
hostname	Set system's network name
interface	Select an interface to configure
ip	IP information
ipv6	IPv6 information
line	Configure a terminal line
list	Print command list
log	Logging control
no	Negate a command or set its defaults
password	Assign the terminal connection password
quit	Exit current mode and down to previous mode
router-id	Manually set the router-id
service	Set up miscellaneous service
show	Show running system information
table	Configure target kernel routing table
write	Write running configuration to memory, network, or ..
smux	SNMP MUX protocol settings

IV. 實驗方法

我們的實驗的過程大致可分爲三個部分，這三個部份並沒有一定的先後關係。KDB 爲一個 Linux 核心除錯工具，我們將利用它來了解核心對於網路封包處理流程。再使用 route指令來對 Linux router 作設定，並安裝 Quagga 套件，讓 router 支援動態路由。最後再用簡單的 ping 指令來對實驗所建構的 Linux 路由器進行測試，確認該路由器的封包傳送功能是否正常運作。

V. 實驗步驟

步驟1　安裝Linux

安裝 Linux 非常簡單，只需要用光碟或 FTP 等就可以安裝完成。坊間有許多參考書籍介紹安裝這部分，網路上也有很多網站有說明文件，在此就不贅述。

步驟2　設定並測試 Linux router

步驟2.1　設定 Linux router 的二張網路卡的 IP 位址分別為 192.168.1.254 和 192.168.2.254 ，netmask 皆為 255.255.255.0，並輸入 echo "1" > /proc/sys/net/ipv4/ip_forward，以開啟 forward 功能。

步驟2.2　分別於兩張網卡之 interface 接上一 PC，IP 位址分別為 192.168.1.1，GATEWAY為 192.168.1.254 和 192.168.2.1，GATEWAY 為 192.168.2.254 netmask 皆為 255.255.255.0。

步驟2.3　分別於PC A 及PC B，使用PING 指令，測試 router 是否正常運作。

於ip為 192.168.1.1 之 PC 上，鍵入 ping 192.168.2.1，測試該主機是否有回應。反之於 192.168.2.1 之 PC 上，作相測試。

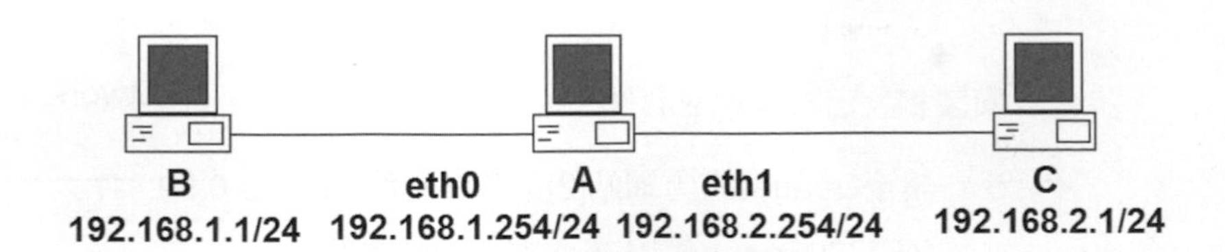

【圖7-1】 Linux路由器之建構與追蹤實驗平台

步驟3　安裝核心與 KDB

依前面「II.實驗設備」中所提及的方法取得 Linux 核心和 KDB。在 /usr/src 下解開核心的原始碼，接著將 kdb-v4.4-2.6.16-common-5.bz2 以及 kdb-v4.4-2.6.16-i386-3.bz2 放到 /usr/src/linux-2.6.16 這個新解開的目錄，bzip2 –d kdb-v4.4-2.6.16-common-5.bz2 、bzip2 -dkdb-v4.4-

2.6.16-i386-3.bz2 解開，要 patch 之前最好先檢視一下 patch 檔，選定以 patch –p1 < kdb-v4.4-2.6.16-common-5 和 patch –p1 < kdb-v4.4-2.6.16-i386-3 指令進行 patch，最後便要進行核心編繹的動作。

編譯新核心的部份可以參照實驗二： Linux下網路驅動程式追蹤的實驗步驟2.，但在設定核心時有幾點要特別注意：1.確認所選用的網路卡裝置應能在核心版本（Linux-2.6.16)正確驅動。2.需在設定kernel選項時，於menuconfigure之選項內，先勾選Kernel hacking --->Kernel debugging，再勾選Compile the kernel with frame pointer、Built-in Kernel Debugger support、KDB off by default，才能開啓KDB的功能。

步驟4 使用 KDB 追蹤核心流程

安裝完核心並重新開機後，使用 echo "1" > /proc/sys/kernel/kdb 手動開啓 KDB module之功能，任意時候都可以按 Pause 鍵來啓動 KDB。在啓動 KDB 後，我們設定 ip_rt_ioctl 這個函式中斷點並且在 shell prompt 下鍵入指令 route del default，這個指令有用到 kernel中的 ip_rt_ioctl 函式，所以此時自動進入 KDB 中，我們可以透過 bt， ss和 ssb等指令觀察 kernel 的運作並將ip_rt_ioctl所呼叫過的函式紀錄起來【記錄1】，另外在【記錄2】中，觀察 ip_route_input。你也可以和 /usr/src/linux 的 kernel source tre e 交互比對驗證。

步驟5 安裝和設定 Quagga 套件

步驟5.1 請至Quagga官方網站[2]下載此套件quagga-0.99.4-1.fc5.i386.rpm，使用 rpm 方式安裝套件

```
[root@localhost ]# rpm -ivh quagga-0.99.4-1.fc5.i386.rpm
Preparing...        ########################################### [100%]
1:quagga            ########################################### [100%]
```

步驟5.2 設定 Zebra 並且啟動 Zebra

```
[root@ localhost ]# vi /etc/quagga/zebra.conf
hostname linux.router    ←設定此路由器之主機名稱
password nctu            ←設定密碼為nctu
```

```
enable password nctu          ←啟動密碼
log file zebra.log            ←將所有 zebra 產生的資訊存到zebra.log中
[root@ localhost ]# /etc/init.d/zebra start                ←啟動 zebra
[root@ localhost ]# netstat –tunlp                         ←查詢zebra是否正確啟動
Active Internet connections （only servers)
```

Proto	Recv-Q	Send-Q	Local Address	Foreign Address	State	PID/Program name
tcp	0	0	127.0.0.1:2601	0.0.0.0:*	LISTEN	6422/zebra

步驟5.3 登入Quagga並秀出目的路由資訊

```
[root@localhost ~]# telnet localhost 2601
Trying 127.0.0.1...
Connected to localhost.localdomain (127.0.0.1).


Escape character is '^]'.

Hello, this is Quagga (version 0.99.4).
Copyright 1996-2005 Kunihiro Ishiguro, et al.

User Access Verification

Password:
localhost> show ip route
Codes: K - kernel route, C - connected, S - static, R - RIP, O - OSPF,
I - ISIS, B - BGP, > - selected route, * - FIB route
C>* 127.0.0.0/8 is directly connected, lo
C>* 192.168.2.0/24 is directly connected, eth0
C>* 192.168.2.0/24 is directly connected, eth1
K>* 169.254.0.0/16 is directly connected, eth1
```

步驟5.4 在Quagga中加入靜態路由

```
esslab16.cis.nctu.edu.tw> enable                           ←進入enable mode
Password:nctu                                              ←輸入密碼nctu
esslab16.cis.nctu.edu.tw# configure terminal               ←進入configure mode
新增一靜態路由
esslab16.cis.nctu.edu.tw(config)# ip route 192.168.100.0/24 eth0
esslab16.cis.nctu.edu.tw(config)# exit                     ←離開configure mode
esslab16.cis.nctu.edu.tw# show ip route                    ←顯示出路由資訊
Codes: K - kernel route, C - connected, S - static, R - RIP, O - OSPF,
       I - ISIS, B - BGP, > - selected route, * - FIB route
C>* 127.0.0.0/8 is directly connected, lo
C>* 192.168.1.0/24 is directly connected, eth0
```

```
C>* 192.168.2.0/24 is directly connected, eth1
S>* 192.168.100.0/24 [1/0] is directly connected, eth0        ←靜態路由資訊加入成功
K>* 169.254.0.0/16 is directly connected, eth1
```

步驟5.5 設定 ripd 服務

```
[root@localhost]# vi /etc/quagga/ripd.conf
hostname linux.router                   ←設定 Router 的主機名稱
password nctu                           ←設定密碼為nctu
router rip                              ←啟動 Router 的 rip 功能
network 192.168.1.0/24                  ←指定監聽此網域
network eth0                            ←指定監聽此介面
network 192.168.2.0/24                  ←指定監聽此網域
network eth1                            ←指定監聽此介面
version 2                               ←啟動RIPv2 服務
log stdout                              ←在螢幕輸出標準輸出的資料

[root@localhost]# /etc/init.d/ripd start

[root@localhost]# netstat –tulnp
Active Internet connections (only servers)
Proto Recv-Q Send-Q Local Address     Foreign Address State     PID/Program name
tcp        0      0 0.0.0.0:2602      0.0.0.0:*           LISTEN 21373/ripd
```


VI. 實驗記錄

記錄	內容
1	觀察ip_rt_ioctl所呼叫的函式。
2	觀察ip_route_input所呼叫的函式。

3	如何用 route 指令，刪除 192.168.1.0 端之 pc 對 192.168.2.0 之路由？並使用 ping 指令測試對 routing table 之修改是否成功。
4	於192.168.1.1架設 ftp server ，並使用 PC:192.168.2.1為 client 測試傳輸速度，並記錄最高傳輸速度。
5	步驟2-3中，使用ping指令測試 router 功能是否正常，請將ping之結果畫面截取下來，並紀錄之。
6	實驗步驟中登入 quagga ，並 show 出當時 router 之路由資訊，請紀錄實驗之 router 的完整路由資訊。
7	使用 netstat – tulnp 指令查詢主機之有開啟服務的埠號，並紀錄下來。

VII. 問題與討論

1 請任舉除bp、bd、bt、ss外的兩個指令，並詳細說明其使用的時機。

2 請問在Linux kernel中，每個封包進入之後，路由查詢的處理流程爲何，由那幾個函式處理?

3 在Linux kernel中，除了一般的路由表以外，還有快取路由表。試比較這兩個路由表之結構。

4 如果希望爲這台Linux路由器加上具有QoS的功能，請問有那些地方需要增加或修改，又那些地方具有這些資訊？（可以列出paper或者網站）

5 請問如果需要製作具有IP Masquerade和Firewall功能的Linux路由器，有那些地方是需要修改或新增的？而那些地方又是應該要注意的？

6 自問自答。（可以是您在操作所遇到的問題並解決的方法，或是新的啓示和想法）

VIII. 參考文獻

[1]. Fedora Project, sponsored by Red Hat,http://fedora.redhat.com/.

[2]. The Linux Kernel Archives,http://www.kernel.org/.

[3]. SGI - Developer Central Open Source | KDB, http://oss.sgi.com/projects/kdb/.

[4]. Quagga Software Routing Suite, http://www.quagga.net/.

[5]. Alessandro Rubini, "Linux Device Drivers", O'Reilly & Associations, Feb 1998.

08 網路探測：路徑、延遲與流量統計

I. 實驗目的

本實驗的目的是希望讀者能了解網路量測工具的種類及運作原理，利用工具探測網路連線之路徑、延遲及阻塞的瓶頸，並且上網蒐集一些網路流量統計資料。

實驗報告應該包括下列項目：實驗名稱、組員與系級（撰寫報告者列於首位）、實驗目的、實驗設備、實驗背景知識、實驗方法與步驟、觀察與記錄、問題與討論、心得及參考資料。

II. 實驗設備

本實驗所使用的作業平台不拘，只要探測軟體能夠適用即可。由於網路探測工具眾多，且漸漸趨向整合性和圖形化，所以功能常常彼此重疊。下面將網路探測工具大致分爲六大類，分別列出數種代表性的工具以供參考。本實驗以路徑探測與網路效能分析爲主，同學可自行採用表8-1到8-7或以外的適當工具來實驗。

一、硬體

項目	數量	備註
個人電腦PC	1	
網路卡	1	其他撥接工具（如Modem）亦可

二、軟體

【表8-1】IP Domain/Address查詢工具

IP Domain/Address查詢工具		
軟體名稱	功能簡介	作業平台
DNS workshop [1]	轉換IP位址及 Domain name 的工具。	Windows
DynIP [2]	自動追蹤到目前撥接上 Internet的IP 位址。	Windows/UNIX

【表8-2】遠端主機查詢工具

遠端主機狀態查詢工具		
軟體名稱	功能簡介	作業平台
Ping	確認遠端主機是否 alive 的工具。	Windows/UNIX
Mping [3]	Multicast ping 數個主機以確認它們是否在上線。	Windows
Pingplus [4]	增強版的 ping，含 ping, tracert 等。	Windows
Tjping Pro [5]	Ping Client 及trace 路徑。	Windows

【表8-3】路徑查詢工具

路徑查詢工具		
軟體名稱	功能簡介	作業平台
Traceroute	可查詢本地主機至任意站台間的路徑及延遲。	UNIX
Tracert	可查詢本地主機至任意站台間的路徑及延遲。	Windows
Visual route [6]	圖形化的介面，主要功能與 traceroute 相近，但可自動分析網路問題癥結，另外也有增強新的功能。	Windows/UNIX

【表8-4】傳輸效能分析工具

傳輸效能分析工具		
軟體名稱	功能簡介	作業平台
Ttcp [7]	可產生 TCP 或 UDP 的 traffic，觀察網路傳輸的情形。	Windows/UNIX
TracePlus [8]	分析通訊協定 TCP/IP 等資料傳遞情況與WINSOCK 運作狀況程式。	Windows
NetMedic [9]	診斷網路塞車的原因是電腦本身、ISP、或是遠端機器。	Windows

【表8-5】網路監聽工具

網路監聽工具		
軟體名稱	功能簡介	作業平台
Ethereal	可截取並分析 LAN 上的封包，提供 GUI 的操作。	UNIX/Windows
Tcpdump	可截取封包，分析網路傳輸速度等資料。	UNIX
NetXRay	可截取及產生封包，分析監聽到的封包內容。	Windows

【表8-6】其它分析工具

其它分析工具		
軟體名稱	功能簡介	作業平台
Modem monitor graph [10]	以圖形顯示出數據機撥接上 Internet 後封包資料的接收傳遞以及 CPU 使用狀況等的數據。	Windows
Web Trends Log Analyzer [11]	極富盛名的 Web Server 流量與使用量分析工具，將詳盡的分析結果以HTML方式呈現。	Windows
Yonc [12]	檢查上線的 ISP 線路是否忙碌，保持在網際網路的活動，以免因閒置過久而斷線。監視 Email帳號，上線時間，上網花費，網路頻寬等等。	Windows

【表8-7】整合套裝工具

整合套裝工具		
軟體名稱	功能簡介	作業平台
NetInfo [14]	包括Local Info、Ping、Trace、Look Up、Finger、Whois、Scanner 的Services。	Windows
Idyle GimmIP [15]	監視 Internet 連結，並將連結與否的結果在工具列上以不同顏色顯示。附有 Finger、Ping、Nameserver Lookup、Internet Sensor 與 Trace Route等網路連結資訊的相關功能。	Windows

III. 背景資料

由於網路探測工具種類繁多，難以一一盡述，所以僅以功能爲路徑探測爲主的 Visual Route 爲例，說明一般探測工具的運作原理。

Visual Route 和 Traceroute 性質十分類似，都是探測路徑的工具。只需指定目的地的位址，Visual Route 就會將路徑中的每一個 hop_的延遲情形回報給使用者，所以利用這種量測工具來得知網路狀況是十分方便的。我們要更進一步來了解這些工具的運作原理。

首先，Visual Route 先利用 DNS（ Domain Name System）將一般的 host name 轉換成 IP 位址 。接著，Visual Route 開始向目的地發出 UDP 封包。在 IP 封包其中有一個欄位 TTL（ Time To Live），它是爲了防止封包在網路中漫無止境地傳送而設，與路徑的選擇無關。當封包從 source 端發出時，它的 TTL 欄位就填入一個正整數，此後每經過一個 router，這個數字就被減 1;如果 TTL 欄位已經被減至零，這個封包就會被視爲過時的資訊而被 router 丟棄。發生這種情況時，封包不能傳遞至目的地，而由丟棄它的 router 回傳一個 ICMP（Internet Control Message Protocol）的封包告訴 source 端 " time exceeded" 訊息。Visual Route 就可以藉由這個回傳的封包得知 router 的 IP 位址。由此可知，Visual Route 只要依序送出 TTL 由 1 開始遞增的封包，就可以靠著這個網路機制，依序得到沿路 router 的位址，並經由計算送出封包時間至收到 ICMP 封包時間差的一半，很容易估計出路徑中任何一個 router與 source 之間的延遲。當然，TTL 的上限是 255，所以 source 到 destination 之間不能超過 255 個 hop，否則封包是永遠傳送不到的。

封包傳送失敗有很多種原因，通常是 destination host 本身有問題，或是網路根本就不通。Visual Route中有一個功能叫做 Scan Network，它可以告訴使用者無法連接到目的地的原因是上述原因中的何者。其運作方式十分地簡單，就是對欲查詢機器所在的 LAN 上所有可能的 IP 位址發出 ping 的封包。若有任何回應從該網域傳來，表示問題不是出在傳遞封包的過程，很可能是該機器沒有正常運作。Scan Network 利用目前 IP 位址的分配採用 subnet 原則，以及 LAN 有 broadcast 的特性，所以才能藉著 LAN 上其他機器的回應來斷定路徑是否暢通。不過使用 Scan Network 時要小心，有些受到較高度安全保護的 LAN 會以爲它自己受到了惡意攻擊，所以往後這個 source host 傳出的封包再也無法進入該網域。

圖8-1是 Visual Route 的主畫面。左邊上方的 Protocol、Address 欄位是用來輸入欲觀察的目的地及其使用的 protocol，目的地欄位可以是 URL、host name 或是 IP 位址。右上方的 IP Addresses 是 Visual Route 將 host name 轉成 IP 位址之後的列表，由於可能有數個 IP 位址共用一個 host name，所以 Visual Route 會優先觀察排在首位的站址，若要切換到其他的站址，只要拉下列表的選單即可。最右邊的圖示按鈕爲是否啓動 Visual Route Server 的狀態對話框，Visual Route 可以建立一個 Web 伺服器，使用者可以透過支援 Java 的瀏覽器來使用其提供的路由追蹤服務。圖8-2是經由 Internet Explorer 連線到 Visual Route Server 提供服務的畫面。

下方四個欄位是路徑分析後的結果，分別是 Visual Route Analysis、Trace Route Map、Trace Route Graph 以及 Trace Route Table。Visual Route Analysis 爲分析封包不能抵達目的地的原因。Trace Route Map 是將路徑用視覺化的方式在世界地圖中展現出來，這樣可以更明顯地看出實際連接的情形。Trace Route Graph 爲所有 host 延遲的分布用圖形的方式來顯示。Trace Route Table 是最主要的資訊來源，它會將路徑上所有的 host 的位址、最大延遲及平均延遲等資訊列出。

Visual Route 還有一些次要功能在這裡尚未提及，請自行至 Visual Route 網站 [6] 瀏覽查詢，將可得到更詳實的資料。

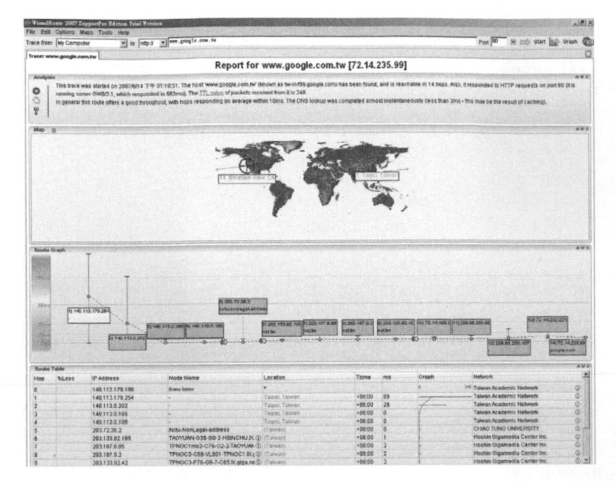

【圖8-1】Visual Route分析路徑畫面

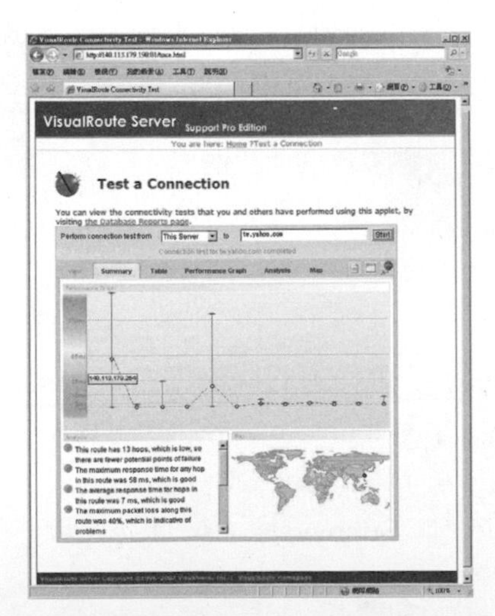

【圖8-2】連線至Visual Route Server畫面

IV. 實驗方法

本實驗著重於對網路探測工具的了解、故首先對於探測工具的使用務須熟稔，不限制使用的工具種類。

觀察三個以上的網站與你的機器彼此間連線的路徑，至少要記錄路徑中每一個 hop 的 IP 位址、location（位於哪個國家境內）、delay，並記錄此路徑的瓶頸在哪兩個 hop 之間。接著，利用工具監視任意一台機器所處的區域網路狀況。最後，在 TWNIC 的網站[16] 中，查出交通大學與 Internet 間的流量佔全部 TANet 與 Internet 間流量的百分比；並查出佔交通大學流量比例最高的前三種 application。此外最好能找到外國網路流量統計資料，擇要記錄在後，亦可獲得額外分數。流量統計的年月份不限制，但是要記得註明來源。

[選擇性實驗]

利用路徑查詢工具或是遠端主機查詢工具，畫出交大或他校或 TANet 的網路架構圖。

到網路上找尋任一種網路工具的原始程式，將它 trace 一遍並說明它的運作原理。

V. 實驗步驟

由於本實驗所使用的軟體可自由選擇，所以實際上操作的時候可能與此處的說明不盡相同。同學應該說明並記錄所使用的軟體其操作的步驟。以下以 Visual Route 作四點間路徑與延遲探測爲例，說明實驗步驟的大致情形。

實驗軟體：Visual Route

測試位址：

（1） 140.113.xxx.xxx NCTU, Taiwan（local host）
（2） 72.14.235.99 Mountain View, CA, USA
（3） 66.110.6.50 Montreal, QU, Canada
（4） 68.142.195.60 Sunnyvale, CA, USA

[註] 同學們可選擇別的網站查詢。

[選擇性實驗] 畫出校園網路或TAnet架構圖：

步驟1 先用 ping 或其他工具盡量找出校園內的所有 subnet，由於 router 的 IP 位址多半是 xxx.xxx.xxx.254，所以大部份的subnet應該都能找到。

步驟2 用 traceroute 之類的工具，查詢各subnet之間的連接通路，由這些節點的連接情形，推測網路佈線狀況。

步驟3 若想製作 TAnet 網路架構圖，建議先至 TWNIC 網站查詢，內有部份資料可供參考。

步驟4 將所推想的架構圖畫出，並附於報告之中。

VI. 實驗記錄

本實驗的記錄包括下列三個部分：

【記錄1】追蹤四點間路徑實驗（以下爲範例）

<table>
<tr><td colspan="2">Source</td><td colspan="2">140.113.179.36</td><td colspan="2">NCTU, Taiwan</td></tr>
<tr><td colspan="2">Host 1</td><td colspan="2">66.110.6.50</td><td colspan="2">Montreal, QU, Canada</td></tr>
<tr><td colspan="2">Host 2</td><td colspan="2">72.14.235.99</td><td colspan="2">Mountain View, CA, USA</td></tr>
<tr><td colspan="2">Host 3</td><td colspan="2">68.142.195.60</td><td colspan="2">Sunnyvale, CA, USA</td></tr>
<tr><td colspan="2">Host 4</td><td colspan="2">N/A</td><td colspan="2"></td></tr>
<tr><td>Hop</td><td>Host name</td><td colspan="2">IP address</td><td>Location</td><td>Delay(ms）</td></tr>
<tr><td>1</td><td>7e08-01.eic.nctu.edu.tw</td><td colspan="2">140.113.179.36</td><td>Taiwan</td><td>6</td></tr>
<tr><td>2</td><td></td><td colspan="2"></td><td></td><td></td></tr>
<tr><td>3</td><td></td><td colspan="2"></td><td></td><td></td></tr>
</table>

【記錄2】偵測網路狀況實驗

<table>
<tr><td colspan="5">監視網域 ：140.113.xxx. x</td></tr>
<tr><td colspan="2">起始監視時間：</td><td colspan="3">終止監視時間：</td></tr>
<tr><td>封包總數
（packets）</td><td>傳輸量
（bytes）</td><td>Collision次數</td><td>最大傳輸速率
（bps）</td><td>平均傳輸速率
（bps）</td></tr>
<tr><td></td><td></td><td></td><td></td><td></td></tr>
</table>

【記錄3】記錄台灣學術網路與Internet的流量統計資料

資料出處：												
日期（年/月/日）：												
Member	FTP	Telnet	Domain	News	Mail	Gopher	IRC	WWW	MUD	Others	Total(%)	Total KB
交通大學												
清華大學												
台灣大學												
電算中心												
資策會												

VII. 問題與討論

1. 請比較本手冊提到的各種網路探測軟體工具，說明它們各適合於哪些用途？

2. 能否再找一些網路探測工具（公用或商用軟體），並說明用途？

3. 用 Round Trip Trace Route 方式探測任意 AB 兩點間的路徑，請問 AB 的路徑必然與 BA 的路徑呈對稱關係嗎？

4. 請用 web 瀏覽器瀏覽剛剛用探測工具測量過的網站（不使用 proxy），此網站的反應速度和探測工具測出的最大延遲時間大約相符嗎?若不符，可能是由哪些原因所造成的？

5. 請解釋爲何一條路徑上的延遲未必呈絕對遞增（即較遠的 hop 之延遲有時反而較小）？

6. 請自行發掘問題，並自行找到解答。

Ⅷ. 參考文獻

[1] Info Evolution Ltd. homepage, http://www.evolve.co.uk/dns/.

[2] Canweb Internet Services Ltd. homepage, http://www.dynip.com/.

[3] Microsoft Research, http://www.research.microsoft.com/barc/mbone/mping.htm.

[4] Available at http://home.kimo.com.tw/bxdc/p1/n4.htm.

[5] Top Jimmy's Web Site, http://www.topjimmy.net/.

[6] Visual Route homepage, http://www.visualroute.com/.

[7] Mentor Technologies homepage, http://www.mentortech.com/learn/tools/tools.shtml.

[8] Systems Software Technology homepage, http://www.sstinc.com/.

[9] International Network Services Software homepage, http://www.vitalsigns.com/netmedic/.

[10] Available at http://www.geocities.com/ashoka_kumar_2000/akprog.htm.

[11] WebTrends Corporation homepage, http://www.webtrends.com/.

[12] EmTec Innovation Software, http://www.emtec.com/yonc/.

[13] Available at http://www.allfile.com/index5/705535.htm.

[14] Netinfo homepage, http://www.netinfo.co.il/.

[15] Idyle Software homepage, http://www.idyle.com/gimmip/.

[16] TaiWan Network Information Center homepage, "http://www.twnic.net/twnet/traffic/"

09 建置網路安全閘道器

I. 實驗目的

企業上網蔚為風潮， Intranet 的控管與保護也成了網路安全的重要課題。本實驗使用Fedora 套件中 freeware 的網路工具 IpTables 、OpenVPN 和 Squid 建立一個符合實務須求的 Security Gateway，並測試與紀錄 Security Gateway 的各項安全保護功能。本實驗的主要目的有二：

1. 訓練同學熟悉 Linux 操作環境，利用 Linux 建構區域網路。
2. 在實際操作中了解 Firewall、VPN、URL Blocking 的運作原理。

操作本實驗的同學應具基本網路常識，具有基本使用 Linux 的經驗，了解 Firewall、VPN、Proxy 的基本意義。

II. 實驗設備

一、硬體

項目	數量	備註
個人電腦	4	2 台PCs 安裝 Linux 2 台 PCs 安裝Windows XP
Adaptor	6	100Mbps Ethernet
網路線	4	串接伺服器

二、軟體

軟體名稱	數量	軟體種類	描述
Fedora Core 5	1	OS	Freeware 可由網路上下載
Windows XP	1	OS	Microsoft 公司出版
OpenVPN	1	VPN	http://openvpn.net/
Squid	1	Proxy	已收錄於 Fedora Core 5
Iptables	1	Firewall	已收錄於 Fedora Core 5
Internet Explorer	1	Browser	用以瀏覽 Internet

III. 背景資料

網際網路（Internet） 確實給企業帶來了許多利基，包括行銷、企業形象、顧客關係管理（CRM, Customer Relationship Management） 等都產生正面的影響。然而網際網路（Internet） 廣闊無邊，同時波濤潛伏，企業在上網的同時遭受了很多安全上的威脅。

為了保護企業內部的Intranet，須仰賴一個完善的 Security Gateway 隔絕所有 Internet 上的騷擾和攻擊。Intranet 的安全管理須要擁有健全的機制，控制合法的資訊進出，阻絕攻擊，保護企業內部資料不當流出或遭到截取。表9-1整理一般企業對 Security Gateway 的功能需求。針對表9-1的需求，我們整理出一個完善 Security Gateway 所應具備的基本功能與技術條，列於表9-2。這些機制分別需要三種網路機制 Firewall 、VPN 、Proxy 來幫助我們完成。接下來的實驗，就是利用其相對應的 freeware 來建置 Security Gateway 。

【表9-1】 Security Gateway 的功能需求

需求	方法	技術
Restrict illegal transmit	阻止非法的對內傳輸	Packet filter
	阻止非法的對外傳輸	Packet filter URL blocking
Prevent attack	阻止hacker 的攻擊	Packet filter
Security transport	LAN to LAN security tunnel	VPN with IPSec
	LAN to Host security tunnel	VPN with IPSec
Transmit log	傳輸資料的統計	log

【表9-2】 Security Gateway 應具備的功能

需求	案例	技術	工具
Restrict illegal transmit	限制員工偷看色情網站	URL blocking	Proxy
	限制某一部門對外連線	Filter outward packet source address.	Firewall
	阻止任何人從外部 telnet 內部伺服器	Filter inward packet destination address	Firewall
Prevent attack	阻止外部ping 內部主機	Filter inward echo request packet	Firewall

Security transport	和另外一個LAN建立security tunnel	LAN to LAN tunnel transport	VPN
	允許sales安全存取內部資料	LAN to various host tunnel transport	VPN
Transmit log	紀錄所有傳輸資料	Log transport packet	

在這次實驗中，我們選擇 Linux 做爲 Security Gateway 的平台，因爲 Linux 系統穩定， 功能強大，是目前網路伺服器平台的最佳人選，另一個重要的原因是 Linux 作業系統完全免費！我們也選擇 Fedora[1] 套件中的三個網路工具，來扮演 Security Gateway 中不同的角色， 它們是 IpTables[2] 、OpenVPN[3] 、Squid[4]，如表9-3。下面我們將逐一介紹三項工具及基本的操作。

【表9-3】 工具軟體介紹

軟體名稱	功能	執行空間	最新版本	免費下載
iptables	Firewall	Kernel	1.3.9	已收錄於Fedora Core 5 DVD
OpenVPN	VPN	Kernel	2.0.9	http://openvpn.net/
Squid	Proxy	Daemon	2.4	已收錄於Fedora Core 5 DVD

1.Iptables

目前市面上可見的防火牆大致分爲四類[5]，封包過濾器（packet filter） 、防禦主機（Bastion Host）、代理防火牆（proxy firewall） 、屏敝式主機（screened host） 。IpTables 屬於封包過濾器（packet filter） ，是第三層的網路設備。主動檢查每一個通過防火牆的packet，依照每一個 packet 中 IP Header 的資料決定如何處置這個 packet。最大的優點是速度快。

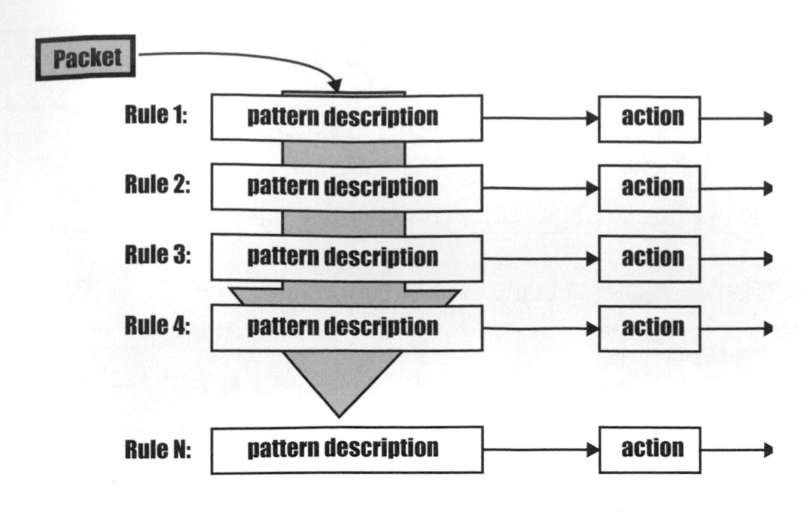

【圖9-1】IpTables 的運作原理

iptables 內附於 Fedora Core 5 之中，在 Linux 安裝完成後，就已經存在系統中。iptables 允許系統管理者建立串鏈（chain），每一個串鏈（chain） 由多條規則（rule）串接而成，如圖一，每條rule 包含對packet 的描述，和指定的動作（action）。packet 通過防火牆要逐一比對每一條rule ，符合描述特徵的 packet 就依照 action 中的動作處理 packet。對 packet 的動作有三種，「ACCEPT」 代表允許 packet 通過，「DENY」 表示丟棄 packet，"REJECT" 也是丟棄packet， 但是會回應一個 destination unreachable 的訊息給 packet 的發送端。與較早期 Linux 所提供的 ipchains 不同之處在於 iptables 除了原有之本機 Filter Table 外，另外增加與另一端網路相關的 NAT Table、及用以處理特殊旗標的 Mangle Table。表9-4整理 iptables 在本機 Filter Table 之內定的三條串鏈（chain），針對不同的 packet 做不同的處理，而表9-5整理 iptables 在 NAT Table 之內定的三條串鏈（chain）。表9-6是 iptables 的基本指令格式，進階操作請參考 IPTABLES 之使用手冊。

【表9-4】iptables Filter Table內建的control chains

名稱	描述
Input	Input packet rule control chain
Output	Oput packet rule control chain
Forwarding	IP masquerade packet rule control chain

【表9-5】iptables NAT Table內建的control chains

名稱	描述
Prerouting	Rule control chain before routing packet
Postrouting	Rule control chain after routing packet
Output	Rule control chain about output packet

【表9-6】iptables 基本語法

iptables	[-t Tables] [-L] –[nv]	Show the tables and rules
iptables	[-t Tables] [-FXZ]	Delete the rules in table
iptables	[-t Tables] –P [Input,Output,Forward] [Accept,Drop]	Set the default policy
iptables	[-AI Chain] [-io Ether] [-p Proc] [-s Src] [-d Dest] –j [Accept|Drop]	Add / Insert Rule

2. OpenVPN

以往需要電腦網路連接各地分公司的企業網路，必須申裝專線，藉由點對點的專線串接屬於自己的私有網路（Private Data Network）。專線建置私有網路擁有較佳的效能及完整的控制權。然而現在有公眾網路建置成本低、收費低廉、服務項目多、備援性佳，在降低成本提昇競爭力的前提下，虛擬私有網路（Virtual Private Network, VPN） 應運而生。

虛擬私有網路（VPN） 最簡單的定義就是「在Internet 公眾網路上建立屬於自己的私人網路」。虛擬，是指不再擁有實體之長途數據線路，而是使用 Internet 公眾網路的長途數據線路。企業可以在 internet 上為自己量身訂做一個最符合自己需求、自己可以控制的私人網路。

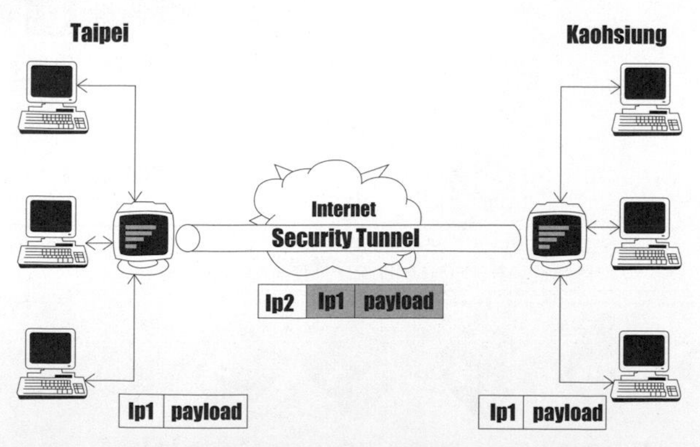

【圖9-2】VPN 的Security Tunnel

虛擬私有網路（VPN）主要採用四項技術：穿隧技術（Tunneling）、加解密技術（Encryption & Decryption）、密鑰管理技術（Key management）、身份認證技術（Authentication）。IETF 從 1995 年起，陸續公佈許多相關之技術標準。這些標準統稱爲 IPSec（IP Security，RFC1825~1829， RFC1851，RFC2085，RFC2104）。如圖9-2，要前往指定目地的 packet 會被 tunneling，也就先加密，再包在第二層 IP 封包中，送到遠端的 VPN Gatweay 。收到 tunneled packet 後依事前的協定將封包解密，再給真正的收件人，所以 Client 的使用者是沒有感覺的。我們在伺服器之間建立 Security Tunnel，packet 在通過 Security Tunnel 時都已經加密，所以 Internet 上其他的人是無法看到 packet 的內容。

OpenVPN是目前在 Linux 平台上廣泛被採用的 VPN 軟體，支援 IPSsec，可以設定多個 tunnel，對不同的 destination 的 packet 做不同的加密工作。OpenVPN 又分成 Client 及 Server 端，兩者在設定檔上必須相互配合，而由 Server 端產生的認證金鑰（CA certificate）必須交給各 Client 端保存，其設定檔分別在 /etc/openvpn/server.conf 及 /etc/openvpn/client.conf 。OpenVPN 的操作與安裝請參考 OpenVPN 官方網頁[3]。

3. Squid

代理伺服器（Proxy Server）是提供代理 Internet 連線服務的伺服器，類似大型的HTML文件快取中心，使用者可將他們的瀏覽器之 HTTP Proxy 設定指向一 Proxy 伺服器如圖9-3，之後，這些使用者的所有 HTTP 文件即會透過該 Proxy 伺服器取得，而非用戶的瀏覽器親自向 Internet 中伺服器下載。

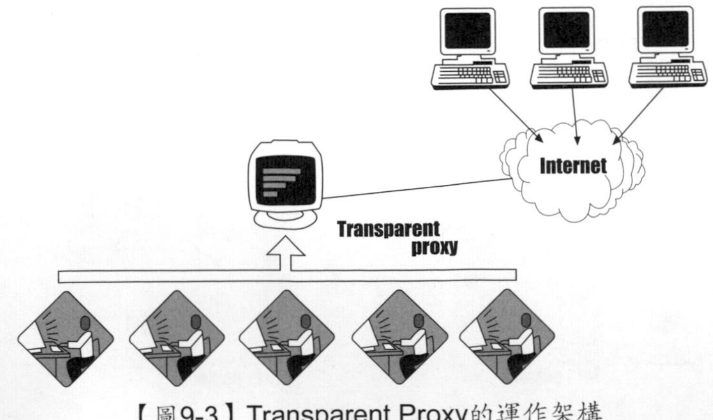

【圖9-3】Transparent Proxy的運作架構

傳統的 Proxy 伺服器 屬於被動式的網路設備，MIS 人員需個別的強制設定每位使用者透過它對外連線。這不但造成 MIS 人員網路管理層面的問題，也造成頻寬、金錢、時間及人力的浪費。通透性代理伺服器（Transparent Proxy）能自動處理每一筆要上網的資料，不需要在每一位使用者的瀏覽器中設定代理伺服器，代理伺服亦可支援 Internet 上所有服務，增加網路控管的安全性及便利性。我們可以設定 Transparent Proxy 中的 ACL（Access Control List）來管理 Intranet 內人員對外的連線，達到安控管的目的。

Squid 是目前使用最普遍的 Proxy 伺服器，支援 ICP（Internet Control Protocol）和Transparent Proxy，許多學校的 proxy 就是使用 Squid，主要原因是設定簡單具彈性，統計功能強大。藉由設定檔 /usr/local/squid/etc/squid.conf 來控制 Squid proxy 的運作。Squid 也提供 ACL 的功能，依照 HTTP request 的 Source IP 和 Destination URL 來決定是否可以存取網路。操作與安裝請參考 Squid User Guide[6] 。

IV. 實驗方法

本實驗練習安裝與建置一個符合實務需求的 Security Gateway 。本實驗操作環境須要在可以直接連接（一般校園網路環境）Internet 的實驗室中進行，利用 IPTable 、OpenVPN 、Squid 三項前介紹的 freeware 來建置一個 Security Gateway ，我們將實際設定每一個細節並測試安全防護的功能是否成功。

為了模擬各種狀況的網路環境，我們將實驗分為三個階段。第一個階段模擬 LAN 連結Internet 的環境。安裝一台 Server 和一台 Client 模擬企業內部 Intranet，企業內部網路經Gateway 伺服器連結 Internet ，設定 Security Gateway 的限制條件，控制內往外的通訊。

第二階段練習阻止來自 Internet 的騷擾與攻擊。我們再架設一台機器扮演 Internet 上的駭客，主動對區域網路（LAN）連線。Security Gateway 必須阻止外對內不合法對內通訊，且依然不影響企業提供給 Internet 的 Service。

第三階段是最複雜的階段，利用 VPN 進行資料加密傳輸，主要工作是使用 VPN 建立Security Tunnel 保障資料在 Internet 上傳輸時的安全性，不會受到監聽或修改。一共須要四台機器，模擬兩個 LAN 。兩台 VPN 伺服器間的參數相互配合是實驗的操作重點。

V. 實驗步驟

在開始實驗前，提醒您，我們假設使用者熟悉基本的Linux 操作，具基礎網路知識及系統安裝經驗，會建構簡單的區域網路（LAN） 系統，並已經大致瀏覽iptables 、OpenVPN 、Squid 的相關文件。

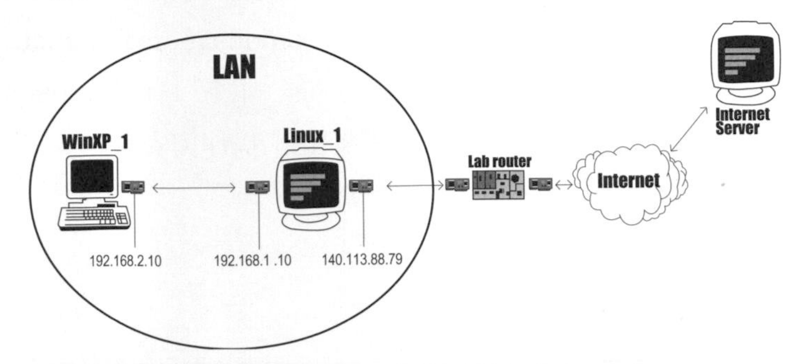

【圖9-4】第一階段LAN to Internet

第一階段實驗，如圖9-4，設定 Security Gateway ，控制內往外的通訊。我們首先架設一台 Linux 伺服器（Linux_1） 做為 Gateway 和一台 Windows XP 做為 client，再安裝 Squid 和 iptables 在 Linux 伺服器 上。在 Security Gateway 的設定三項存取限制：限制員工偷看色情網站、限制某一部門對外連線、禁止下載 *.avi 的檔案。設定完成後，用 Client 的機器實際操作一次，確認限定條件是否生效。

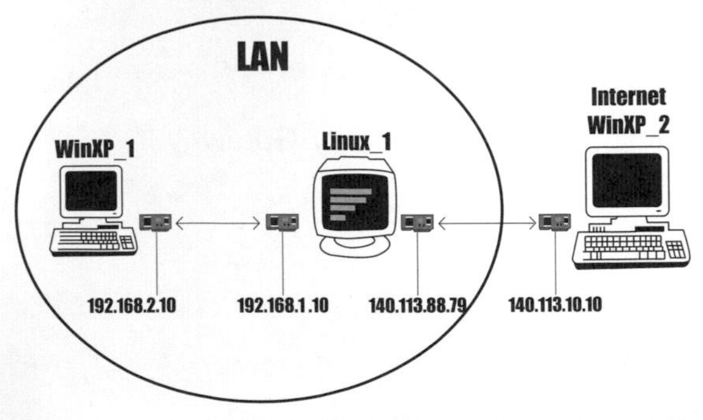

【圖9-5】第二階段Internet to LAN to

接下來，第二階段兩個工作是阻止駭客（hacker）對企業內部網路進行攻擊、管制非預期的通訊產生。如圖9-5，我們新架設 WinXP_2，扮演Internet上的駭客，主動對區域網路（LAN） 發出連線。在 Linux_1 上，利用 iptables 的 Packet Filter 功能過濾來自 WinXP_2 的 packet，並阻止外來的封包 ping 內部機器，以免區域網路架構曝光，增加危險性。但是依然不影響企業提供給 Internet 的 Service 。

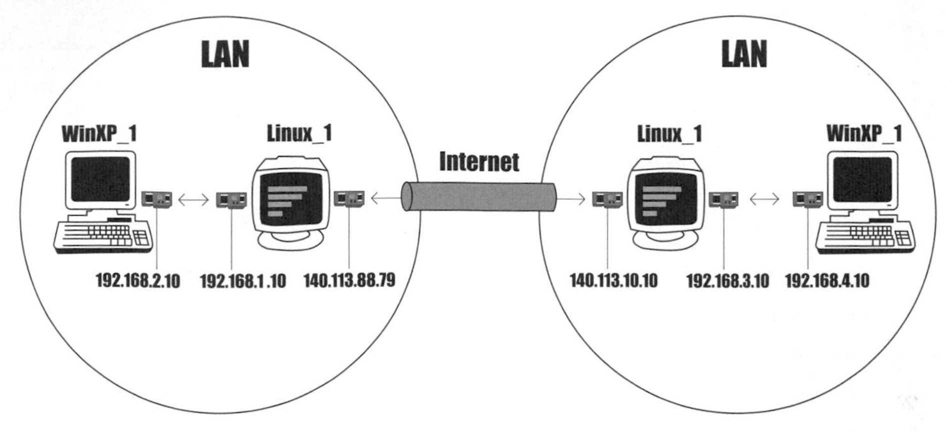

【圖9-6】第三階段Security Transport

第三階段需要四台PC，如圖9-6，分別模擬 Internet 上兩個遠端的 LAN。我們要在 Linux_1 及 Linux_2 上安裝 OpenVPN，並設定 Tunnel 的參數，完成 LAN to LAN 的安全傳輸，然後修改 Linux_2 上 OpenVPN 的參數，建立 LAN to Host 的安全傳輸。

以下，我們逐步介紹三階段實驗的操作步驟。

一、 Phase One

1.取一台 PC、一張 adaptor，安裝 Windows XP 系統，取名爲 WinXP_1。安裝 browser （IE/Netscape 皆可）。設定 WinXP_1 的 IP address:192.168.2.10。

2.取一台 PC、二張 adaptor，安裝 Fedora Core 5。取名爲 Linux_1。Linux_1 安裝過程的 utility 選擇畫面中，選取 Firewall 選項。Linux_1 的 adaptor IP 設定如下：

```
eth0: 140.113.88.79
eth1: 192.168.1.10
```

3.將 Linux_1 的 eth0 連上 Internet。將 eth1 和 WinXP_1 串接。啓動 Linux_1 的 routed 功能，設定 routing table。設定 Linux_1 的 IP Masquerade 功能啓動NAT，讓 WinXP 和 Internet 正常連線。參考「實驗十用 Linux 建立 Intranet」。

4.進入 Linux_1 的 /etc/rc.d/ 目錄下，建立文字檔 rc.firewall 。

5.在文字檔 /etc/rc.d/rc.locol 中加入一行指令 /etc/rc.d/rc.firewall，改變 rc.firewall 存取權，改爲可執行。輸入指令 chmod 731 rc.firewall。

6.編輯 rc.firewall，設定 firewall 限制條件。編輯後執行 rc.firewall 就會生效。

```
iptables -A output -d 206.251.29.10 -i eth0 -j DENY
iptables -A output -s 206.251.29.10 -i eth0 -j DENY
iptables -A input -s 192.168.50.0/24 -i eth1 -j DENY
```


7.執行 iptables –L，檢查設定內容是否正確，並將執行結果記錄於實驗紀錄1。

8.用 WinXP_1 執行下列工作，並將結果記錄於實驗紀錄2。

```
ping 206.251.29.10 ping www.sex.com
ping www.nthu.edu.tw

改變 WinXP_1 的IP 為192.178.50.10
ping www.nthu.edu.tw
```

9.安裝 Squid，將 squid-2.4.DEVEL2-src.tar.gz 放在 /root 下。執行下面指令

```
# tar -zxvf squid-2.4.DEVEL2-src.tar.gz
# cd squid-2.4.DEVEL2 # make install
```

安裝成功後，你可以找到下面這個檔 /usr/local/squid/etc/squid.conf。這就是 Squid 的 configure file ，我們將在 squid.conf 設定 URL Blocking 的條件。

10. 編輯 squid.conf，設定 URL Blocking 限制條件。

```
acl Badsite url_regex dstdomain www.sex.com
acl AVFile urlpath_regex /*.avi
```

```
http_access deny Badsite
http_access deny AVFile
http_access allow all
```

11. 用 WinXP_1 執行下列工作，並將結果記錄於實驗紀錄3。

```
瀏覽 www.sex.com
瀏覽 http://www.nba.com/theater/milk/index.html 並下載網頁中的 AVI 檔案
```

二、Phase Two

1.取一台 PC，一張 adaptor ，安裝 Windows XP ，取名為 WinXP_2 。設定 WinXP_1 的 IP address:140.113.10.10 。模擬 Internet 中的 hacker。

2.將 Linux_1 的 eth0 和 WinXP_2 串接對外串接，用 route 指令設定 Linux_1 的 routing table 使 WinXP_1 和 WinXP_2 可以完全通訊。

3.編輯 rc.firewall ，設定 firewall 限制條件。編輯後執行 rc.firewall 就會立即生效。

```
iptables -A input -p ICMP --icmp-type ping -i eth0 -j REJECT
iptables -A input -p TCP --dport 21 -i eth0 -j DENY
iptables -A output -p TCP --dport 23 -i eth0 -j DENY
iptables -A input -p TCP --dport 1025:65535 -i eth0 -j REJECT
```

4.執行iptables –L，檢查設定內容是否正確，並將執行結果記錄於實驗紀錄4。

5. 用WinXP_2 執行下列工作，並將結果記錄於實驗紀錄5。

```
ping 192.168.2.10
ping 192.168.1.10
ping 140.113.88.79
ftp 140.113.88.79
```

6. 用 WinXP_1 執行下列工作，並將結果記錄於實驗紀錄6。

```
ping 140.113.10.10
ping 192.168.1.10
ping 140.113.88.79
telnet 140.113.10.10
```

三、Phase Three

1.取一台 PC、二張adaptor ，安裝Fedora Core 5 。取名爲Linux_2 。Linux_2 的 adaptor IP 設定如下：

```
eth0: 140.113.10.10
eth1: 192.168.3.10
```

2.將 Linux_1 的 eth0 和 Linux_2 的eth0 串接。將 Linux_2 的eth1 和WinXP_2 串接。修改WinXP_2 網路卡 IP address 爲 192.168.4.10

3.用 route 指令設定 Linux_1 和 Linux_2 的 routing table ，設定 IP Masquerade ，使 WinXP_1 和 WinXP_2 可以完全通訊。並使用 ping 程式測試，確定通訊成功。

4.在 Linux_1 中安裝 OpenVPN，並 make install。將 openvpn-2.0.9.tar.tar 放在 /usr/src 下。執行下面指令。

```
# tar -zxvf openvpn-2.0.9.tar.tar
# cd openvpn-2.0.9
# ./configure
# make
# make install
```

5.在 Linux_2 中安裝 OpenVPN，並 make install。將 openvpn-2.0.9.tar.tar 放在 /usr/src 下。執行下面指令。

```
# tar -zxvf openvpn-2.0.9.tar.tar
# cd openvpn-2.0.9
# ./configure
# make
# make install
```

6.完成 OpenVPN 安裝程序後，就要開始用伺服器產生認證金鑰。執行下面指令。

```
# ./build-key ibook
# ./build-key macmini
```

```
# ./build-key fujitsu
# ./build-key ns
# ./build-key fedora
```

7.接下來你要設定好 Client-Server的對應關係，你會在 /usr/src/openvnc-2.0.9/ sample- config-files下找到範例的 server.conf、client.conf、及啓動／停止 VPN 伺服器的 Script 檔，修改 script 內的路徑並移置欲放置的目錄下後，便要開始修改 Client 及 Server 的設定檔：（在此僅條列必要之參數設定）

Linux_1: server.conf	
local 140.113.88.79	; Linux_1 伺服器 的 Real IP
port 1194	; 使用 tcp or udp
proto tcp	
dev tap	; 使用 tap or tun
ca ca.crt	; 底下幾行指定 ca.crt 及各 key 的位置
cert server.crt	
key server.key	
dh dh1024.pem	
server 192.168.3.0 255.255.255.0	; OpenVPN 所使用的網段
ifconfig-pool-persist ipp.txt	; client Virtual IP 的對照表
push "route 192.168.2.0 255.255.255.0"	; 讓 OpenVPN client 也可以連 192.168.2.x 網段
client-to-client	; 讓各個 OpenVPN client 也可以互連
keepalive 10 120	
tls-auth ta.key 0	; Server 要設 0 Client 設 1
comp-lzo	
max-clients 10	
user nobody	
group nobody	
persist-key	
persist-tun	
status openvpn-status.log	
verb 3	

Linux_1: client.conf

```
client
dev tap
proto tcp
remote 140.113.10.10 1194          ; Linux 2 伺服器的 Real IP
resolv-retry infinite              nobind
user nobody                        group nobody
persist-key
persist-tun
ca ca.crt
cert ns.crt
key ns.key
tls-auth ta.key 1
comp-lzo
verb 3
```

Linux 2: server.conf

```
local 140.113.10.10
port 1194
proto tcp
dev tap
ca ca.crt
cert server_office.crt
key server_office.key
dh dh1024.pem
server 192.168.1.0 255.255.255.0
ifconfig-pool-persist ipp.txt
push "route 192.168.4.0 255.255.255.0"
client-to-client
keepalive 10 120
tls-auth ta.key 0
comp-lzo
max-clients 10
user nobody
group nobody
persist-key
persist-tun
status openvpn-status.log
verb 3
```

Linux_2: client.conf
client dev tap proto tcp remote 140.113.88.79 1194 resolv-retry infinite nobind user nobody group nobody persist-key persist-tun ca ca.crt cert fedora.crt key fedora.key tls-auth ta.key 1 comp-lzo verb 3

8.用 WinXP_1 執行下列工作，並將結果記錄於實驗紀錄7 ping 192.168.3.10 ping 192.168.4.10 從 WinXP_1 用 FTP 傳檔案給 WinXP_2，檢查檔案內容是否一致。

VI. 實驗記錄

【記錄1】

執行的指令	
執行的結果	

【記錄2】

工作	成功與否	回應訊息	受限於那一條設定
ping 206.251.29.10			
ping www.sex.com			

ping www.nthu.edu.tw			
改變WinXP_1 的IP 為 192.178.50.10，ping www.nthu.edu.tw			

【記錄3】

工作	成功與否	回應訊息	受限於那一條設定
瀏覽 www.sex.com			
瀏覽www.nba.com/theater/milk/index.html			
下載網頁中的AVI 檔案			

【記錄4】

執行的指令	
執行的結果	

【記錄5】

工作	成功與否	回應訊息	受限於那一條設定
ping 192.168.2.10			
ping 192.168.1.10			
ping 140.113.88.79			
ftp 140.113.88.79			

【記錄6】

工作	成功與否	回應訊息	受限於那一條設定
ping 140.113.10.10			
ping 192.168.1.10			
ping 140.113.88.79			
telnet 140.113.10.10			

【記錄7】

工作	成功與否	回應訊息	受限於那一條設定
ping 192.168.3.10			
ping 192.168.4.10			
從WinXP_1 用FTP 傳檔案給WinXP_2，檢查檔案內容是否一致			

VII. 問題與討論

1. 在實驗第一階段中，將 iptables 的條件中的 DENY 全部改爲 REJECT，則實驗紀錄2 之執行結果爲何？就使用者而言有何不同。

2. 如果利用 iptables 將來自 subnet 140.113.0.0|16 之封包擋掉，但允許來自140.113.23.12 之封包進入，請問如何填入 iptables 之規則（rule）？

3. 使用 transparent proxy 和不使用 transparent proxy 在本實驗中會產生什麼影響，實驗紀錄3 之執行結果有何不同？若不使用 transparent proxy 也希望產生相同的效果，需要做那些設定。

4. 如果有一個企業，因爲對外連線頻寬有限，而不允許員工上班時間用FTP 傳檔案，禁止封包之流通，請問是否可以使用 iptables 達到這個限制？如果可以，應如何設定。

5. 當 OpenVPN 只有一邊有設 Tunnel 而另外一邊完全沒有設定時，資料能不能傳送？傳送過程有沒有加密？爲什麼？請分別依 Client to Server 和 Server to Client 回答。

6. 請自行發掘問題，並自行找到解答。

VIII. 參考文獻

[1] Red Hat, "http://www.redhat.com/"

[2] Linux IPTables-HowTo,"http://www.redhat.com/docs/manuals/enterprise/RHEL-5-manual/ -Security_And_Authentication/ch-iptables.html [3] OpenVPN, "http://openvpn.net/ "

[4] Squid Web Proxy Cache, "http://www.squid-cache.org/ "

[5] Chapman & Zwicky, "Building Internet Firewall", O'Reilly, Aug 1998.

[6] Squid User Guide, "http://squid-docs.sourceforge.net/latest/html/book1.htm"

10 以Linux架設 Internet/Intranet伺服器

I. 實驗目的

瞭解常用的 Internet 及 intranet 服務，練習架設及管理 Linux 上各種伺服程式，其中包括：

Internet服務

(1) HTTP: Apache server

(2) Database: MySQL

(3) Mail: Qmail

(4) FTP: vsftpd

Intranet服務

(1) File server: Samba

實驗報告的內容應包含：實驗題目、參與人員與系級、實驗目的、設備、方法、紀錄、問題討論、心得。報告內容應是經討論、整理、濃縮後，重新詮釋而寫出，切勿全部剪貼、照單全貼。

II. 實驗設備

一、硬體

項目	數量	備註
個人電腦PC	1	最好是Pentium以上，並具備32MB以上的記憶體
Linux和Windows支援的網路卡	1	如果防火牆和其他伺服器要架設在不同的電腦上，則需要兩張以上的網路卡

二、軟體

項目	數量	備註
Fedora Core 5	1	

III. 背景資料

Linux是一套 UNIX-like的作業系統，可以在一般的 PC上執行，不僅免費、可以任意下載複製，甚至它的原始程式碼也完全公開。Linux最早起源自1991年由芬蘭赫爾辛基大學的學生 Linus Torvalds 撰寫 Linux 的核心並公佈在網路上。熱心的網友們開發系統所需要的系統程式及應用程式，這些程式一樣大多是自由軟體，任何人都可以免費在網路上取得，不過自行去下載這些程式再一一安裝非常不便，於是有些公司或團體蒐集、整合 Linux 上的程式，構成一套完整的作業系統，讓一般使用者可以方便地安裝，這就是所謂的安裝套件（distribution）。

一般說的 Linux系統便是針對這些安裝套件而言，同樣是 Linux系統，卻分成不同公司、機構整合出來各式各樣的安裝套件。在這麼多安裝套件裡面，Fedora由於安裝過程簡單，又提供了許多系統設定工具、加上使用 RPM（RedHat Package Manager）管理程式套件，系統易於維護與升級，目前已漸漸成爲最多人使用的 Linux 系統。表10-1列出目前 Fedora Core 5版所包含較常用的各類伺服器，本實驗從其中選出 Web server、Mail server、Database server、FTP server、File server、Firewall、Proxy server，介紹它們的功能及安裝方式。除了 Qmail之外，所有的 rpm檔案皆可在 Fedora 光碟中找到。

【表10-1】Fedora Core 5內建伺服器

Server Type	Package in Fedora Core 5	Server Type	Package in Fedora Core 5
Web server	httpd-2.2.0	News server	inn-2.4.2
Mail server	sendmail-8.13.5	LDAP server	openldap-2.3.19
FTP server	vsftpd-2.0.4	DHCP server	dhcp-3.0 dhcpv6-0.10
Proxy server	squid-2.5.STABLE12	PPP server	ppp-2.4.3
DNS server	bind-9.3.2	Kerberos server	krb5-server-1.4.3
Telnet server	telnet-server-0.17	Rsh server	rsh-server-0.17
Database	mysql-server-5.0.18, postgresql-server-8.1.3	File server	samba-3.0.21b, nfs-utils-1.0.8.rc2
Version control	cvs-1.11.21 rcs-5.7	Firewall	Iptables-1.3.5, tcp_wrappers-7.6

一、Internet服務

1.Apache[2] + SSL[3,4] + PHP[5] + MySQL[6]

當1991年World Wide Web（WWW）出現時，沒有人能料得到今日受歡迎的程度，WWW已經成爲網際網路最大的應用，因爲簡單易用的瀏覽器，加上圖文並茂的網頁，成爲吸引許多人上網的主因。近年來電子商務興起， Apache web server加上SSL 模組加密傳輸內容，搭配 PHP 讓網頁更生動，後端配合 MySQL database，圖10-1的架構成爲愈來愈流行的電子商務網站套餐，本節將介紹如何安裝設定這些常見的伺服器。

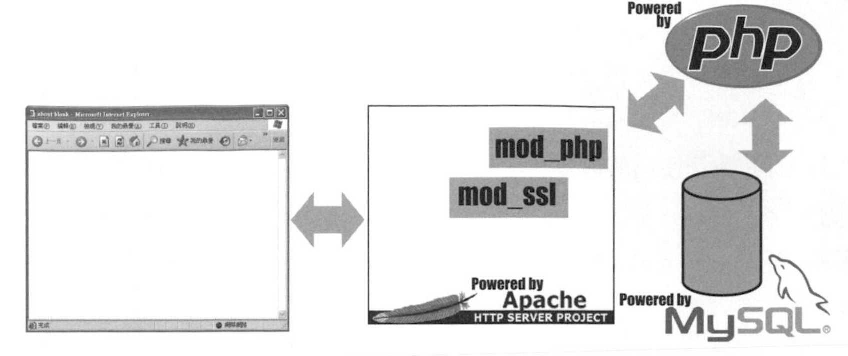

【圖10-1】Apache+SSL+PHP+MySQL運作圖

【表10-2】Apache/MySQL相關檔案與指令

相關檔案與指令	說 明
/etc/rc.d/init.d/httpd	控制Apache啟動與停止的 script 檔
/etc/httpd/conf/httpd.conf	Apache設定檔
/etc/rc.d/init.d/mysqld	控制 MySQL 啟動與停止的 script 檔
mysqladm	MySQL管理程式
mysqlshow	查詢MySQL資料庫
mysql	MySQL用戶端程式

重要設定：/etc/httpd/conf/httpd.conf

【表10-3】Apache重要參數

重要參數	說明
Port 80	Standalone伺服器所接聽的 port
DocumentRoot "/var/www/html"	系統首頁放置的目錄
DirectoryIndex index.html index.htm	預設的首頁
UserDir public_html	使用者放置首頁的目錄

2. Qmail mail Server [7]

電子郵件（Email）現在也是網際網路上相當重要的服務，幾乎上網者都有自己的電子郵件信箱，可以每天和親友交換訊息。電子郵件相關的協定有兩個：

A.SMTP （Simple Mail Transfer Protocol）

用戶端連接郵件主機的port 25，將信件送至郵件主機，一般主機與主機間交換信件大部份也都採用這種方式。

B. POP3 （Post Office Protocol）

用戶端連接郵件主機的 port 110 下載整批郵件，然後就可以在離線的狀況下閱讀自己的郵件，亦可以自行設定是否刪除郵件主機上的信件。

目前最廣泛使用的郵件伺服器當屬 sendmail，但是 sendmail 長久以來皆有重大的安全性問題，於是近年來 Qmail 漸漸嶄露頭角，許多著名郵件服務網站例如 Hotmail、Yahoo mail 皆改用 Qmail，主要因為下列幾點特色：

1.安全性：Qamil 不像 sendmail 以 root 執行主程式，而改以特定 qmail 群組及qmail 使用者來執行程式，加強系統的安全。

2.效能：Qmail 在執行效能上遠高於 sendmail。

3.可靠性：Qmail 在收信時，同時執行寫入硬碟的動作，不像傳統的 mail daemon 要等完整接收之後才寫入硬碟，因此，即使系統斷電，Qmail 也不會漏失訊息。

4.管理便利：相較於 sendmail 的複雜設定，Qmail 在系統管理上相對的便利許多。

【表10-4】Qmail重要設定檔

設 定 檔	意 義
/var/qmail/control/me	包含本地端的機器名稱
/var/qmail/control/rcpthosts	Qmail會寄送的位置
/var/qmail/control/locals	本地端的地址
/var/qmail/badmailfrom	拒收郵件來源地址

3. vsftpd FTP Server

當有需要提供下載檔案服務時，除了使用 http的方式連結外，另外一種常用的方法就是 ftp直接下載。FTP（File Transfer Protocol, RFC 959）的設計是用來傳輸兩台電腦之間的資料，如圖10-2所示，用戶端和伺服器端會有兩個不同的連線，伺服器的 port 21負責 FTP指令的傳送，而 port 20則負責資料的傳送。

Ftp Server服務的對象可區分爲兩類:

認證式 FTP：對象是在該主機上有帳號的使用者，當使用者以帳號登入時，其登入的目錄就是其帳號目錄 （home directory），使用者有權對檔案做讀寫。

匿名式 FTP：對象是網路上任何一位使用者，他們可以使用匿名帳號如 ftp 或 anonymous 登入有提供該服務的主機，這些使用者只能抓取檔案，不過有些站台也提供上傳的目錄。

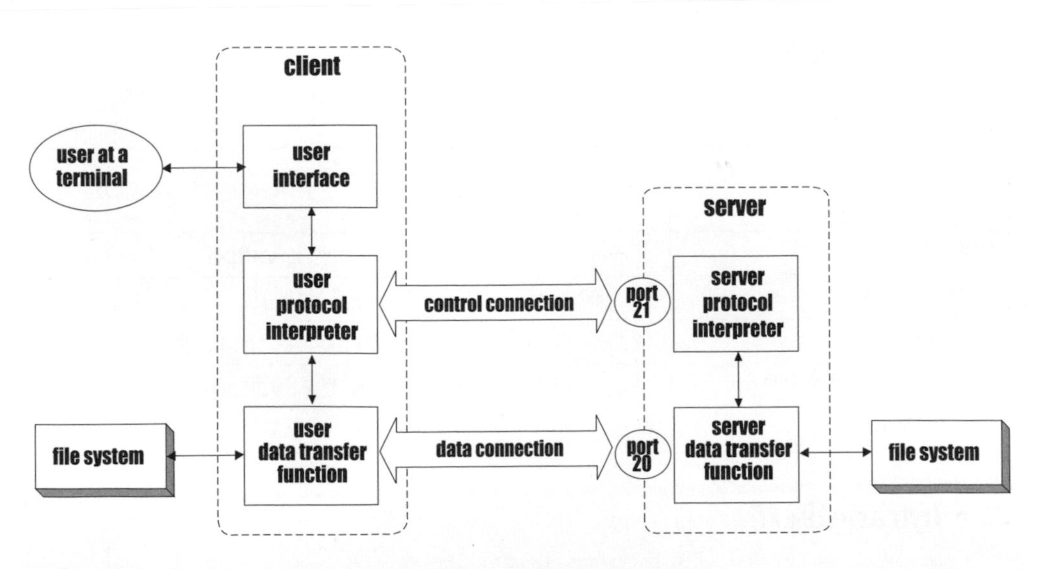

【圖10-2】FTP protocol（RFC 959）

【表10-5】vsftpd相關檔案與指令

相關檔案	說　明
/etc/vsftpd/vsftpd.conf	vsftpd 的主要設定檔
/etc/pam.d/vsftpd /etc/vsftpd/ftpusers	設定帳號及使用權限
/var/ftp	預設匿名者登入的根目錄
/usr/sbin/vsftpd	vsftpd 的主要執行檔
/etc/vsftpd/vsftpd.conf	vsftpd 的主要設定檔
/etc/pam.d/vsftpd /etc/vsftpd/ftpusers	設定帳號及使用權限
/var/ftp	預設匿名者登入的根目錄
/usr/sbin/vsftpd	vsftpd 的主要執行檔

重要設定：/etc/vsftpd/vsftpd.conf

【表10-6】vsftpd重要參數

重要參數	說明
listen_port	使用的 vsftpd 命令通道的 port number
dirmessage_enable message_file	進入某個目錄時，顯示該目錄需要注意的內容
pasv_enable	被動式連線（passive mode）
max_clients	最多有多少 client 可以同時連上 vsftpd
max_per_ip	同一個 IP 同一時間可允許多少連線
ftpd_banner	使用者無法順利連上主機顯示的說明文字
anonymous_enable	設定是否允許 anonymous 登入 vsftpd
tcp_wrappers	是否支援 TCP Wrappers

二、Intranet服務

1.Samba file server[9]

架設區域網路的主要目的，在於能夠彼此共享資源。例如有一份通訊錄放在伺服器上，當資料更動時，自行 ftp 回來修改再放回去，但資料常常異動時，這樣的手續顯得相當麻煩，於是在 Unix 系統下的解決方案是 NFS（Network File System），而 Windows 系統使用「網路上的芳鄰」，皆是可以直接存取共享遠端的檔案，形成快速有效率的工作環境。

Samba能讓 Linux 系統整合到 Windows 的網路系統成為用戶端與伺服器端。當成伺服器時，能提供其他 Windows 系統檔案存取與列印等服務；當成用戶端時也可以存取分享出來的 Windows 檔案系統。本文僅就伺服器端的設定加以說明。

【表10-7】Samba相關檔案與指令

相關檔案與指令	說明
smbd	提供用戶端 SMB 服務的程式（daemon）
nmbd	負責 Netbios name查詢
/etc/samba/smb.conf	Samba的設定檔
/etc/rc.d/init.d/smb	控制 Samba 啟動與停止的 script 檔
/etc/lmhosts	記載 Netbios name 與 IP 位址對應的檔案
testparm	測試 Samba 的smb.conf 設定是否正確
testprns	測試印表機在 /etc/printcap 設定是否正確

重要設定：/etc/samba/smb.conf

Samba所有的設定皆在此檔，內文中以「#」符號或「;」符號開頭的整行文字是註解，通常「;」符號是用來暫時關閉該選項。整個檔案內容可分 Global Setting 和 Share Definition兩大部份，再細分為幾個區段，每個區段都以 [區段名稱] 開頭，並有相關的設定：

- Global Setting:
  - [global]: Samba server的基本設定。
- Share Definition:
  - [home]:設定存取Samba server的使用者home directory。
  - [printers]:設定分享的印表機。
  - [分享名稱]:設定其他的共享目錄，可以自行定義多個。

global、home、printers是固定的基本區段，共享目錄則是依需求自行增加，表10-8介紹每個區段的重要參數設定。

【表10-8】Samba重要參數

smb.conf—[glosbal]

重要參數	說明
workgroup = MYGROUP	相當於Windows中的工作群組
server string = Samba Server	伺服器的說明
hosts allow = 192.168.1. hosts deny = 192.168.2.	允許或不允許進入samba server的IP位址位置範圍，注意是網路位址，最後必須加上一個「.」
load printers = yes	是否要將印表機分享出去
printcap name = /etc/printcap	印表機設定檔
security = user	設定samba的安全性等級，目前有四種選擇 share: 對各目錄設不同密碼分享，或讓guest進入 user: 讓有帳號的使用者輸入密碼登入 server: 由別台機器驗證密碼 domain: 登入NT網域
password server = <NT-Server-Name>	如果security設為server，必須指定驗證主機名
encrypt passwords = yes	傳送資料加密
smb passwd file = /etc/smbpasswd	如果驗證的主機是samba server，指定密碼檔案
username map = /etc/smbusers	Linux使用者名稱對應到不同的SMB使用者名稱
interfaces = 192.168.12.2/24 192.168.13.2/24	如果Samba server主機有多片網路卡，可以在此設定
name resolve order = wins lmhosts bcast	設定NetBios主機名稱與IP位址對應的查詢順序
client code page = 950	可以使用中文檔名

smb.conf—[home]

參數	說明
comment = Home Directories	目錄的說明
browseable = no	設定可否瀏覽
writable = yes	設定可否寫入

smb.conf—[printers]

參數	說明
comment = All Printers	印表機的說明
path = /var/spool/samba	設定spool目錄
browseable = no	設定可否瀏覽

smb.conf—[分享名稱]

參數	說明
comment = Share	分享的說明
path = /tmp	開放/tmp目錄
readonly = no	設定可否唯讀或可寫入
public = yes	設定是否共享

IV. 實驗方法

本實驗的安裝方式以 RPM 為主，RPM 是由 RedHat 公司所開發的一個程式管理套件，使用 RPM 套件管理系統具有下列優點：

1.易於安裝與升級。

2.有強大的查詢功能。

3.可以驗證套件完整性。

4.支援以原始碼發行的套件。

RPM 套件命名的格式大都依循一致的慣例，以 apache-1.3.12-25.i386.rpm 為例，它包含了套件名稱（apache）、版本（1.3.12）、發行編號（25）和平台（i386），並且以 rpm 結尾。要安裝此套件也相當簡單。

```
# rpm –Uvh apache-1.3.12-25.i386.rpm
```

-U參數代表昇級原有的套件，若原本未安裝則進行安裝。

-v參數代表在安裝過程中提供更多訊息。

-h參數會在安裝過程中印出「#」符號。

要移除套件則只需一行指令:

```
# rpm –e apache
```

V. 實驗步驟

步驟1 架設 Internet 服務

注意，以下的步驟需要以 root 的身份執行。

步驟1.1 架設Apache+SSL+PHP+MySQL

步驟1.1.1 準備檔案

php-5.1.2-5.i386.rpm	以php 連結MySQL 資料庫
mysql-5.0.18-2.1.i386.rpm	MySQL 用戶程式及shared library
mysql-server-5.0.18-2.1.i386.rpm	MySQL 伺服器
httpd-2.2.0-5.1.2.i386.rpm	Apache 網頁伺服器
openssl-0.9.8a-5.2.i386.rpm	Secure Sockets Layer Toolkit
mod_ssl-2.2.0-5.1.2.i386.rpm	Apache 的SSL 模組

步驟1.1.2 安裝所有套件

```
# rpm –Uvh php-5.1.2-5.i386.rpm
# rpm –Uvh mysql-5.0.18-2.1.i386.rpm
# rpm –Uvh mysql-server-5.0.18-2.1.i386.rpm
# rpm –Uvh php-mysql-5.1.2-5.i386.rpm
# rpm –Uvh httpd-2.2.0-5.1.2.i386.rpm
# rpm –Uvh openssl-0.9.8a-5.2.i386.rpm
# rpm –Uvh mod_ssl-2.2.0-5.1.2.i386.rpm
```

步驟1.1.3 執行 Apache 與 MySQL

```
# /etc/rc.d/init.d/httpd start
# /etc/rc.d/init.d/mysqld start
```

步驟1.1.4 設定MySQL root密碼爲passwd （讀者可以自己選擇適當的密碼）

```
# /usr/bin/mysqladmin –u root password ‘passwd’
```

步驟1.1.5 設定開機自動執行

ntsysv; 勾選httpd, mysqld ; 選OK。

步驟1.1.6 測試 Apache

以瀏覽器連上伺服器 https://your.domain.name（讀者Linux伺服器的網址）【記錄1】。

步驟1.1.7 測試 MySQL

/usr/bin/mysqlshow –u guest【記錄2】。

步驟1.1.8 測試 PHP&MySQL：編輯一測試檔 test.php3，內容如下：

<? mysql_connect（"localhost"） && print "MySQL and PHP work"; ?>【記錄3】。

步驟1.2 架設Qmail郵件伺服器

步驟1.2.1 準備檔案

http://infobase.ibase.com.hk/qmail/netqmail-1.05.tar.gz qmail主程式

http://cr.yp.to/checkpwd/checkpassword-0.90.tar.gz 使qmail pop3 server支援系統密碼檔

步驟1.2.2 建立安裝目錄、2個群組與7個使用者

```
# mkdir /var/qmail
# groupadd nofiles
# useradd –g nofiles –d /var/qmail/alias alias
# useradd –g nofiles –d /var/qmail qmaild
# useradd –g nofiles –d /var/qmail qmaill
# useradd –g nofiles –d /var/qmail qmailp
# groupadd qmail
# useradd –g qmail –d /var/qmail qmailq
# useradd –g qmail –d /var/qmail qmailr
# useradd –g qmail –d /var/qmail qmails
```

步驟1.2.3 解開並安裝Qmail

```
# tar zxvf netqmail-1.05.tar.gz
# cd netqmail-1.05
# make setup check
```

步驟1.2.4 設定（your.domain.name, your.email須換爲讀者自己的domain,email）

```
# ./config-fast your.domain.name
# cd ~alias
# echo your.email > .qmail-postmaster
# echo your.email > .qmail-mailer-daemon
# echo your.email > .qmail-root
# chmod 644 .qmail*
```

步驟1.2.5 建立使用者郵件目錄（Maildir）

爲每個現有的使用者（以luke爲例）建立郵件目錄。

```
# su luke
$ /var/qmail/bin/maildirmake $HOME/Maildir
$ echo $HOME/Maildir/ > $HOME/.qmail
$ exit
```

爲以後加入的使用者準備郵件目錄。

```
# /var/qmail/bin/maildirmake /etc/skel/Maildir
# echo ./Maildir > /etc/skel/.qmail
```

步驟1.2.6 建立啓動檔 /var/qmail/bin/rc

cp /var/qmail/boot/home /var/qmail/bin/rc

修改 /var/qmail/bin/rc，將Mailbox改爲Maildir

qmail-start ./Maildir splogger qmail。

步驟1.2.7 停止 sendmail 服務，以 qmail 取代 sendmail

ntsysv; 取消選取 sendmail; 選OK。

```
# kill `echo /var/run/sendmail.pid`
# mv –f /usr/lib/sendmail /usr/lib/sendmail.old
# mv –f /usr/sbin/sendmail /usr/sbin/sendmail.old
# ln –s /var/qmail/bin/sendmail /usr/lib/sendmail
# ln –s /var/qmail/bin/sendmail /usr/sbin/sendmail
```

步驟1.2.8 安裝 Pop-3 服務

```
# tar zxvf checkpassword-0.90.tar.gz
# cd checkpassword-0.90
# make
# make setup check
```

步驟1.2.9 增加 smtp,pop3 服務至 xinetd （Fedora Core 5預設的超級伺服器，作用和常見的 inetd 一樣，但功能和安全性較強，當接收到連結要求時，xinetd 才啓始適當的伺服器，例如此節是Qmail）

增加檔案 /etc/xinetd.d/smtp，內容如下：

```
service smtp
{
        disable                         = no
        socket_type             = stream
        protocol        = tcp
        wait            = no
        user            = qmaild
        server          = /var/qmail/bin/tcp-env
        server_args             = /var/qmail/bin/qmail-smtpd
        log_on_failure  += USERID
}
```

增加檔案 /etc/xinetd.d/pop-3，內容如下：
（server_args與下行爲同一行）

```
service pop-3
{
   disable = no
   socket_type        = stream
   protocol           = tcp
   wait               = no
   user               = root
   server             = /var/qmail/bin/qmail-popup
   server_args        = your.domain.name /bin/
checkpassword /var/qmail/bin/qmail-pop3d Maildir/
   log_on_failure  += USERID
}
```

步驟1.2.10 重新執行 xinetd 和 Qmail


```
# /etc/rc.d/init.d/xinetd restart
# /var/qmail/bin/rc &
```

步驟1.2.11 檢查 /var/log/maillog 的內容【記錄4】。

步驟1.2.11 由此機器寄一封電子郵件給助教。

步驟1.3 架設 vsftpd 伺服器

步驟1.3.1 準備檔案

vsftpd-2.0.4-1.2.i386.rpm vsftpd 主程式

步驟1.3.2 安裝所有套件

rpm -Uvh vsftpd-2.0.4-1.2.i386.rpm

步驟1.3.3 設定開機自動執行

ntsysv；選取 vsftpd；選OK。

步驟1.3.4 執行 xinetd

```
# /etc/rc.d/init.d/xinetd restart
```

步驟1.3.5 上傳檔案至自己的目錄下，抓取此螢幕畫面【記錄5】。

步驟2 架設Intranet服務

步驟2.1 架設Samba檔案伺服器

步驟2.1.1 準備檔案

samba-common-3.0.21b-2.i386.rpm	Samba 伺服器及用戶端會使用的檔案
samba-3.0.21b-2.i386.rpm	Samba 伺服器
samba-client-3.0.21b-2.i386.rpm	Samba 用戶端程式

步驟2.1.2 安裝所有套件

```
# rpm -ivh samba-common-3.0.21b-2.i386.rpm
# rpm -ivh samba-3.0.21b-2.i386.rpm
# rpm -ivh samba-client-3.0.21b-2.i386.rpm
步驟2-1-3  設定開機自動執行
# ntsysv;勾選 smb;選OK
```

步驟2.1.4 設定使用者密碼登入，修改 /etc/samba/smb.conf 使用下列參數

```
security = user
encrypt passwords = yes
smb passwd file = /etc/samba/smbpasswd
設定使用者 luke 的密碼，重覆輸入兩次新的密碼
# smbpasswd -a luke
```

步驟2.1.5 執行

```
# /etc/rc.d/init.d/smb start
```

步驟2.1.6 測試連接Samba伺服器

方法一：以 Window98, 2000 選取「網路上的芳鄰」→選取讀者您的工作群組→選取您的機器，輸入帳號及密碼，抓取整個過程的螢幕畫面【記錄6】。

方法二：「開始」→「執行」→輸入「\\your.domain.name」。（your.domain.nam需換為讀者自己的伺服器位置）

VI. 實驗記錄

記錄	內容
1	
2	
3	
4	
5	
6	

VII. 問題與討論

注意：請針對問題中每一項目回答，並避免引述「太多」資料。

1. 請解釋【記錄1】的結果，以及該如何處理？

2. 在 Qmail 中如何設定 Relay 以防止廣告信？

3. 若想開放匿名使用者上傳檔案，vsftpd 伺服器該如何設定？

4. 在【記錄5】的步驟中，該如何設定才可以不用輸入帳號密碼？

5. 自問自答，即自己發掘問題，自己找出答案（給分將根據題目設計的「嚴謹程度」、「難度」與「作答的品質」）。

VIII. 參考文獻

[1] Red Hat, http://www.redhat.com/.

[2] The Apache Software Foundation, http://www.apache.org/.

[3] mod_ssl, the Apache Interface to OpenSSL, http://www.modssl.org/.

[4] OpenSSL, the Open Source toolkit for SSL/TLS, http://www.openssl.org/.

[5] PHP, Hypertext Preprocessor, http://www.php.net/.

[6] MySQL, http://www.mysql.com/.

[7] The qmail home page, http://www.qmail.org/.

[8] Life with qmail http://www.lifewithqmail.org/.

[9] SAMBA, http://www.samba.org/.

建置防範病毒信及廣告信之郵件伺服器

I. 實驗目的

隨著寬頻網際網路的普及，以及架設郵件伺服器日趨簡易，生活中電子郵件的使用率已經越來越高，相對的利用電子郵件發送廣告信的軟體也越來越多，粗估垃圾郵件約占一般信箱中1/2的郵件量。另外病毒信也是不容忽視的，當公司有員工中毒，病毒利用電腦發送病毒信件來感染其他使用者，在短時間內就可以造成巨大的損失，要如何讓信箱不要接收這些信件，總是讓網管人員非常頭痛。事實上，阻擋病毒郵件與廣告郵件可以很簡單且便宜。本實驗主要目的有二：

1.訓練同學熟悉FreeBSD操作環境，利用FreeBSD建構無毒無廣告的郵件伺服器。

2.在實際操作中了解郵件寄送傳遞過程與郵件掃描的原理。

操作本實驗的同學應具基本網路常識、了解電子郵件傳遞的原理、具有Windows作業系統操作能力，與基本使用FreeBSD的經驗。

II. 實驗設備

一、硬體

項目	數量	備註
個人電腦	4	2台PCs安裝FreeBSD 2台PCs安裝Windows XP
網路卡	4	NE2000 compatible
網路線	4	連接PC
HUB	1	連接Server

二、軟體

軟體名稱	數量	軟體種類	描述
FreeBSD 6.1	1	OS	Freeware可由網路上下載
Windows XP	1	OS	Microsoft公司出版
Postfix	1	Mail Server	由ports安裝
Amavisd-new	1	Interface between MTA and content checkers	由ports安裝
ClamAV	1	Anti-Virus	由ports安裝
SpamAssassin	1	Anti-Spam	由ports安裝
OutlookExpress	1	Mail Client	WindowsXP內建

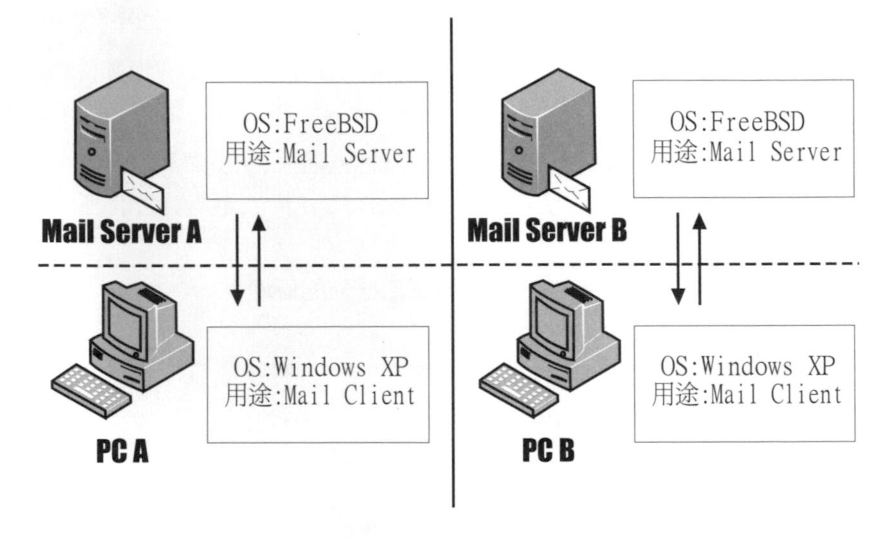

【圖11-1】實驗環境

III. 背景資料

如何防範廣告與病毒郵件的攻擊，對企業來說非常重要，唯有有效的控制才能降低廣告與病毒郵件對企業的傷害。廣告與病毒郵件與一般的電子郵件並沒有什麼不同，一般來說過濾的方式不外乎兩種：一種爲根據郵件伺服器的設定，直接拒收該垃圾郵件；另一種爲將郵件收下後再利用軟體掃描過濾。此兩種方式各有優劣，前者可以直接拒收信件降低伺服器的負擔，不過也很容易將正常的用戶阻擋在外。後者雖然需要將郵件接收下來後再進行掃描過濾，卻可以降低誤擋的情況，再由伺服器對郵件分析並加上標示，最後讓使用者或是系統決定是否刪除判定的問題郵件，似乎是目前非商業性質的郵件過濾最好的方式。

電子郵件工作原理如下：

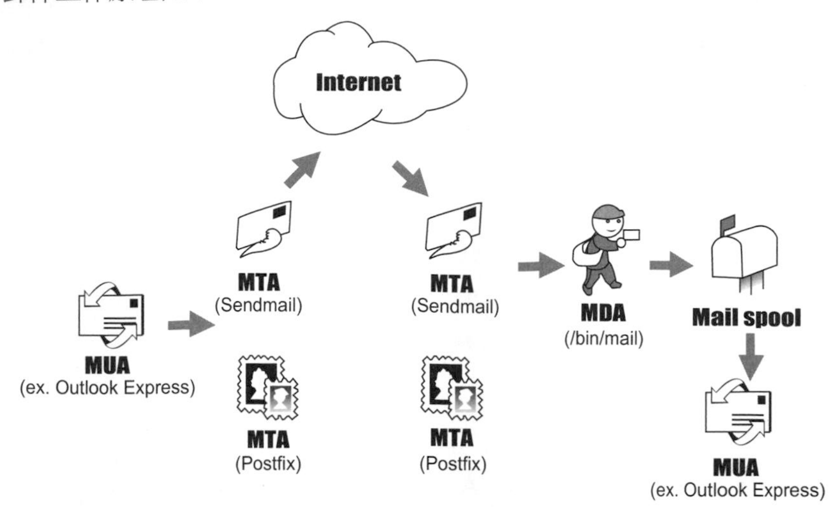

【圖11-2】電子郵件工作原理

- Mail User Agent （MUA）：郵件使用者代理人

  使用者平常所使用的信件閱讀與撰寫的程式，接收使用者的命令提供一個方便的介面來收發信件。

- Mail Transfer Agent （MTA）：郵件轉送代理人

  真正負責在 Internet 上轉送信件的程式，FreeBSD 內建的是 Sendmail，但是 Sendmail 有較多的安全性及較難設定的問題，因此我們這邊採用 Postfix；MTA 在收到 MUA 傳來的信件後，會根據信件的目的地做一些位址判斷的工作，然後將信件送往目的地。

  有時候信件不會直接送往目的地的主機，例如目的地主機故障時，這時候會先送往其他主機的 MTA，等目的地主機正常後，再轉送過去。MTA 除了接收 MUA 送過來的信件外，也叫接收其他 MTA 傳送過來的信件，並幫忙把信件送往目的主機，這種動作稱爲〈Relay〉。

- Mail Deliver Agent （MDA）：**郵件遞送代理人**

MTA 在收到一封信件後，會先判斷該信件的目的地是不是自己，如果不是會繼續幫忙轉送，如果是自己 MTA 則會把信件交給 MDA 來處理，MDA 會真正的把信件送到主機上收件人的信箱中。

Amavisd-new

爲了能讓 Postfix 與過濾及病毒掃瞄軟體協同運作，我們這邊的作法是將 Postfix 接收的郵件先轉送到 10024 埠（預設值），待 Amavisd-new 呼叫掃瞄軟體檢查完後，再轉送到 Postfix 的 10025 埠。接下來我們簡單比較未啓動掃瞄軟體與啓動掃瞄軟體的郵件處理流程的差異。

在系統未安裝任何郵件過濾的軟體之前，郵件的處理流程如下：

Incoming Mail →Postfix（MTA）→ MDA → User Mail Box

在系統啓動過濾機制後，郵件的處理流程如下：

Incoming Mail → Postfix （MTA） Incoming Queue（*:25） → Amavisd-new （127.0.0.1:10024）

→ Postfix （MTA） Outgoing Queue (127.0.0.1:10025）→ MDA → User Mail Box

Anti-Spam

廣告郵件的過濾技術我們可以參考表11-1，在本實驗中我們利用 SpamAssassin 來過濾廣告郵件，這也是一套經由管理者設定一些郵件檢查的規則來過濾郵件。不過 SpamAssassin 並不是經由設定的規則來直接判定該郵件是否爲廣告郵件，而是經由規則來產生相對應的分數，最後再經由加權來判定該郵件是否爲廣告郵件。另外 SpamAssassin 比較特殊的是，可以經由統計分析的方式，自動地藉由所接收到的郵件來學習並調整郵件評分方式。另外 SpamAssassin 也可以對外部的郵件資料庫作查詢，來決定該郵件是否爲廣告郵件，不過本實驗並不對此部分作介紹，有興趣的讀者可以自行研究。

SpamAssassin 利用Bayes的統計分析的方式進行分析，Bayes分析方法大略介紹如下：

首先，需要大量的廣告郵件與非廣告郵件，接下來取出郵件主題與內容中的 token，計算該 token 出現的次數，然後將非廣告郵件放進 hashtable_good、廣告郵件放進 hashtable_bad，並經由公式計算 token 出現的機率，使得之後的郵件可以透過 Bayes 去比對目前的資料庫並加以分析，決定該郵件的分數，最後再以該分數判斷郵件是否爲廣告信，並且把該封信件的分析加入資料庫。

【表11-1】廣告郵件之特性與其過濾技術

需求	方法	技術
Restrict illegal sender	藉由過濾郵件的發送者來標示該信件為廣告郵件	Header Filter
Restrict illegal keyword	藉由過濾郵件的特定關鍵字來標示該信件為廣告郵件	Content Filter
阻擋特定的圖片或是多媒體檔案	藉由過濾郵件的MIME Header來標示該信件為廣告郵件	MIME headers Filter

另外，目前常見阻擋廣告信的方式還有使用 Greylist，其原理是接收信件的伺服器會依據來源 IP、寄件者與收件者先判斷 SMTP 的連線是否爲第一次，若是第一次則先回應對方 450 Server busy. Try again later. 的訊息，並且拒收信件，等到第二次連線時，再收下來。如此一來，每一封信件都必須經由兩次以上的投遞，才會順利收下。但是一般廣告信寄發通常都爲了效率，採取寄後不理的策略，因此藉由此方法能夠擋下部分的廣告信。在 Postfix 也可以使用 greylist，有興趣的使用者可以連到此連結參考：http://www.postfix.org/SMTPD_POLICY_README.html

Anti-Virus

本實驗中我們利用 ClamAV 來過濾病毒郵件，伺服器在接收到信件後，會經由Amavisd-new來呼叫 ClamAV，如同傳統的掃毒軟體，ClamAV 利用病毒定義檔來判斷該郵件是否有含病毒，而判別病毒郵件的方法可以參考表11-2。若發現病毒則移除病毒或是直接刪除該郵件，並告知使用者與管理員該封郵件含有病毒。

良好的掃毒軟體必須定期更新病毒定義檔，來保持軟體的掃毒能力，本實驗中也會提及如何利用 ClamAV 所提供的程式，定期地向 ClamAV 官方網站更新病毒定義檔。

【表11-2】病毒郵件之特性與其過濾技術

需求	方法	技術
掃描郵件附加檔案	藉由過濾郵件的附加檔案來隔離病毒	File Scan
掃描壓縮檔案	藉由過濾郵件的附加壓縮檔來避免病毒經由壓縮躲過掃描	Compressed File Scan
掃描郵件 Header 或是 Body	藉由過濾郵件的 MIME Header 或是內嵌的程式碼，避免惡意的病毒通過	MIME headers Scan

SpamAssassin 與 ClamAV 為 Open Source 軟體，可以在 UNIX 平台上輕鬆地與各種郵件伺服器軟體搭配運作，本實驗的操作環境是以 FreeBSD + Postfix + Amavisd-new + SpamAssassin + ClamAV 來完成。FreeBSD 因為系統穩定，一些常用的伺服器端的軟體都維護地相當不錯，可以很容易安裝好所需要的軟體，使用者只需設定好軟體的設定。

IV. 實驗方法

本實驗練習安裝與建置一個符合現實環境需求的 Anti-Spam/Anti-Virus 郵件伺服器，操作環境可在一個開放的環境下進行測試。利用Mail Client (Outlook Express）與 Mail Server （Postfix）來模擬真實環境中電子郵件傳送的過程，再利用電子郵件伺服器所設定的過濾廣告病毒郵件來達到防堵廣告信與防毒的功能。

為了模擬真實世界的環境，本實驗分成幾個階段：

第一階段：

模擬使用者經由未安裝防廣告與防毒的郵件寄送郵件，透過網路傳遞由另一台郵件伺服器所接收。安裝兩台 Server 與兩台 Client，並設定好 Server 與 Client，確定由 PC A 所寄發的郵件可以透過 Mail Server A 寄到 Mail Server B 上，PC B 可以從 Mail Server B 上接收郵件；反之 PC B 所寄送的郵件也可以根據這樣的路徑由 PC A 所接收到。在確定雙向都可以收發信後，接著就可以開始第二階段的實驗。

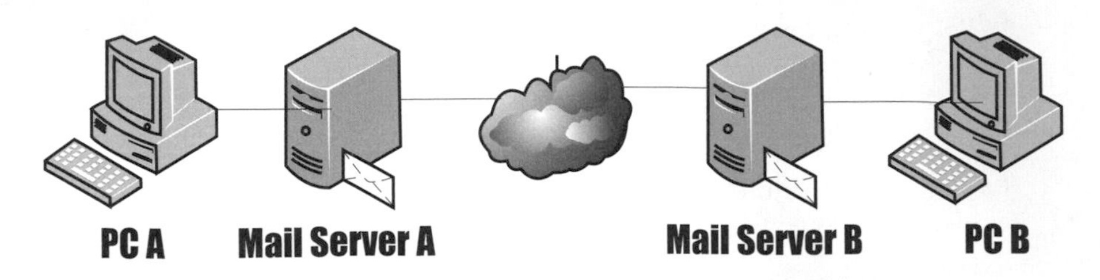

【圖11-3】 第一階段之架構。

第二階段：

為安裝與設定 SpamAssassin 與 ClamAV，詳細請參考實驗步驟2。

第三階段：

為測試所安裝的防堵廣告信件與防毒的過濾軟體是否正常工作。設定 Mail Server B 的 SpamAssassin 將由 PC A 帳號寄送過來的郵件視為廣告信件，由 PC B 接收信件並確定郵件標題有標上 SPAM 字眼；PC A 再透過 Mail Server A 利用病毒範例檔寄送病毒信件給 Mail Server B，PC A 收取信件，確認是否有收到 Server B 退回的信件，說明該封信件帶有病毒。

V. 實驗步驟

在實驗開始之前，假設各位已經熟悉 Windows 的基本操作，並了解 Windows 下網路與郵件相關的設定，熟悉 Internet 架構與運作元理，以及了解各種郵件通訊協定的原理（例如：SMTP、POP3、IMAP）。

步驟1　建置 Postfix 收發信平台

Server 端為安裝與設定 Postfix 使得 Client 可以正常收發信；Client 端則

需要正確的設定收發信相關資訊。最後在雙方互相寄送信件，確定環境正常運作。

步驟1.1 先將 FreeBSD 的 port tree update 到最新的版本 （keyword => csup）。

步驟1.2 從 port 安裝 Postfix，安裝時的選項都用預設的設定即可。

步驟1.3 安裝 imap-uw （提供 pop3 與 imap 收信服務）。

步驟1.4 設定 /usr/local/etc/postfix/main.cf 相關設定，使Postfix可以正常運作。

步驟1.5 修改 /etc/rc.conf 將Postfix取代內建的 Sendmail （作法在安裝完 Postfix 後有說明）。

步驟2 安裝與設定 Amavisd-new

安裝 Amavisd-new 並設定 Postfix，將接收的郵件傳送給 Amavisd-new 作垃圾信及病毒檢查，最後再設定 Postfix 多聽 port 10025 接收 Amavisd-new 檢查完的信件。

步驟2.1 安裝與設定 Amavisd-new。

由 port 安裝 Amavisd-new。

```
# cd /usr/ports/security/amavisd-new
# make install
```

安裝選項都不要選。
設定 Amavisd-new，修改 /usr/local/etc/amavisd.conf。

```
$mydomain = 'example.com'
$sa_tag_level_deflt  = 0.0;
```

另外在 Amavisd 判斷爲有夾帶病毒或是廣告信時，預設 Amavid 會將該郵件傳送給 virusalert 及 spam.police 這兩位使用者，因此若我們的主機上沒有這兩位使用者則必需更改以下設定：

```
$mailfrom_notify_admin  = "root\@$mydomain";
$mailfrom_notify_recip = " root \@$mydomain";
$mailfrom_notify_spamadmin = " root \@$mydomain";
```

設定開始自動啓動 Amavisd-new，在 /etc/rc.conf 增加以下：
amavisd_enable="YES"

步驟2.2　設定 Postfix。

設定 Postfix 將收到郵件轉送給 Amavisd-new，在 /usr/local/etc/postfix/main.cf 最後多增加：

```
content_filter = smtp-amavis:[127.0.0.1]:10024
```

讓 Postfix 多聽 10025 port，增加以下內容至 /usr/local/etc/postfix/master.conf：

```
smtp-amavis unix - - n - 2 smtp
  -o smtp_data_done_timeout=1200
  -o disable_dns_lookups=yes
127.0.0.1:10025 inet n - n - - smtpd
  -o content_filter=
  -o local_recipient_maps=
  -o relay_recipient_maps=
  -o smtpd_restriction_classes=
  -o smtpd_client_restrictions=
  -o smtpd_helo_restrictions=
  -o smtpd_sender_restrictions=
  -o smtpd_recipient_restrictions=permit_mynetworks,reject
  -o mynetworks=127.0.0.0/8
  -o strict_rfc821_envelopes=yes
```


步驟2.3　重新啟動 Postfix 及 Amavisd-new。

```
# /usr/local/etc/rc.d/postfix restart
# amavisd start
```

步驟3　安裝與設定 SpamAssassin/ClamAV

配合 Postfix 使其掃描由使用者經由 Mail Server 發送之郵件，或是由其他 Mail Server 所寄送過來之郵件。

步驟3.1　安裝與設定 SapmAssassin。

從Port安裝 SpamAssassin。

```
# cd /usr/ports/mail/p5-Mail-SpamAssassin/
# make install
```

設定 /usr/local/etc/mail/spamassassin/local.cf，複製 local.cf.sample 至 local.cf 並修改它：

```
# cd /usr/local/etc/mail/spamassassin
# cp local.cf.sample local.cf
# vim local.cf
```

設定開機自動執行，增加下行至 /etc/rc.conf。

```
spamd_enable="YES"
```

啓動 SpamAssassin。

```
# /usr/local/etc/rc.d/sa-spamd.sh start
Starting spamd.
```

步驟3.2　安裝與設定 ClamAV。

從 Port 安裝 ClamAV。

```
# cd /usr/ports/security/clamav
# make install
```

安裝選項都不要選。

/usr/local/etc/clamd.conf 及 /usr/local/etc/freshclam.conf 使用內定值即可，有興趣的同學可以自行參照檔案內的說明自行修改。

設定開機自動執行，在 /etc/rc.conf 增加以下內容。

```
clamav_clamd_enable="YES"
clamav_freshclam_enable="YES"
```

步驟4　PC A 寄一封正常信件給 B

確定安裝 SpamAssassin/ClamAV 後並不影響正常信件的收發，在 mail header 可以發現以下資訊：

```
X-Virus-Scanned: amavisd-new at fcwu.no-ip.org
X-Spam-Status: No, score=0.852 tagged_above=0
required=6.31 tests=[AWL=0.373,
 DNS_FROM_RFC_ABUSE=0.479]
X-Spam-Score: 0.852
X-Spam-Level:
```

步驟5　Server B 開啟過濾功能

使用者利用 PC A 經由 Server A 將郵件寄往 Server B，PC A 分別寄一封廣告與病毒信件。以下附上範例畫面供同學參考。

廣告信（利用增加黑名單的方式來測試）

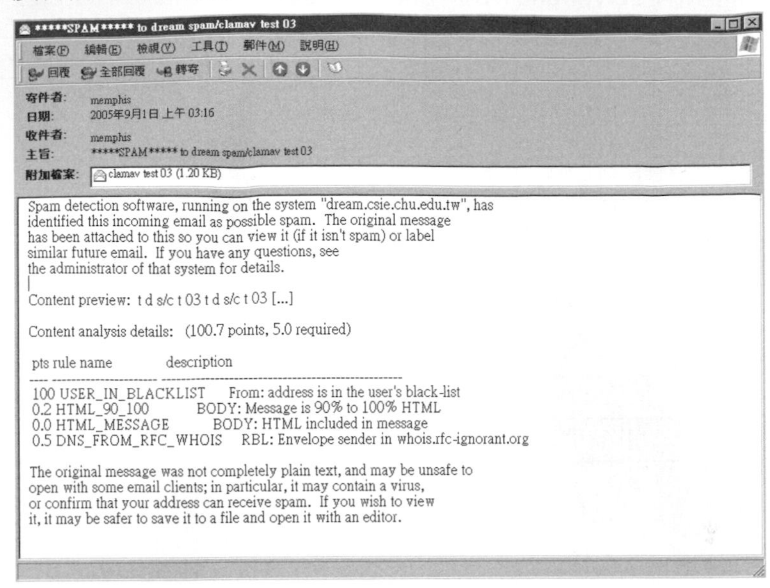

病毒信（PCA所收到的回信）

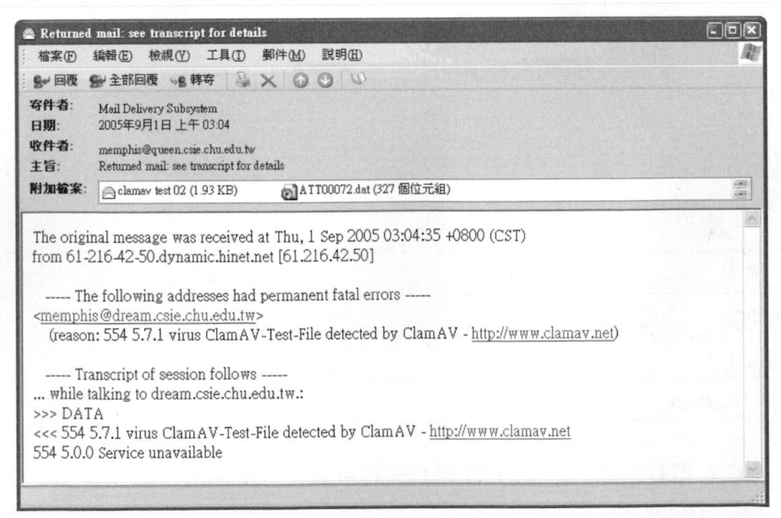

最後同學們可以仔細觀察兩邊 Mail Server，以及由 PC B 發送信病毒信與廣告信，觀察兩邊 Mail Server 與由 PC A 發送有何不同。

VI. 實驗記錄

【記錄1】環境建置 Server and PC IP and Function

機器名稱	IP	Function
Mail Server A		
Mail Server B		
PC A		
PC B		

【記錄2】Mail Server 啓動 SpamAssassin and ClamAV 的訊息

啟動情形	訊息描述
成功	
失敗	

【記錄3】PC A 寄送正常信件給 PC B，Server A 與 Server B 的 log 與 PC B 所收到的正常信信件標題

項目	詳細內容
Server A log	
Server B log	
PC B mail header	

【記錄4】PC A 寄送廣告信件給 PC B，Server A 與 Server B 的 log 與 PC B 所收到的廣告信信件標題

項目	詳細內容
Server A log	
Server B log	
PC B mail header	

【記錄5】PC A 寄送病毒信件給 PC B，Server A 與 Server B 的 log 與 PC B 所收到的病毒信信件標題

項目	詳細內容
Server A log	
Server B log	
PC B mail header	

【記錄6】將實驗紀錄三改為由 PC B 寄送郵件給 PC A

項目	詳細內容
Server A log	
Server B log	
PC B mail header	

【記錄7】將實驗紀錄四改為由 PC B 寄送郵件給 PC A

項目	詳細內容
Server A log	
Server B log	
PC B mail header	

【記錄8】將實驗紀錄五改為由 PC B 寄送郵件給 PC A

項目	詳細內容
Server A log	
Server B log	
PC B mail header	

【記錄9】在操作這個實驗的時候有哪些訊息讓你注意？

Filter種類	Message
SpamAssassin	
ClamAV	

VII. 問題與討論

注意：請針對問題中每一項目回答，並避免引述「太多」資料。

1. SpamAssassin 的過濾規則有哪些? 試著比較其差異，以自己的方式敘述。

2. SpamAssassin 可以略過某些郵件不掃描嗎？用如何的方式達成？

3. SpamAssassin 若採用 Bayes 分析來過濾郵件，Bayes 詳細的計算分數的過程為何，試舉一範例說明之。

4. SpamAssassin 利用 bayes 分析出來的資料庫，套用在另一台 Mail Server 上是否可以有相同的效果，爲什麼？

5. ClamAV 是否可以掃描壓縮檔？若壓縮檔中有壓縮檔，是否依然可以正確的掃描出內含的病毒？

6. 若ClamAV 掃描到帶有病毒的信件，是否可以留存備份於 Mail Server 上，需要如何達成此目的？

7. ClamAV 的病毒碼部分，若有新種類的病毒，ClamAV 是如何更新病毒碼？

8. 若有商業性質的掃毒軟體，與免費的 ClamAV，該如何選擇與其原因？

VIII. 參考文獻

[1] FreeBSD, http://www.freebsd.org/.

[2] Sendmail, http://www.sendmail.org/.

[3] The Apache SpamAssassin Project, http://spamassassin.apache.org/.

[4] Clam AntiVirus, http://www.clamav.net/.

[5] Unix Docs and Tools, http://networking.ringofsaturn.com/Unix/.

[6] Postfix, http://www.postfix.org/.

[7] 張傑生、唐瑤瑤、許凱平、陳啓煌、李秀惠、賴飛羆，“使用Open Source 軟體進行SPAM Mail 防制處理——以台灣大學電子郵件系統爲例”，TANET 2005。

[8] Postfix + Amavisd-new + SpamAssassin + ClamAV, http://freebsd.ntut.idv.tw/document/ postfix_amavisd-new_spamassassin_clamav.html.

12 建置入侵偵測防禦系統及弱點偵測掃瞄系統

I. 實驗目的

隨著網路越來越風行，網路安全的議題也日益受到重視。尤其是近來層出不窮的駭客攻擊，如 DoS、資料竊取、網站破壞等等，幾乎都造成企業很大的損失。因此近來出現許多針對這方面作防護的 IDS（Intrusion Detection System）及IPS（Intrusion Protection System）等系統。和傳統的防火牆差別在於，這類 IDS/IPS 會針對封包內容作特徵分析及異常比對。本實驗透過 Snort 軟體的 inline 模式，掃瞄封包的內容決定作取代，丟棄等動作。來模擬 IPS 的特徵比對及防護。在進行實驗之前，需要有底下幾項的預備知識：

1.Linux 作業系統的基本操作，設定的能力；

2.瞭解網路封包的架構；

3.安裝及設定 Linux 上的網路伺服器（Apache，Proftpd等）。

II. 實驗設備

名稱	數量	備註
個人電腦	3	分別作為內部 server，Snort 防火牆，及外部的 client
網路卡	4	防火牆需要兩張，其他電腦各一張
Gentoo Linux	1	可免費從網路下載
Windows XP	1	
iptables	1	各 distribution 都有收錄
Snort	1	各 distribution 都有收錄

III. 背景資料

面對各類的網路駭客攻擊，針對封包內容作掃瞄的防火牆日益重要。由於攻擊的方法越來越多，防火牆也必須要隨之演進，才能保護網路的安全。像 IPS 就逐漸地引起注意。因爲網路上常見的攻擊通常都是先送出一段特定的字串，造成 buffer overflow，此類防火牆通常是對封包作分析，然後和資料庫收集的特徵（signature），也就是用來攻擊的字串比對，決定是否通過。另外因爲可以針對 5~7 層的封包做過濾，像是 HTTP worm 之類的攻擊也能做防護。

目前市面上有許多硬體防火牆有此類功能，像是 Fortinet 的 FortiGate，還有 Netscreen IDP，McAfee I 系列等。而除了硬體防火牆之外，也有 Snort 這套軟體可以達到類似的功能。Snort 可以在 UNIX-Like 的作業系統（例：Linux，FreeBSD）及 Windows 上運作，並且可以免費取得，因此可以用很低的負擔就可以有一個基本的 IPS 防火牆。

Snort 作者是 Martin Roesch，在 1998 年寫出來，目的是要做一個「輕量級」的 IDS。隨著時間演進，功能也越來越多，也足以當作一個基本的 IPS 防火牆。在 Snort 的網站 http://www.snort.org 上，除了可以下載程式外，還有討論區、文件等等。另外他們還有整理好防範攻擊的 rule，不過此服務需要付費才能即時取得，免費的下載需要等到 5 天後才能下載。目前約有 4000 條 rule。另外也可以使用自己上傳的 rule，但是這部分並沒有驗證一定可以阻擋。其 rule 分類如下：

通訊協定偵測		攻擊	其他（病毒，內容過濾）
chat.rules	p2p.rules	attack-responses.rules	bad-traffic.rules
dns.rules	pop2.rules	backdoor.rules	experimental.rules
finger.rules	pop3.rules	ddos.rules	info.rules
icmp.rules	rpc.rules	dos.rules	local.rules
icmp-info.rules	rservices.rules	exploit.rules	misc.rules
imap.rules	smtp.rules	scan.rules	other-ids.rules
multimedia.rules	sql.rules	shellcode.rules	policy.rules
mysql.rules	telnet.rules	web-*.rules	porn.rules
netbios.rules	tftp.rules		virus.rules
nntp.rules	web-*.rules		
oracle.rules	x11.rules		

Web-* 中包括web-attacks.rules、web-cgi.rules、web-client.rules、web-coldfusion.rules、web-frontpage.rules、web-iis.rules、web-misc.rules、web-php.rules。

Snort 軟體主要有兩個功能，一個是 sniffer 模式，就如同 Ethereal、Sniffer的功能。此模式在封包通過網路介面時，複製一份做比對，如果偵測到符合 rule，就會做 log，但是不能做封鎖之類的後續防護。運作過程如圖12-1：

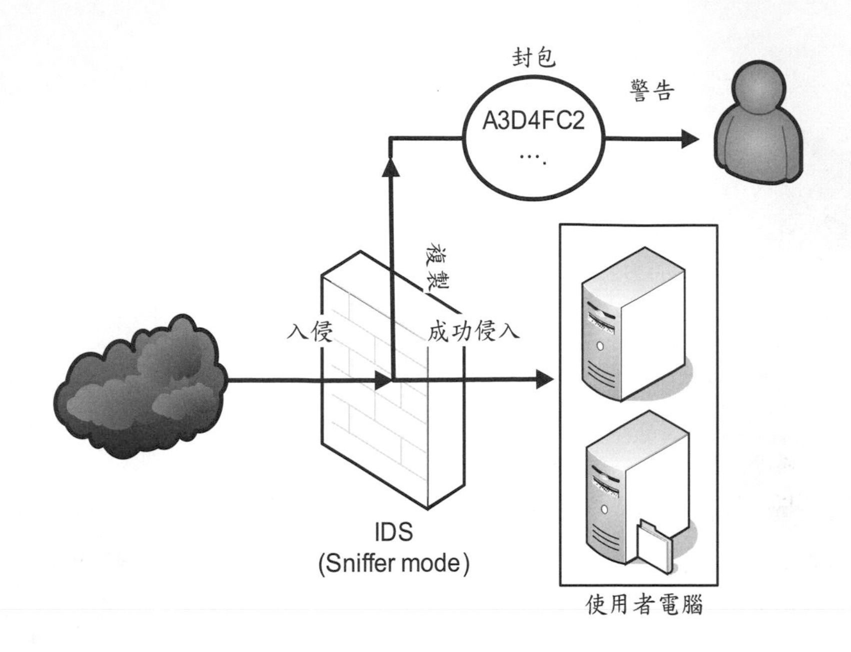

【圖12-1】Snort sniffer mode

另外就是 2.3.0 RC1 版後新增的 inline 模式。主要的不同在於不會另外複製一份，而直接對封包掃瞄（也就是 inline），決定要做替換、拒絕、通過等等，也可以設定要不要對管理者警告，此模式一開始是從 Snort 的原始碼獨立發展的專案（http://snort-inline.sourceforge.net/），之後才整合到原本的程式中。這種從原本的程式分出來獨立發展，是開放原始碼社群常見的發展模式，還有其他的例子像是 XFree86 與 Xorg，還有 wine 和 winex 等等。這次實驗主要就是使用他的 inline 模式。運作過程如下圖所示：

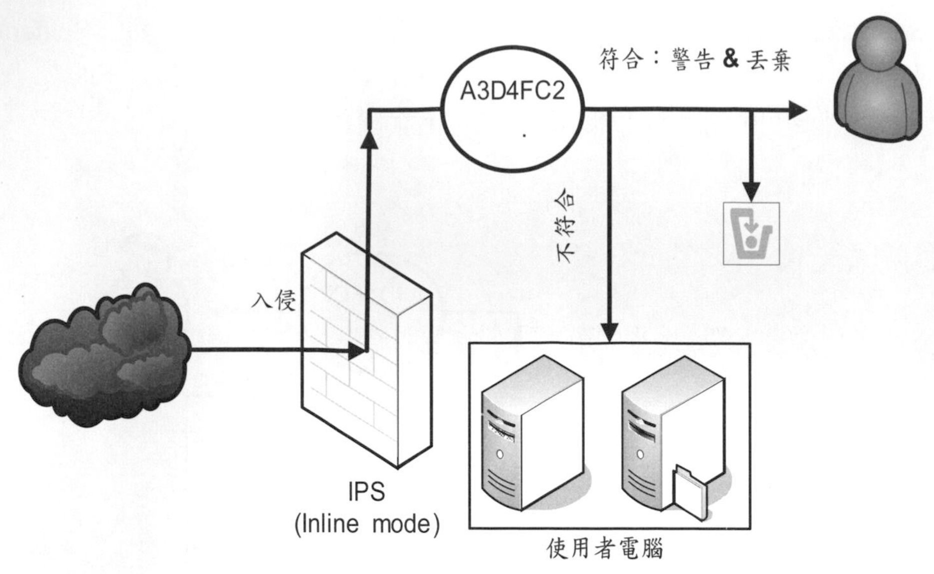

【圖12-2】Snort inline mode

Snort 的 inline 模式透過 iptables 軟體來運作。先由 iptables 送到由 ip_queue 模組維護的 queue 中，而 Snort 再從其中讀取封包來做比對。因此執行前需要確定 iptables 套件以及 ip_queue 模組可以正常工作。

IV. 實驗方法

本實驗首先要先使用 Linux 電腦建立 bridge，做爲內部 server 及外部 client 之間的防火牆。整個網路架構如圖12-3所示：

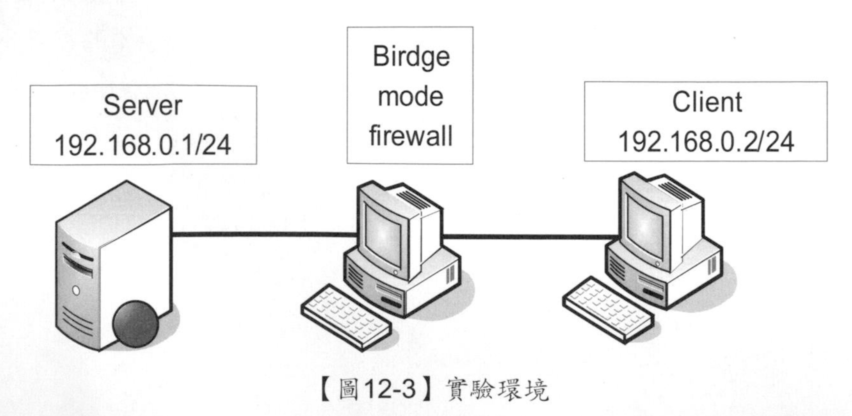

【圖12-3】實驗環境

而每台電腦的用途如下：

1. Server（Linux）：安裝被 client 模擬攻擊的伺服器，以及觀察被 Snort過濾後的封包。

2. firewall（Linux）：安裝 Snort，以及紀錄 Snort 的 log。

3. client（Windows）：送出網路封包來驗證 Snort 是否正常工作。

實驗分成三個階段，第一個階段是先熟悉 Snort 的設定語法，以及操作。第二階段就是針對各種通訊協定（http,ftp,...）的封包作分析，比對。最後是就是實際拿幾種攻擊做練習。

底下介紹 Snort 一些基本的使用：

參數	說明
-v	顯示詳細的封包的 header
-d	顯示應用層封包內容
-e	連結層的資訊也顯示出來
-l	設定 log 存到那個檔案
-Q	從 iptables 取得封包
-i	指定要 listen 那個網路介面
-D	以 daemon 模式執行
-c	讀取指定的設定檔

而 inline 模式的設定，首先要用 iptables 把要過濾的封包送到 queue 中。

```
#iptables -A FORWARD -p tcp --dport 80 -j QUEUE
```

上面的例子是將對內的 80 port 封包送過去。

然後就是啓動 Snort，依據自定的規則作過濾。

```
# snort –Q -i eth0 -l /var/log/snort -c /etc/snort/snort.conf
```

設定檔中的過濾條件大都是像這樣的格式：

```
<action> <protocol> <from_ip> <from_port>
<direction> <dest_ip> <dest_port> （<rules>）
```

1.Action

設定值	說明
alert	使用 rule 中設定的方法警告，並且記錄下來
log	記錄下來
pass	略過封包
drop	告訴 iptables 丟棄封包
sdrop	告訴 iptables 丟棄封包，並且不做紀錄
reject	告訴 iptables拒絕封包
active	如同 alert，然後啟動另一條 rule
dynamic	如同 log，但只會由 active 啟動

2.protocol：目前支援 tcp，udp，icmp，ip 四種。

3.from_IP/dest_IP：可以直接設定 IP，或用 CIDR 設定一段網域。也可以用中括號設定多個 IP、CIDR，中間用逗號隔開。在前面加上「!」代表不包含這些 IP。

4.from_port/dest_port：指定一個 port，或用「:」限制一段範圍。如果冒號左邊「/」右邊不指定代表無下限「/」上限。

5.direction： -> 由左至右， <-> 雙向。

Rule 部分有以下的參數可以設定，各設定間用分號隔開。

1.msg

格式：msg: "<message text>";

說明：設定 log 及 alert 動作時顯示的訊息。

2.content

格式：content: "<content string>";

說明：設定要比對的封包，符合的話才會啓動 rule。內部可以使用 ascii 或十六進位。如果是十六進位的話需要用「|」括住。另外，在字串前加上「!」（!"<content string>"） 則是做反面指定，不符合的話就會啓動 rule。

3.replace

格式：replace: "<replace string>";

說明：將前一個符合 content 的字串取代成 replace 指定的內容。

另外還有一些修飾的參數，一樣是寫在 rule 中，如下表所示：

參數/格式	說明
nocase	不管大小寫
rawdata	看封包原始內容，沒有經過解碼
depth:<number>;	只看封包前幾個 byte
offset:<number>;	從第幾個 byte 開始看
distance:<number>;	設定兩個 content 間間格多少 byte ex: content:"a"; content:"c"; distance:2 代表只要 a，c 間間格 2 bytes 就符合

另外設定檔中的字串都可以設定成變數，像是 IP 可以用一個變數來指定：

```
var source_ip [140.113.87.0/24,192.168.0.0/16]
log tcp $source_ip any -> any any （msg:"a simple test";）
```

V. 實驗步驟

步驟1　設定 bridge/firewall

在 firewall 電腦上編輯 /etc/conf.d/net，加入以下內容：

```
brctl_br0=（ "setfd 0" "sethello 0" "stp on" ）
bridge_br0="eth0 eth1"
config_eth0=（ "null" ）
config_eth1=（ "null" ）


config_br0=（ "null" ）

depend_br0（）{
need net.eth0 net.eth1
}
```

eth0 和 eth1 依實際情況而定

然後確定 /etc/init.d/ 有 net.eth0，net.eth1，net.br0 的 init script。如果沒有的話從 net.lo0 建立 symbol link 到這些檔案。接著安裝 net-misc/bridge-utils 管理 bridge 的套件。

```
#emerge net-misc/bridge-utils
```

啟動 bridge，以 ping 測試 client 和 server 是否可以互通。

```
#/etc/init.d/net.br0 start
（在 client 執行）
#ping 192.168.0.1
```

如果啟動時出現這樣的錯誤訊息：

```
add bridge failed: Package not installed
```

代表核心沒有編譯 bridge 的支援，開起下列選項並重新編譯核心。

```
Device Drivers  --->
Networking support  --->
Networking options  --->
<> 802.1d Ethernet Bridging
```


步驟2　啟動 iptables

首先安裝 iptables 套件。

```
#emerge iptables
```

輸入以下的指令，讓 iptables 把全部 tcp 封包送到 queue 中。

```
#iptables -A FORWARD -p tcp -j QUEUE
```

如果啟動時出現這樣的錯誤訊息：

```
FATAL: Module ip_tables not found.
```

代表核心沒有編譯 iptables 的相關支援，開啟核心中下列的選項：

```
Device Drivers  --->
Networking support  --->
Networking options  --->
[] Network packet filtering （replaces ipchains）  --->
開啟此項及他底下的
```

```
IP: Netfilter Configuration --->
<> IP tables support （required for filtering/masq/NAT）
以及這底下的所有功能。
```

注意此時因為所有封包都送到 queue 中，但是沒有相對應的程式處理，所以伺服器會暫時連不上（封包都卡在 queue 中）。

步驟3　安裝 Snort

Gentoo 安裝 Snort 的預設是不包含 inline 模式。如果要啟動 inline 模式，在 /etc/portage/package.use 加入：

```
net-analyzer/snort inline
```

然後安裝 Snort。

```
#emerge snort
```

步驟4　設定 Snort

編輯 /etc/snort/snort.conf 設定底下的 rule：

```
log tcp any any <> 192.168.0.1 80 （msg:"HTTP conn";）
```


步驟5　啟動 Snort

輸入底下指令啟動 Snort。

```
snort -Q -i eth1 -l /var/log/snort -c
/etc/snort/snort.conf
```

啟動時 Snort 會顯示一些訊息，包括目前執行的模式（Inline or Sniffer）、設定檔的位置、rule 數目、log 位置等等。另外如果有加上 –v –d 等顯示封包的參數，他也會把目前的封包即時的顯示出來。將 Snort 啟動時的訊息節錄前五行記錄下來【記錄一】。

然後在 client 使用瀏覽器連接 http://192.168.0.1 。在實驗記錄中記錄可否連線，以及 Snort 的 log 訊息（log 可在 –l 參數設定的目錄中觀察）【記錄二】。

步驟6　過濾條件試驗

除了 log 以外，Snort 還支援了 alert，pass，drop，reject，sdrop。把上面 rule 的 log 改成這些，分別記錄下結果（可否連線，log 訊息，其他狀況等等）。【記錄三】

步驟7　內容過濾

對 IPS 系統來說，最重要的就是比對封包，確定是不是要做攻擊。Snort 在比對上最基本的就是 content 參數，以及其他修飾的參數等。

首先先設定 rule：

```
log tcp any any <> 192.168.0.1 80 （msg:"admin connection"; content:"
/admin/"; replace:"/Admin/"）
```

然後在 Apache root 目錄下建立一個 Admin 目錄，裡面任意放置 index.htm。使用瀏覽器開啓 http://192.168.0.1/admin/，觀察 log。【記錄四】

步驟8　對 FTP 過濾

Snort 有內建對封包的解碼器，所以幾乎每種通訊協定都可以直接對他的內容比對（像 http 就可以比對 GET，POST，PUT等指令）。底下測試 FTP 通訊協定的過濾。

首先在 server 先安裝好任一種 ftp 伺服器（ProFTPD，PureFTP，Wu-ftp...），啓動並確認可以正常運作。接下來設定 rule 對下面幾種虛擬的情況過濾：

1.過濾含有病毒的檔案 virus.zip，禁止使用者上下傳此檔。

2.防止使用者上傳內容有機密資料的文件，文件的內容有 “Important”。

將過濾的 rule 以及 log 記錄下來。【記錄五】

步驟9　實際攻擊試驗

Win2k IIS UNICODE 漏洞

這個是早期蠻有名的 IIS 漏洞。一般伺服器會阻擋「 ../ 」之類讀取 http 根目錄以上目錄的網址，但是如果把「 . 」轉成 Unicode 再傳過去，IIS 並不會阻擋，因此可以看光整台電腦的檔案，甚至使用 cmd.exe 執行任意指令。有許多的網頁置換就是透過這個漏洞達到的。底下的網址就是一個例子：

http://www.thisisanesample.com/scripts/..%c1%1c../winnt/system32/cmd.exe?/c+dir+c:\

這可以執行 dir，在瀏覽器把c:\ 下的檔案列出。

接下來就實驗以 Snort 阻擋此類攻擊。設定好 rule 將此類網址 deny 或是 reject，並且在 log 中記錄下來。把你設定的 rule 以及 log 記錄下來。【記錄六】

VI. 實驗記錄

【記錄1】

啓動訊息：

【記錄2】

連線狀況：

Snort log：

【記錄3】

類別	連線狀況
alert	

pass	
drop	
reject	
sdrop	

【記錄4】

log：

【記錄5】

Snort rule：

log：

【記錄6】

Snort rule：

log：

VII. 問題與討論

注意：請針對問題中每一項目回答，並避免引述「太多」資料。

1. rule 中的方向有 -> 及 <-> 兩種，試解釋爲何沒有 <- 的方向（右到左）。

2. 簡短解釋 Snort 啓動時各項訊息所代表的意義。

3. 設定 rule 時，有那些設定的技巧可以讓過濾的效能提高？

4. 設定 rule 的 action 時，有 deny，reject 兩種拒絕的方法，說明這兩者的不同，並且指出他們 TCP 連線中的不同處。

5. 承上題，兩種方法你覺得在建立防火牆時用什麼比較好，爲什麼？

6. 如果你要入侵一台電腦，但那台電腦有類似此實驗的防火牆保護，那你還有什麼方法可以成功入侵？

7. 找出 Snort 在對封包內容和 content 設定比對時所用的是什麼字串比對演算法，並分析使用此演算法的優缺點，是否還有更好的方法？

8. 從 Snort 網站下載 rule，選一個 rule 來分析他阻檔的封包形式。

9. 說明 Snort HTTP 對封包做哪些處理。

10.試設計一段實驗測試 rule 的 performance。

11.試比較Inline mode和Sniffer mode之優缺點。

VIII. 參考文獻

[1]. “IDS偵測網路攻擊方法之改進,” http://www.cert.org.tw/document/column/show.php?key =85 .

[2]. “SnortUsers Manual 2.2.3,” http://www.snort.org/docs/snort_htmanuals/htmanual_233/ .

[3]. “Bridging Howto,” http://bridge.sourceforge.net/howto.html .

[4]. “Securing Debian Manual Appendix D - Setting up a bridge firewall,” http://www. linuxsecurity.com/docs/harden-doc/html/securing-debian-howto/ap-bridge-fw.en.html .

[5]. “Gentoo Handbook,” http://www.gentoo.org/doc/en/handbook/ .

以SmartBits 來測試Layer 2/3交換器

I. 實驗目的

學習使用交換器測試器 SmartBits 來測試交換器，並瞭解這些測試結果的意義。透過測試軟體 AST II （Advanced Switch Test II）及 SmartFlow 來驅動 SmartBits 對待測交換器進行測試，AST II 提供了以下八種交換器測試項目：Forwarding Test、Congestion Control Test、Address Learning Test、Address Caching Test、Error Filter Test、Broadcast Forwarding Test、Broadcast Latency Test、Forward Pressure Test。SmartFlow 則提供了以下八種測試項目：Throughput Test、Frame Loss Test、Latency Test、Latency Distribution Test、Latency Over Time Test、Latency Snap Shot Test、SmartTracker Test 以及 Jumbo Test。

此外您也可以練習把一份報告寫得很完整、邏輯很正確、文句很流暢。將此實驗報告應該當成一篇測試報告來撰寫。實驗報告的內容應包含：實驗題目、參與人員及系級、實驗目的、設備、方法、記錄、問題討論及心得、參考資料。

II. 實驗設備

本實驗需要的硬體爲 SmartBits 6000、執行測試軟體的電腦，以及待測的 switch。由於本實驗的軟、硬體都十分地貴重，希望大家在實驗時需要格外地小心、愛護這些設備。

在使用 SmartBits 來測試 switch 通常會搭配幾套軟體來做測試。以下爲相關的軟硬體列表。

一、硬體

廠商	型號	網路介面	Port個數
測試機架（SmartBits 6000 多埠測試儀）			
Spirent Communications	SmartBits 6000	Ethernet	LAN-3324A*4

受測L2乙太交換器			
SMC	SMC8508T	Ethernet	1000Mbps*8
受測L3乙太交換器			
Accton	ES4625	Ethernet	1000Mbps*24
Accton	ES4625	Ethernet	1000Mbps*48

二、軟體

軟體名稱	功能
AST II	提供八項測試，將於背景資料中詳述。
SmartFlow	專為 SmartBits 所寫的 flow 測試軟體。主要測試項目有三項，分別為 Throughput Test、Frame Loss Test 以及 Latency test。關於各個測試的意義將於之後的「背景資料」中做介紹。

III. 背景資料

SmartBits 6000爲一機架，上面可以安裝不同類型網路介面卡，藉著產生封包、封包截取與網路資料流的分析，來完成複雜的網路測試。目前您可以在 SmartBits 的機架上，插上不同的 Smartcard 來支援 Ethernet、Token Ring、ATM and Frame Relay等等的網路標準。

使用 SmartBits 來當作網路裝置的測試平台又有什麼好處呢？以測試 Ethernet Switch爲例，通常需要使用多個埠的封包輸入與截取，由於在 SmartBits 上可以安裝多塊的 Smartcard，所以可以輕易地達到這一個需求。另外在測試一個 switch 時我們常常需要產生wire-speed 的大量封包來測試其效能；使用 SmartBits 時，測試軟體只會將封包的 pattern傳送給 SmartBits，由 Smartcard 的硬體實際產生封包，以確實產生 wire-speed 或以上的封包量。使用 SmartBits 產生出來的封包，除了可以達到 wire-speed 外，也因爲是由硬體產生封包，所以不會產生封包 pattern 不符設計的情形發生。

我們所要使用的第一套測試軟體爲 AST II。AST II 是一套在 SmartBits 環境上執行的測試套件，它共設計了 Forwarding Test、Congestion control Test、Address Learning Test、Address Caching Test、Error Filter Test、Broadcast Forwarding Test、

Broadcast Latency Test 與 Forward Pressure Test。下表介紹 AST II 八種測試的目的及其輸出結果：

名稱	目的	參數/結果
Forwarding Test	測試 DUT 在 fully meshed，partially meshed 和 non-meshed 三種封包傳送類型的封包遺失率。	1.Frame Loss Rate 2.Load 3.Frame Size 4.Burst Size
Congestion Control Test	測試 DUT 是否會有 Head-of-Line Blocking，亦即一個壅塞的 port 對另一個不壅塞的 port 所造成的影響。	1.Frame Loss Rate 2.Load 3.Frame size 4.Burst Size
Address Learning Test	這項測試用二元搜尋的方法來得到DUT的 MAC Address 學習速率。	1.Learning Rate 2.Frame size 3.Burst Size
Address Caching Test	測試單一 port 的 MAC Address 之最大學習數目。	1.Number of address 2.Frame size 3.Burst Size
Error Filter Test	這項測試能夠指定5種不同的錯誤（CRC, oversized, undersized, alignment, 和 dribble bit errors），測試 DUT 是否有能力分辨錯誤封包。	1.Pass or Fail 2.Load 3.Burst Size
Broadcast Forwarding Test	測試當 broadcast 時，封包遺失率或最大 broadcast 效能。	1.Frame Loss Rate/ Throughput 2.Load 3.Frame Size 4.Burst Size
Broadcast Latency Test	這是測試當 one-to-many broadcast 時，DUT 接收 ports 的 latency。	1.Latency 2.Frame Size
Forward Pressure Test	測試當接收 port congestion 時，其接收的 Frame Loss Rate。	1.Frame Loss Rate 2.Frame Size

AST II 是針對 Layer 2 的 switch 測試，若是要測試 Layer 3 的 switch 我們可以用另一套測試軟體 SmartFlow。SmartFlow 設計了以下八種測試項目：Throughput Test、Frame Loss Test、Latency Test、Latency Distribution Test、Latency Over Time Test、Latency Snap Shot Test、SmartTracker Test、Jumbo Test。下表介紹 SmartFlow 八種

測試的目的並列出其重要輸出結果：

名稱	目的	重要輸出結果
Throughput Test	測試 DUT 的最大傳輸速率，	1.Throughput 2.Load（%） 3.Packets sent 4.Packet received 5.Packets lost
Frame Loss Test	測試 DUT 在不同load下的封包遺失率。	1.Load（%） 2.Packets sent 3.Packet received 4.Packets lost 5.Lost packets（%）
Latency Test	測試在不同 load 下，frame 的 delay latency。	1.Load（%） 2.Average latency 3.Maximum latency 4.Minimum latency 5.Frames received
Latency Distribution Test	測試在不同時間分佈下，frame 的delay latency。	1.Load（%） 2.在各個時間區塊中 frame 的分佈情形。
Latency Over Time Test	測試在不同時間點下， frame 的delay latency。	1.Load（%） 2.在各個時間點 frame 的 Delay latency。
Latency Snap Shot Test	測試在特定 frame 的 delay latency。	1.Load（%） 2.在特定 frame 的delay latency。
SmartTracker Test	此測試能讓你追縱擁有某些特別欄位的封包，這些欄位包括有：QoS，VLAN或是你可以自訂你想追縱的欄位。	1.接收的封包中擁有該欄位的比例、數量或速率。
Jumbo Test	這項測試結合 Latency、Latency Distribution、Frame Lost 測試。	重要輸出結果與Latency、Latency Distribution、Frame Lost 的重要輸結果相同。

由這兩套軟體產生的結果視窗內的數據，您都可以拷貝到 ClipBoard 再貼到微軟的 Excel 內以方便統計及製作圖表。

IV. 實驗方法

本實驗進行方式條列如下：

一、設定 AST 與 SmartBits 的連線。

二、啓動 SmartBits 與測試軟體。

三、連接 SmartBits 與待測物。

四、使用 AST II 及 SmartFlow 測試軟體依不同項目個別測試：

1.設定測試埠連結。

2.參數設定。

3.執行測試及結果收集、統計。

V. 實驗步驟

一、使用 AST II 來測試 L2 Switch

步驟1 設定 SmartBits 的連線

本實驗中我們是使用乙太網路來連接 SmartBits 與執行 AST II 的個人電腦，所以您只需要將網路線接在 SmartBits 後方的 Ethernet 接孔與個人電腦上面的 Ethernet 接孔即可。

步驟2 啟動 SmartBits 與 AST II

在啓動 SmartBits 與測試軟體時要稍微注意一下啓動的順序，我們要先打開 SmartBits的電源，在電源接通後，SmartBits 會執行開機的動作，當我們看到它面板上的「LINK」燈號先亮起而後熄滅時，就代表了這一台 SmartBits 已經啓動完畢，此時您可以在個人電腦上面執行 AST II（如果之前已經有設定過連線方式，此時會自動地連接上 SmartBits）。

萬一您沒有按照這一個步驟，或是AST II 內的連線方式尚未設定好時，則程式開啓後會告訴我們找不到 SmartBits 而連線失敗。此時，如果您是沒有等到 SmartBits 啓動完畢就執行 AST II，您只需要等到 SmartBits 啓動完畢後再選擇 AST II 內的「MENU」→「Smartbits」→「Connect」

指令即可，如果您是沒有設定 AST II的連線方式的話，請先執行AST內的「MENU」→「Connections」→「Add IP」，設定連線的 IP及 Port，設定完後再選擇 AST II內的「MENU」→「Smartbits」→「Connect」指令即可。

步驟3 連接 SmartBits 與待測物

由於本實驗預設使用的SmartBits 6000上面只有安裝了四片編號爲LAN-3324A的Smartcard，所以我們只可以連接每一個 switch的其中四個埠來作測試之用，在 switch上受測埠的選擇您可以選擇是連續的埠（如1、2、3與4號埠）或是亂數選擇一些埠（如1、3、6與8號埠）來做爲測試埠之用，也許測試的結果會有不同之處。

步驟4 開始測試

AST II 的測試，我們選出了五項測試，每一項的測試所需的時間都不少，因此我們在測試每個項目前我們必需先調整以下參數（若是該項目有這個參數）以縮短測試時間。

- Test: Duration: Seconds 10
- Test: Number of Trials: 1
- Frame Size: 勾選Custom，再點Edit，將Frame Size設爲64，768，1518。
- Burst Size: Start=1, Step=1, Stop=1
- Load （Percentage）: start=20, step=20, stop=100

以下我們將詳細介紹這五項測試的實驗步驟。

步驟4.1 Forwarding Test:

步驟4.1.1 參數設定

步驟4.1.1.1 Addresses Per Port: 1

步驟4.1.1.2 Measurements： 勾選 Profile

步驟4.1.2 測試 Fully Meshed

步驟4.1.2.1 Traffic：Fully Meshed

步驟4.1.2.2 將「Port」內的 SMB1 2A1、SMB1 2A2、SMB1 2A3、

SMB1 2A4這四個 port勾選起來。

步驟4.1.2.3 按下「Setup & Run」內的Forwarding執行測試。【記錄1】

步驟4.1.3 測試 Partially Meshed

步驟4.1.3.1 Traffic:Partially Meshed

步驟4.1.3.2 Direction:Unidirectional M->N

步驟4.1.3.3 將「M」內的 SMB1 2A1、SMB1 2A2勾選起來。

步驟4.1.3.4 將「N」內的 SMB1 2A3、SMB1 2A4勾選起來。

步驟4.1.3.5 按下「Setup & Run」內的 Forwarding執行測試。【記錄2】

步驟4.2 Congestion Control Test

步驟4.2.1 參數設定

步驟4.2.1.1 Addresses Per Port: 1

步驟4.2.2 在Traffic Distribution內，選擇以下 Port，選完後再按「>」加入 Set。

步驟4.2.2.1 Transmitter 1:SMB1 2A1

步驟4.2.2.2 Transmitter 2:SMB1 2A2

步驟4.2.2.3 Uncongested Receiver:SMB1 2A3

步驟4.2.2.4 Congested Receiver:SMB1 2A4

步驟4.2.3 按下「Setup & Run」內的 Congestion Control執行測試。【記錄3】

步驟4.3 Address Caching Test

步驟4.3.1 參數設定

步驟4.3.1.1 Aging: 15

步驟4.3.1.2 Learning rate: 1488

步驟4.3.1.3 Number of Addresses: Initial=20480, Minimum=1, Maximum=16777215

步驟4.3.2 將 Monitor設爲 SMB1 2A4

步驟4.3.3　將 SMB1 2A1, SMB1 2A2 加入Port Groups

步驟4.3.4　按下「Setup & Run」內的 Address Caching test執行測試。【記錄4】

步驟4.4　Address Learning Test

步驟4.4.1　參數設定

步驟4.4.1.1　Number of Addresses: 設爲 Address Caching Test 測試中，最大的 number of addresses。

步驟4.4.1.2　Learning Rate: Initial=10000, Minimum=1488, Maximum=14880

步驟4.4.2　將Monitor 設爲 SMB1 2A4。

步驟4.4.3　將 SMB1 2A1, SMB1 2A2 加入 Port Groups。

步驟4.4.4　按下「Setup & Run」內的Address Learning Test 執行測試。【記錄5】

步驟4.5　Error Filter Test

步驟4.5.1　參數設定

步驟4.5.1.1　Errors: 請選擇 Oversize、Undersize及CRC 分別來測試

步驟4.5.2　將以下 Port 加入 Port Pairs

步驟4.5.2.1　SMB1 2A1, SMB1 2A2

步驟4.5.2.2　SMB1 2A3, SMB1 2A4

步驟4.5.3　按下「Setup & Run」內的 Error Filter Test 執行測試。【記錄6】

步驟5 測試數據解讀

由於 AST 的每一項測試都可以使用 Per-Port 或是 Group 的數據顯示，所以在測試數據的解讀上，最需要注意的就是那些測試要以那些數據爲主，以 Forwarding Test 此項測試爲例，我們就必須著重在 Group 的數據；而在 Address Caching Test 此一測試項目之測試數據就應以 Per-Port 爲主，Group 爲輔。

疑難排除

在使用 SmartBits 來測試 Switch 的情形下，對該待測的 Switch 是一項很嚴厲的考驗，而待測的 Switch 在每一個項目的反複測試結果可能會有極大的差異，如果有此狀況出現時，在重新測試前可以將 Switch 重置（關機後再開機），因爲此時該 Switch 可能已進入了不正常動作的狀態。

二、使用 SmartFlow 來測試 L3 Switch

步驟1 設定 SmartBits 的連線

請參考 AST II 的設定方式。

步驟2 啟動 SmartBits 與 SmartFlow

SmartBits 與 SmartFlow 的啓動方式與 AST II 的方式差不多，唯一不同的是 SmartFlow 設定與 SmartBits 連線的按鈕在「MENU」→「Setup」→「Chassis Connections」，而與 SmartBits 進行連線的按鈕在「MENU」→「Action」→「Connect」

步驟3 連接 SmartBits 與待測物

在實驗室內會準備好所需要的連接用的網路線材，這是沒有跳線的Cat-5網路線，這些接線的作法，您可以參考「實驗一：區域網路線材製作」實驗手冊。

由於本實驗提供的 SmartBits 6000上面只有安裝了四片編號爲 LAN-3324A 的Smartcard，所以我們只可以連接每一個 switch 的其中四個埠來作測試。請注意一定要照順序連接 SmartBits 與待測物（DUT，Device Under Test）互相對應連接。

步驟4 實驗架構

因爲我們所要測試的是屬於 layer 3 的部分，故必須將 switch 的各 port 作適當的設定。另外由於本次實驗裡待測 switch 的韌體版本不夠新，不能 per-port 設 IP 位址，故我們選擇以 VLAN（Virtual LAN，虛擬區域網路）的方式設定各個網路介面。詳細設定如下表（實驗室裡的switch已經設定好了）：

VLAN name	Network address	IP interface	Subnet mask	VLAN tag
V1	192.1.2.0	192.1.2.1	255.255.255.0	None
V2	192.1.3.0	192.1.3.1	255.255.255.0	None
V3	192.1.4.0	192.1.4.1	255.255.255.0	None
V4	192.1.5.0	192.1.5.1	255.255.255.0	None

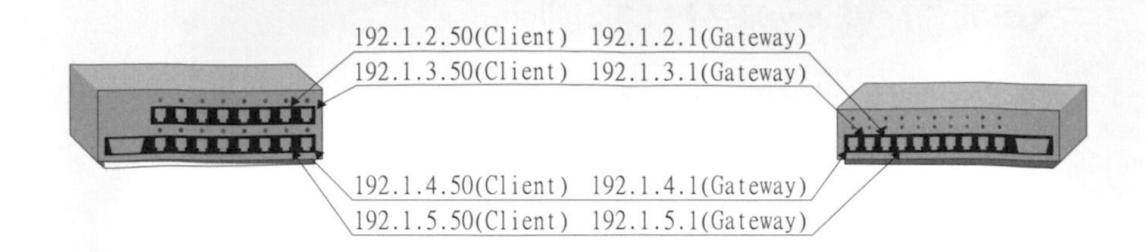

【圖13-1】SmartFlow測試環境

步驟5 測試軟體的設定

在測試前我們必須先設定 SmartFlow 各個埠的 IP 設定，請在 SmartFlow 裡先選擇IPv4 Network，其設定我們用下表來說明：

Port	Port IP Address	Network	Gateway	Subnet Mask	Wizard IP Address
Port 1	192.1.2.50	192.1.2.0	192.1.2.1	255.255.255.0	192.1.2.50
Port 2	192.1.3.50	192.1.3.0	192.1.3.1	255.255.255.0	192.1.3.50
Port 3	192.1.4.50	192.1.4.0	192.1.4.1	255.255.255.0	192.1.4.50
Port 4	192.1.5.50	192.1.5.0	192.1.5.1	255.255.255.0	192.1.5.50

在輸入這些值時，各位可以試試看先選取一整欄後，在選取的地方上按右鍵，快取功能表內的「Copy Down」及「Fill Increment」，這兩個功能讓輸入的速度變快不少。

在 SmartFlow 及 DUT 的 IP 都設定好後，且已選擇好要測試的 Group，您可以在「Options」→「Stepwise execution and debugging」裡依序選擇「Set up Ports」、「Learn」、「Set Up Flows」檢查線路及設定是否正確。

步驟6 開始測試

SmartFlow 的測試，我們選出了三項測試，跟上一個測試一樣我們必須先調整一些測試參數。

- Test Setup→Test Iterations→Iterating across traffic load: Min=100, Step=10, Max=100

- Test Setup→Test Iterations勾選Iterating across frame sizes，並在裡面選擇 Custom（all flows, with CRC），再按下面的按鈕 Custom Frame Sizes List，在彈出的視窗加入 64、512、1518這三種 Frame Size。

以下我們將詳細介紹這三項測試的實驗步驟：

步驟6.1 Throughput test

步驟6.1.1 加入新的 Group：點選「Groups」，點選「Group Wizard」，按「下一步」。

步驟6.1.2 選擇「Fully Meshed」，按「下一步」。

步驟6.1.3 將第一至第四張卡都打勾，按「下一步」，「下一步」，「完成」。

步驟6.1.4 在「Test Setup」裡的「Individual Tests」，「Test Mode」選擇Step，「Initial rate」輸入100%。

步驟6.1.5 按下「Setup & Run」中的「Throughput」開始測試，並紀錄其結果。【記錄7】

步驟6.2 Frame loss test

步驟6.2.1 按「Setup & Run」裡的「Frame Loss」選項以執行測試。【記錄8】

步驟6.3 Latency test

步驟6.3.1 按「Setup & Run」裡的「Latency」選項以執行測試。【記錄9】

疑難排除

1.在使用 SmartBits 來測試 Switch 的情形下，對該待測的 Switch 是一項很嚴厲的考驗，而待測的 Switch 在每一個項目的反覆測試結果可能會有極大的差異。如果有此狀況出現時，在重新測試前可以將 Switch 重置 （關機5秒後再開機，開機大約需要30~60秒，視機器不同而有不一樣的開機時間。），因爲此時 Switch 可能已進入不正常動作的狀態。

2.如果您覺得所有的設定都正確，卻仍無法順利進行測試，您可以試著將 SmartBits 重開機（關機後五秒再重開）。★請務必確定 SmartBits 已完成所有開機步驟（大約30~60秒），才可將測試軟體和 SmartBits 做連接設定。

VI. 實驗記錄

請將每一個測試的記錄項目記錄下來，並測試 L2及 L3各兩台的 Switch（請先考慮問題7），把結果數據做成比較圖表，並寫成一份效能的評估比較報告。

實驗項目	記錄
L2 Forwarding test	記錄1、2
L2 Congestion control test	記錄3
L2 Address learning test	記錄4
L2 Address caching test	記錄5
L2 Error filter test	記錄6
L3 Throughput test	記錄7
L3 Frame Loss test	記錄8
L3 Latency test	記錄9

VII. 問題與討論

注意：請針對問題中每一項目回答，並避免引述「太多」資料。

1. 請分別解釋一下 AST II 內的八項測試的設計哲學。

2. 請分別解釋 SmartFlow 八項測試的設計哲學。

3. L2的實驗中，可以使用 Ether Hub 來充當待測物嗎？結果有何不同？

4. L2的實驗中，爲什麼在測試時在switch上受測埠上的選擇會影響受測的結果？（亦即說明「實驗步驟」之「連接 SmartBits 與待測物」段落內受測埠的選擇是連續或亂數選擇對測試結果可能會產生差異之原因）

5. 試分別解釋與比較L2及 L3 switch的測試結果。

6. 爲什麼作 layer 2實驗時不需要將 SmartBits 和 Switch 上的 port 照順序對應連接，作layer 3 實驗時卻要？

7. 何謂 Head-of-Line Blocking，其可能的解法有那些？

8. 自問自答。（可以是您在操作所遇到的問題並解決的方法，或是新的啓示和想法）

VIII. 參考文獻

[1] R. Mandeville, "Benchmarking Methodology for LAN Switching Devices", RFC 2889, August 2000

[2] S. Bradner, "Benchmarking Terminology for Network Interconnection Devices", RFC 2544, March 1999

[3] Spirent Communications Smartbits, http://www.spirentcom.com/.

[4] Ethernet standards, http://standards.ieee.org/. 取得方式請見實驗一參考文獻之附註。.

[5] Rich Seifert, "Gigabit Ethernet", Addison-Wesley, 1998.

[6] Rich Seifert, "The Switch Book: the complete guide to LAN switching technology," John Wiley & Sons Inc., 2000.

[7] Chistopher Metz, "IP switching: Protocols and Architecture", McGraw-Hill, 1999.

[8] Bassam Habibi, "Internet Routing Architectures", Cisco Press, 1997.

第二單元

2 背景知識

本單元提供數篇相關技術性文章，做爲四大部分實驗之延伸閱讀。「Linux網路卡驅動程式：追蹤與效能分析」、「追蹤 Linux 核心的方法」、「以ns建立專業的網路模擬環境」等文深入探討第一部份的背景知識及實作方法；「區域路由交換器、區域交換器：功能、效能與互通性」及「網路拓樸探測與延遲測量」涵蓋了第二及第四部分；「剖析三大代理伺服器－快取、防火牆及內容過濾」，「網路安全產品測試評比－功能與效能面」則呼應了第三部分。其中網路安全產品的測試讓學生更上一層瞭解應用層協定之測試原理。

第一章

01

Linux 網路卡驅動程式：追蹤與效能分析

一部電腦的網路元件可分成硬體和軟體兩部分，硬體方面有網路卡、網路線等，軟體方面有網路卡驅動程式（Adapter driver）、協定驅動程式（protocol driver）及應用軟體，其中網路卡驅動程式負責銜接硬體與軟體。本文解說裝置驅動程式運作的流程，找出撰寫裝置驅動程式的重點與要領，以 Linux 網路卡驅動程式爲例說明，並對它做一些測試與分析。分析之後發現到在不考慮網路傳輸時間（propagation time）的條件下，封包處理上較花時間的順序爲：（1）網路卡發送（transmit）、接受（receive）封包，（2）DMA（直接存取記憶體）封包，（3）網路卡驅動程式（CPU 執行時間），三者所花的時間比例大約爲250：30：1。這是以封包大小 1028byte 來測試的結果，封包愈大三者的比例會愈懸殊，可見發送（或接收）及 DMA 封包是時間瓶頸所在；除此之外，也了解在中斷處理時「新封包來到」的情形比「封包傳送完畢」要花多一點時間。

1.1 簡介

作業系統的主要功能之一就是控制電腦周邊裝置的輸入、輸出。而用來控制的軟體主要可以分爲四個部分，請參考圖1-1。我們可以看出驅動程式（Driver）在現今的電腦實作架構中處於一個相當重要的地位，它要能「吃軟」也要能「吃硬」。通常中斷處理常式可以視爲是驅動程式的一部分。

相對於網路卡驅動程式（Adapter driver）而言，它所要吃的「軟」就是上層的協定驅動程式（Protocol driver），也就 TCP/IP protocol stack；而它所要吃的「硬」就是下層的網路卡， 說得更詳細點，便是要和網路卡上的 MAC Controller 溝通，透過 MAC Controller 上的 registers 來交換訊息，以達到網路卡驅動程式的主要工作之一：將封包傳送給網路卡或者是從網路卡上抓取已經到達的封包；而另一項主要的工作，是將從網路卡上抓取到的封包傳遞給上層的協定驅動程式，或者是將從協定驅動程式收到的封包傳遞給網路卡，請參考圖1-2。

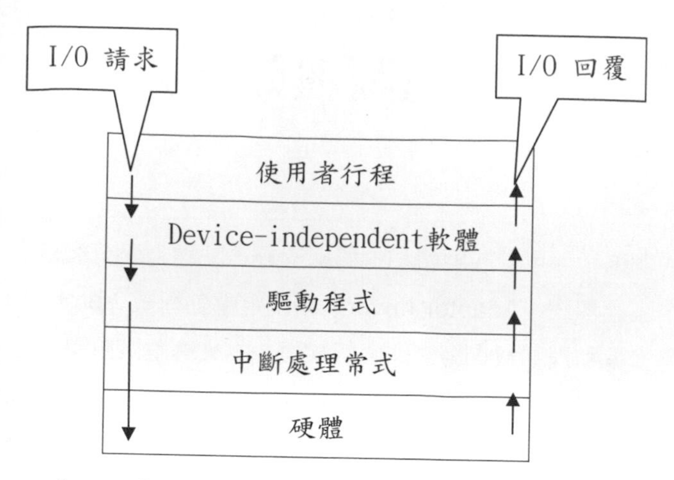

【圖1-1】 I/O系統中的分層以及各層的主要函式

【圖1-2】 網路卡驅動程式的主要工作

1.2 撰寫驅動程式

如何正確地在 Linux 作業系統中撰寫一個驅動程式呢？以下我們將分為探測硬體（probe hardware）、中斷處理（interrupt handling），以及使用I/O埠 （Using I/O ports）讀取及寫入資料這三大部分來解說。

1.2.1 探測硬體（probe hardware）

在一個驅動程式可以和裝置做溝通前，必須要做的一些初始化工作包括：探測裝置的 I/O ports 和 IRQ number。有了 I/O ports 才可以和裝置上的某些暫存器（register）溝通，有了 IRQ number 才能正確地將中斷處理常式註冊到核心之中。探測硬體的方法和匯流排（bus）的種類有關，PCI介面的裝置是在開機時（boot）就自動會將所用的 I/O ports 及 IRQ number 存在其某些暫存器上，而驅動程式只需去讀取這些暫存器就可以了，並不需要真正的去探測裝置， 但以往ISA介面的裝置驅動程式就必須要實際地去做探測的工作。

在 PCI 介面方面，Linux 核心 2.4 版更進一步地將 I/O ports 及 IRQ number整合在系統資源中（pci_dev structure），因此驅動程式就不必直接由裝置上的暫存器來獲得 I/O ports 和 IRQ number，而只需呼叫下列函式即可由系統資源取得：

```
int pci_enable_device (struct pci_dev *dev);
unsigned long pci_resource_start (struct pci_dev *dev, int bar);
struct resource *request_region (unsigned long start , unsigned long len , char* name);
void release_region (unsigned long start , unsigned long len);
```

想要取得 I/O ports 和 IRQ number 以前，一定要呼叫 pci_enable_device ( ) 來啓動 這個 PCI 裝置，接下來若是要 IRQ number，就可從 dev->irq 中獲得，若是要 I/O ports 就呼叫 pci_resource_start ( ) 來取得基底位址（base address），然後呼叫 request_region ( ) 向系統宣告要用某一段的 I/O ports 即可使用，最後若沒有要用 時要記得呼叫 release_region ( ) 來釋放這段 I/O ports。

至於 ISA 介面的裝置就麻煩許多，在探測 I/O ports 方面所用的機制（mechanism）是去「掃瞄」（scan）所有可能的 I/O ports，只有與裝置連接的 I/O ports才會有正確的回應，以下是大概的流程：

1. int check_region (unsigned long start , unsigned long len)；
   這個函式是用來檢查這一段 I/O ports 是否可以拿來使用。
2. 實際去探測硬體，查看此裝置是否存在，在此必須儘量必免「寫入」的動作，因爲不小心的寫入會讓系統出現很多問題。
3. 呼叫 request_region ( ) 來向核心要求所要用的 I/O ports。
4. 當沒有要用到某段 I/O ports 時，要呼叫 release_region ( ) 來釋放出系統資源。

在探測 IRQ number 方面所用到的機制是讓裝置產生一個中斷（interrupt），然後去查看一些相關資訊以得知裝置所用的 IRQ 是多少，這裡要注意的是：驅動程式是要知道裝置所用的 IRQ 是多少，而不是要分配 IRQ 給裝置。以下是可以用到的函式：

```
unsigned long probe_irq_on (void);
int probe_irq_off (unsigned long);
```

probe_irq_on ( ) 會回傳一個位元遮罩（bitmask），此遮罩可以用來判斷還有哪些中斷還沒被用到，而驅動程式必須儲存此遮罩，因為等一下必須將此遮罩當成參數傳給 probe_irq_off ( )。在 probe_irq_on ( ) 執行完後，驅動程式應該要促使裝置產生一個中斷，之後再呼叫 probe_irq_off (bitmask)，如此一來 probe_irq_off ( ) 就會傳回此裝置所用的 IRQ number 了。

1.2.2 中斷處理（interrupt handling）

當資料在核心與裝置間傳輸時難免會有一些的延遲（delay），因此驅動程式就必須將資料先暫存起來，放到緩衝區中等待資料的完整與正確傳送時刻的到來，而我們常見的一個較好的緩衝機制為「interrupt-driven I/O」，此方法中輸入緩衝區（input buffer）在中斷處理時被填入資料，再被需要這些資料的程序（process）所取出；輸出緩衝區（output buffer）被某個程序填入資料後，在中斷處理時再將資料送給裝置，而所謂中斷處理的部分就是交給中斷處理常式來負責。通常的情況下，一個驅動程式只會為其裝置向核心註冊一個中斷處理常式，以下的函式可以用來註冊及註銷中斷處理常式：

```
int request_irq (unsigned int irq, void (*handler) (int, void *, struct pt_regs *)
unsigned long flags, const char *dev_name ,void *dev_id);
void free_irq (unsigned int irq, void *dev_id);
```

request_irq 可以用來註冊中斷處理常式，而 free_irq 則用來註銷它。

1.2.2.1 中斷處理大綱

當有中斷產生時系統其實是「軟硬兼施」的，請參考表1-1。

【表1-1】 中斷處理大綱

步驟
1. 硬體儲存程式計數器（programm conuter）等
2. 硬體載入新的程式計數器
3. 組語程式儲存暫儲器(register)值
4. 組語程式設定新的堆疊
5. C 程式處理實際中斷事務、喚醒行程、可能呼叫 schedule ( )，最後跳回到組語程式
6. 組語程式啟動目前該執行的行程

Interrupt service routine（ISR）的整個過程為3～6，而驅動程式就是實作於第 5 項。

1.2.2.2 「快速」與「慢速」處理常式

在舊版的 Linux 核心中花了很大的工夫來區別「快速」和「慢速」中斷，所謂「快」、「慢」的中斷其差別就在於所需的處理時間長短，若一中斷只需很短的時間就可處理完畢即爲快速中斷，相反地，若一中斷需要很長的時間來完成就是慢速中斷。相對於中斷處理常式而言，在處理中斷時，處理器是否還會接受其它的中斷回報（interrupt reporting），會的話則此中斷處置常式就爲 Slow（因爲處理器必須兼顧其它中斷），反之則爲 Fast（因處理器完全被此中斷處理常式佔住）。兩者有一個相同的地方，無論是 Fast 或是 Slow 的中斷處置方式，當其在爲某個中斷服務期間，此中斷在中斷控制器（interrupt controller）中是失效（disable）的。在 request_irq( ) 中的 flags 參數若被設成 SA_INTERRUPT 便是代表要註冊一快速中斷處理常式，而在現代的核心中，快速和慢速中斷已經被視爲幾乎是同樣的了，表1-2爲兩者的比較：

【表1-2】快速與慢速中斷處置常式的比較

	在中斷期間使其它中斷失效	在中斷期間使目前服務的中斷失效	服務結束後是否會呼叫ret_from_sys_call
快速處置常式	是	是	否
慢速處置常式	否	是	是

1.2.2.3 撰寫中斷處理常式

在製作中斷處置常式時所必須要考慮到的工作如表1-3所列。表1-3中最後一項所寫到的後續常式我們將在下一小節中作介紹。

【表1-3】中斷處置常式所要做的工作

判斷中斷的原因，e.g. 網路卡中斷處理常式要判斷中斷是因封包的到來、離去或是錯誤的發生。
叫醒在等待中斷完成的事件之行程。若需要較長的執行時間，則使用後續常式（bottom half）來完成。

中斷處理常式由於是在中斷期間所執行，因此其執行時受到了許多的限制，例如：它不能和使用者空間互相傳遞資料、它不能做任何會讓自己進入睡眠狀態的事情。在實作中斷處理常式過程中我們可以使用的資源即爲所傳入的三個參數，這三個參數分別爲 int irq、void* dev_id、struct pt_regs* regs。 irq 可以用在記錄檔中，dev_id 是此裝

置的指標，當我們使用共享中斷時（e.g. 兩個中斷處理常式共用一個IRQ number），中斷處理常式可以利用dev_id 辨別某個中斷是否屬於自己要處理的，而最後一個參數 regs 很少被使用到， regs 會儲存著處理器在進入中斷處理常式前一時刻的內容，因此 regs 便可做爲監控、除錯之用。

1.2.2.4 後續處理常式（bottom half）

處理中斷時所面對的主要問題之一，就是如何讓處理常式順利執行較爲耗時的工作而又不會遺漏掉接下來的中斷，Linux 對此所提出的解決之道，就是將中斷處置常式分爲兩個部分，一爲「先行常式」（top half），另一個部分是「後續常式」（bottom half）。先行常式就是之前我們提到過，用 request_irq 所註冊的處理常式，負責將後續常式排班到作業系統中；作業系統等到可以執行的安全時間（所謂安全是指對執行時間的要求不會嚴苛）便會去執行後續常式。Linux 核心中有兩種機制來實作後續常式：BH（也被稱作bottom half）和 tasklets。BH爲較舊的方法，在核心2.4後實際上 也是用 tasklets 來實作，而 tasklets 是從2.3 系列才發展出來的，其爲目前較常被使用的後續常式實作方法，但由於 tasklets 無法在較舊的核心上使用，因此若考慮 portability的問題，用BH的方法較爲妥當。先來看看若要以tasklets 的方法實作後續常式，有哪些函式可以使用：

```
DECLARE_TASKLET (name, function, data);
tasklet_schedule (struct tasklet_struct *t);
```


要如何使用這些函式呢?

舉例而言，若你寫了一個函式 func ( ) 要用來作爲後續常式，第一步是要向系統宣告一個tasklet： DECLARE_TASKLET (task, *func, 0)，task是代表此 tasklet 的名字，接下來再呼叫 tasklet_schedule (&task) 來將此 task 排班到作業系統中，等到作業系統方便時就會去執行它。而在 BH 的方法中，若是想要將一個後續常式排班到系統中，可用下列函式：

```
void mark_bh (int nr);
```

其中nr是代表某個 bottom-half routine，在舊版的核心中 mark_bh（）會在一個 bitmask 中設定某位元，讓這位元所對應到的中斷處理常式可以順利地被執行，通常核心都會提供幾個後續常式讓程式設計者使用，表1-4列出驅動程式能使用的部分：

【表1-4】核心宣告的後續常式

IMMEDIATE_BH	TQUEUE_BH	TIMER_BH

然而在2.4版後的核心中，mark_bh（）實際上是去呼叫 tasklet_hi_schedule（）（類似tasklet_schedule（））來將所要執行的 bottom-half routine 排班到核心之中。

1.2.2.5 **競爭狀態**（race condition）

由於 interrupt-driver I/O 的原因，因而引進了某一類的問題：對於一群行程間若有共享的資料，該如何解決好幾個行程同時要存取該共享資料的同步問題，而這類問題我們稱之為競爭狀態（race condition）。由於在驅動程式的任何一個執行點都有可能會發生中斷，因此只要是和中斷有互動的驅動程式（大部分都會有）都必須要注意競爭狀態。在 Linux 核心裡支援好幾種技術來避免資料的敗壞（data corruption），而我們將介紹最常使用的方式：使用spinlocks 來達到行程之間兩兩互斥（mutual exclusion），如此即可避免競爭狀態的發生。換句話說，就是不論中斷處理常式或驅動程式要存取共享資料時，要先能拿到一把鎖（lock），然後才進行共享資料的存取，最後不用時再把這把鎖歸還（unlock），讓別的行程能夠也藉由同樣的方法來存取共享資料。

Spinlocks 在 Linux中的型別為 spinlock_t，而以下是一些可以運作在 spinlocks 上的函式：IMMEDIATE_BH TQUEUE_BH TIMER_BH

```
void spin_lock (spinlock_t *lock);
void spin_lock_irqsave (spinlock_t *lock, unsigned long flags);
void spin_lock_irq (spinlock_t *lock);
void spin_lock_bh (spinlock_t *lock);
void spin_unlock (spinlock_t *lock);
void spin_unlock_irqrestore (spinlock_t *lock, unsigned long flags);
void spin_unlock_irq (spinlock_t *lock);
void spin_unlock_bh (spinlock_t *lock);
```

spin_lock（ ）以busy-wait的方式取得所想要的一把鎖 （lock），等到 spin_lock（ ）函式返回時，呼叫它的行程便可以獲得此把鎖。

spin_lock_irqsave（ ）也是以同樣的方法取得一把鎖，除此之外它會使中斷無效，並且把目前的中斷情況記錄到 flags 參數中，而 spin_lock_irq（ ）除了不會將目前中斷的情形記錄下來外，其餘的動作都 spin_lock_irqsave（ ）一樣，至於 spin_lock_bh（ ），它和前三者都是一樣會用 busy-wait 的方式來取得一把鎖，然而它還不准後續常式被執行。以上四個函式可以獲得一把鎖，相反地，接下來的四個相對應的函式會將鎖歸還，spin_unlock（ ）就只是單純地把之前所獲得的鎖歸還， spin_unlock_irqrestore（ ）會把鎖歸還並且根據 flags 的值來使得一些中斷變有效， spin_unlock_irq（ ）除了把鎖歸還，還會把所有的中斷變得有效，而spin_unlock_bh（ ）會將鎖歸還，且讓後續常式可以被執行。

在使用這些函式時有兩點要特別注意，第一是要確定取得（lock）鎖的函式比歸還（unlock）鎖的函式早出現，第二是要這些函式是兩兩成對來使用。

1.2.3 使用I/O埠讀取及寫入資料

在探測硬體階段之後，驅動程式便可獲得硬體所使用的I/O ports。大部分的硬體會將 I/O ports 的寬度分成8位元、16 位元、以及32位元，因此驅動程式就必須針對不同寬度的 I/O ports 來呼叫不同的函式存取 I/O ports，在 Linux 核心中定義以下的函式可以用來存取 I/O ports。


```
unsigned inb (unsigned port);
void outb (unsigned char bye, unsigned port);
```
inb（ ）讀取寬度8 位元的 ports，而 outb（ ）寫入寬度8 位元的ports。

```
unsigned inw (unsigned port);
void outw (unsigned char bye, unsigned port);
```
inw（ ）讀取寬度16位元的ports，而 outw（ ）寫入寬度16位元的ports。

```
unsigned inl (unsigned port);
void outl (unsigned char bye, unsigned port);
```

inl ( ) 讀取寬度32 位元的ports，而outl ( ) 寫入寬度32位元的ports。 除了以上單一讀取的方式外，Linux 還支援了字串的操作：

```
void insb (unsigned port, void *addr, unsigned long count);
void outsb (unsigned port, void *addr, unsigned long count);
```

insb ( ) 從8 位元的 ports 讀取 count 位元組的資料，然後將這些資料儲存到記憶體位址爲 addr 的地方，而 outsb ( ) 將記憶體位址爲 addr 的資料，寫入 count 位元組到8位元的ports。

```
void insw (unsigned port, void *addr, unsigned long count);
void outsw (unsigned port, void *addr, unsigned long count);
```

這兩個函作的運作和以上兩個很類似，除了說它們是針對寬度爲16位元的ports所設計的。

```
void insl (unsigned port, void *addr, unsigned long count);
void outsl (unsigned port, void *addr, unsigned long count);
```

這兩個函作的運作和以上兩個很類似，除了說它們是針對寬度爲32位元的ports所設計的。

1.3 Linux網路卡驅動程式實例

在眾家網路卡驅動程式中，我們挑選其中相容性最高的NE2000、PCI 介面網路卡的Linux 版驅動程式來進行追蹤，如此更有實際應用的意義。

1.3.1 重要資料結構（data structure ）

在Linux系統中，網路卡驅動程式常用到的資料結構有兩種：sk_buff 以及net_device。圖1-3顯示出這兩種資料結構是位於系統的哪些位置，也就是有誰會去存取它們。

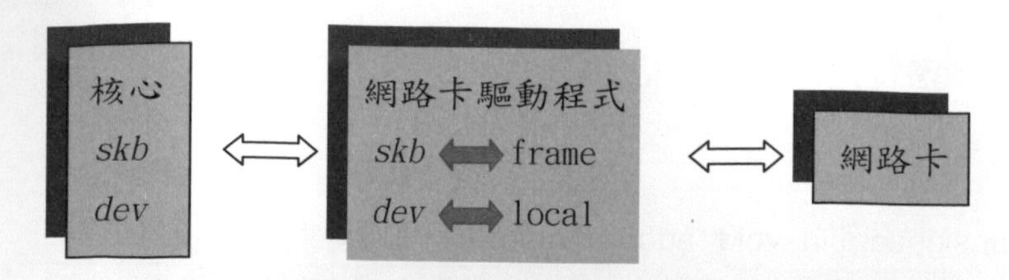

【圖1-3】skb_buff及net_device於系統中的位置

簡單說明一下圖1-3：圖中 skb 是指 sk_buff 形態的指標變數，dev 是指 net_device 形態的指標變數。網路卡驅動程式從網路卡上抓取到封包（此時稱作 frame）後，會去配置一塊 sk_buff 記憶體，將 frame 塞進 skb 中的 data 欄位，以後封包在系統中就是以 sk_buff 的形式表現。而 net_device 中的許多欄位值都是在網路卡驅動程式裡填好的，圖中 local 是指 dev 中的大部分的欄位值都是在網路卡驅動程式裡產生然後填入 net_device 欄位的，以後網路卡在系統中就是以 net_device 的形式表現，接著就來詳細介紹這兩個資料結構的主要欄位。

1.3.1.1 sk_buff

此資料結構定義在<linux/skbuff.h>中，表1-5列出其主要欄位，與欄位所代表的意義。

【表1-5】 sk_buff的重要欄位

欄位名	意義	欄位名	意義
head	指向sk_buff的起點	len	資料本身的長度
data	指向“真正資料”的起點	pkt_type	幫包的類型
tail	指向“真正資料” 的終點	saddr	來源位址
end	指向sk_buff的終點	daddr	目的位址
dev	封包到達或離開的裝置	raddr	路由器位址

1.3.1.2 net_device

此資料結構定義在<linux/netdevice.h>中，表1-6列出其主要欄位，與欄位所代表的意義。

【表1-6】net_device 的重要欄位

欄位名	意義
Name	裝置名稱
base_addr	I/O埠的基底位址
Irq	中斷編號
dev_addr	網路卡硬體位址
Mtu	最大傳輸單位
hard_start_xmit	裝置功能函式之一

1.3.2 初始化

初始化的工作可分為「註冊中斷處理常式」以及「探測硬體」，註冊中斷處理常就是用之前說過的 request_irq( ) 函式來完成，而探測硬體方面由於是 PCI 介面的網路卡，因此只需用我們之前所教的方法就可取得 I/O ports 及 IRQnumber，而不用實際地去探測網路卡。

1.3.3 封包的發送

圖1-4顯示出此網路卡驅動程式的封包發送流程，有陰影的部分為驅動程式。

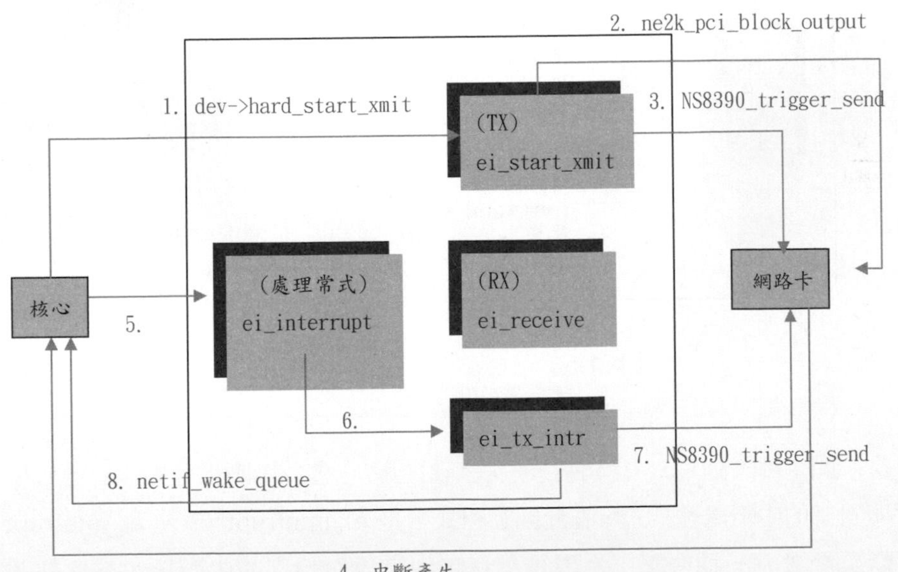

【圖1-4】封包發送流程

在此以文字簡單解說圖1-4：核心要傳送封包而呼叫dev->hard_start_xmit ( )，在此驅動程式中實作出的函式為 ei_start_xmit ( )，在 ei_start_xmit ( ) 中會呼叫 ne2k_pci_block_output ( ) 將封包搬到網路卡上，接著呼叫 NS8390_trigger_send ( ) 以觸發（trigger）網路卡將封包送出，等到封包送完，網路卡會以中斷來通知核心，於是核心就去呼叫對應的中斷處理常式，在此驅動程式中是 ei_interrupt ( )，ei_interrupt ( ) 會先判斷是屬於哪一種中斷，發現是封包傳送完所發出的中斷後，它會呼叫 ei_tx_intr ( ) 來處理，ei_tx_intr ( ) 會先呼叫 NS8390_trigger_send ( ) 來觸發網路卡上的另一個封包傳送（若有的話），接著呼叫 netif_wake_queue ( ) 讓核心知道封包已傳遞完畢可以進行下一項工作。

1.3.4 封包的接收

圖1-5顯示出此網路卡驅動程式的封包接收流程。

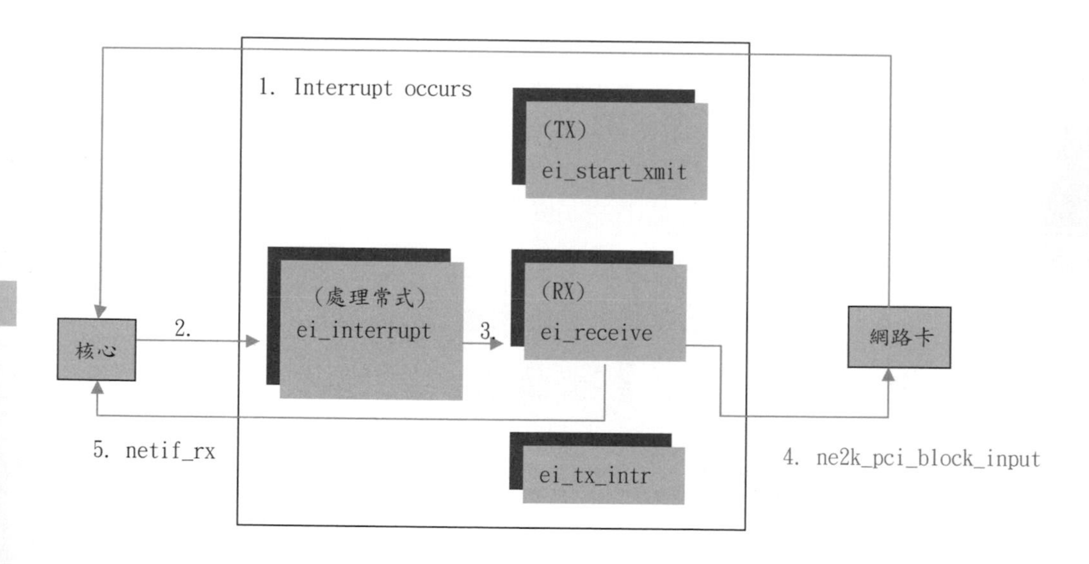

【圖1-5】封包接受流程

在此以文字簡單解說圖1-5：當網路卡接收到封包時它會以中斷來通知核心，於是核心就去呼叫對應的中斷處理常式，在此驅動程式中是 ei_interrupt ( )， ei_interrupt ( ) 會先判斷是屬於哪一種中斷，發現是有封包到來因而發出的中斷後，它會呼叫 ei_receive ( ) 來處理，在 ei_receive ( ) 中會呼叫 ne2k_pci_block_input ( ) 將封包從網路卡搬到系統記憶體中，然後將封包塞入 sk_buff 的結構中並且以 netif_rx ( ) 函式將此封包丟往上層處理，而 netif_rx ( ) 所做的事情即是我們之前所討論的後續常式所該做的事。

1.4 效能分析

在此我們將會做兩個有趣的效能分析，一個名為「封包的一生」，另一個名為「中斷處理的時間」。第一個測試可以讓我們了解，一個出境以及入境封包在系統的各個部分所停留的時間，如此便可知道封包處理（packet processing）將時間花在哪些地方；第二個測試可以讓我們知道，網路卡驅動程式的不同中斷處理常式，所花的時間是完全不同的，而且中斷的類別不同（傳送完畢、接收到新的封包）也有不同的處理方式，我們可依據這個測試結果，來做為判斷網路卡和驅路卡驅動程式搭配的好壞與否的因素之一，因為網路卡與網路卡驅動程式搭配的愈好，在中斷處理所花的平均時間就愈短。

1.4.1 封包的一生

我們將封包的一生分成三個階段：網路卡階段、DMA 階段，以及網路卡驅動程式階段（不包括 DMA 部分），會去測量出境及入境封包分別在這三個階段待了多久的時間。量測的方法是先定出每個階段的起訖點然後再使用 rdtscll（定義在<asm/msr.h>）來抓取時間，表1-7是我們做此測試所用到的硬體、軟體：

【表1-7】測試一之軟、硬體設備

CPU：Celeron 567.007 MHz
網路卡：PCI Realtek 10Mbps 乙太網路卡
作業系統核心：Linux kernel 2.2.19
網路卡驅動程式：ne2k-pci

接下來的表1-8就是這個測試所得到的結果，時間單位為 CPU clock cycle 數，而由於我們的 CPU 速度為 567.007MHz，所以一個 clock = 1.8 nanosecond。

【表1-8】測試一之結果

封包類別大小（byte）	網路卡階段		DMA 階段	網路卡驅動程式階段	
	入境	出境	入境及出境	入境	出境
ICMP （28 + 1）	62000	12000	7000	1300	3000
ICMP （28 + 100）	102000	52000	11000	1300	3000
ICMP （28 + 1000）	512000	462000	66000	1300	3000
UDP （28 + 1）	62000	12000	7000	1300	3000
UDP （28 + 100）	102000	52000	11000	1300	3000
UDP （28 + 1000）	512000	462000	66000	1300	3000
ARP （28）	62000	12000	7000	1300	3000

在網路卡階段，入境封包和出境封包所存在的時間和封包大小成正比，這是因爲網路卡在傳送封包到網路上，以及從網路上接收封包所花費的時間是和封包的大小成正比；而入境封包會比出境封包在網路卡階段待得久的原因是：

入境封包：接收時間 ＋ 組合語言中斷處理時間 ＋ C語言中斷處理時間。

出境封包：傳送時間 ＋ 部份C語言中斷處理時間。

由於入境封包多花了組合語言中斷處理的時間，再加上其 C 語言中斷處理的部分較出境封包久，所以入境封包在網路卡上所待的時間較出境封包久。在 DMA 階段中，封包所待的時間很明顯的只和封包大小有關，不論是要入境還是要出境的封包。而封包在網路卡驅動程式階段中所待的時間是最短的，尤其是入境封包，這是因爲當入境封包 DMA 上網路卡驅動程式後，網路卡驅動程式會立刻呼中 netif_rx 將封包交給後續常式來處理。

1.4.2 中斷處理的時間

在這個測試中，我們找了兩張網路卡及其對應的網路卡驅動程式，測試兩個驅動程式在中斷處理上所花的時間，當然這也是分成封包傳送完畢以及新封包來到這兩種類型的中斷，表1-9是此測試所用到的軟、硬體。

【表1-9】測試二之軟、硬體設備

CPU：Celeron 567.007 MHz
網路卡：PCI Realtek RTL-8029（AS）10Mbps 乙太網路卡 網路卡驅動程式：ne2k-pci
網路卡：PCI Intel GD82559 100Mbps 乙太網路卡 網路卡驅動程式：eepro100
作業系統核心：Linux kernel 2.2.19

而表1-10就是這個測試的結果，時間的單位爲 CPU clock 數。

【表1-10】測試二之結果

中斷類型 / 封包大小（byte）	新封包來到		封包傳送完畢	
	eepro100	ne2k-pci	eepro100	ne2k-pci
28 + 1	8500	29000	6000	8500
28 + 100	8500	34000	6000	8500
28 + 1000	8500	90000	6000	8500

由此結果可看出 eepro100 與 Intel 網路卡的組合在中斷處理上所花的平均時間較 ne2k-pci 與 Realtek 網路卡的組合來得少，所以可以說 eepro100 與 Intel 網路卡的組合較 ne2k-pci 與 Realtek 網路卡的組合來得好；另外我們可發現「新封包到來」所需要的時間比「封包傳送完畢」要來得多，這是因爲處理新封包到來時必須先將封包從網路卡 DMA 上系統記憶體，之後再塞入 sk_buff 中，並且將其往上層傳遞，而處理「封包傳送完畢」時只是在做些統計工作，例如將傳送的封包數目加一等。

1.5 結論

網路卡驅動程式在系統中扮演著重要的角色，由於它必須要與下層網路卡及上層核心溝通，所以要做的事情就變得很多樣化、很複雜，若想要學習寫網路卡驅動程式最好的方式就是找一個範例來改寫。在第二節所介紹的方法是很通用的，不只是網路卡驅動程式適用而已，其它裝置驅動程式的作法也是大同小異。第四節中我們做了兩個很有趣的測試，從這些測試裡面，可以更了解封包傳遞與網路卡驅動程式間的關係，從「封包的一生」測試中可以知道在處理封包時，DMA及發送（或接收）封包是個時間上的瓶頸，如此一來或許就可以設計某種方式來加快處理封包的速度。

1.6 參考文獻

[1] Alessandro Rubini, “Linux Device Drivers”, first edition, O’Reilly & Associates, 1998.

[2] Alessandro Rubini & Jonathan Corbet, “Linux Device Drivers”, 2nd edition, O’ Reilly & Associates, June 2001.

[3] Andrew S.Tanenbaum, ”Modern Operating Systems”, Prentice Hall, 1996

[4] W. Richard Stevens, “TCP/IP Illustrated, Volume1&2”, Addison Wesley , 1994

第二章

02

追蹤Linux TCP/IP 核心的方法

Linux 可說是開放程式碼中最普遍的作業系統，可是想要了解爲數眾多的核心程式碼卻是令人傷透腦筋，在這裡我們提供一個不錯的方法來接近它，一步步的了解它。我們會告訴大家如何在 x86 上使用 remote debug（由 host 對 target 進行動態 debug）來解剖 Linux 核心程式碼。並以Linux TCP/IP 協定驅動程式爲例，描述核心程式碼的流程。我們使用 KGDB 與 GDB 來實現 remote debug，並利用工具 KernProf 來剖析核心函式間相互的關係。另外還有能在單機上執行追蹤與中斷的工具 KDB。

2.1 動機

Linux 可說是當紅炸子機，打著 Open Source 的名號，號招天下英豪，一起建構一個好用、穩定、免費的作業系統。Linux 在網路的支援可說是非常的完整；網路功能內建於核心，不僅支援現行的 ipv4 又支援最新的 ipv6；又由於它是屬於 Open Source 的軟體，所以我們可以輕易的拿到它的原始碼，正好可以讓我們一探協定驅動程式的奧秘。也藉此希望能夠找到一個很好的方法來了解 Linux 核心程式的寫作。

2.2 協定驅動程式與 Linux 網路實作

在此我們先了解一下什麼是協定驅動程式，並對 Linux 在網路方面的實作作概念性的認識，以便配合下一節介紹的核心追蹤方法，進行網路協定處理流程之追蹤。

2.2.1什麼是協定驅動程式

在一部個人電腦中，有關網路的部分大概可以分爲硬體與軟體的部分。硬體方面如網路卡、數據機等，是負責將網路封包轉換成可以在網路介質中傳送的型態（如：將封包轉成電壓訊號在同軸電纜中傳送，轉成電波在空中傳送，轉成光束在光纖中）；軟體的部分又可細分爲三層：網路卡驅動程式（Adapter Driver）、協定驅動程式（Protocol Driver）、應用程式（Application）。應用程式就是我們常常使用的軟體部分，如 IE、NetTerm 等，通常應用程式會把要傳遞的資料交由下面的協定驅動程式來做進一步的處理。現行的網際網路所使用的通訊協定爲 TCP/IP，而協定驅動程式就是實作這個部分的軟體，當收到應用程式的資料後協定驅動程式，就會把這些資料包裝成封包傳給網路卡驅動程式，然後再由硬體傳送出去。

2.2.2 Linux 在 TCP/IP 實作上的架構[1,2]

Linux 在網路上的實作採取分層的概念，如圖2-1所示，並以檔案系統來實現。整個網路協定的操作都是由經 BSD Socket 這一層來管理，而使用者透過檔案系統來連接 BSD Socket，並以類似操作檔案系統一般的操作網路通訊。BSD Socket 並不只支援 Internet socket，它支援了許多其他的 Socket。比如 Unix Socket、IPX、AX25 等。而我們常見的 TCP/IP，就是 BSD Socket 下的 INET Socket 的部分。所以在 TCP/IP 的實作上，第一層是 BSD Socket，再來是 INET Socket 層，其下還有 TCP 或 UDP 層，也可以直接接觸更下面的 IP 層，最後就是網路通訊設備，如乙太網路卡、數據機等。表2-1條列原始碼所在位置。

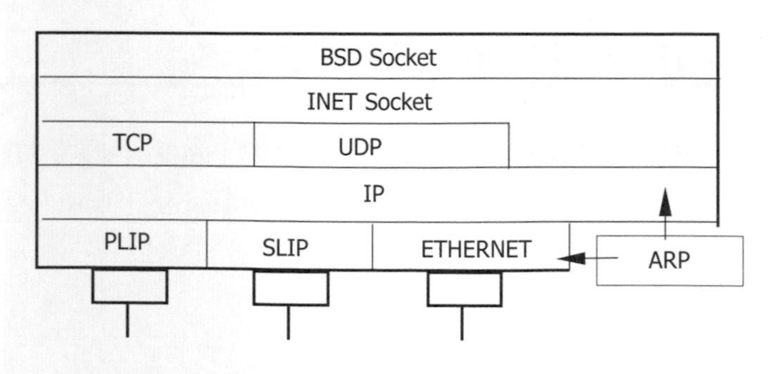

【圖2-1】 KGDB 開機設定

【表2-1】TCP/IP 各層原始碼位置

層次	原始碼位置
BSD Socket	/linux/net/socket.c
INET	Socket /linux/net/ipv4/af_inet.c
TCP	/linux/net/ipv4/tcp_*.c
UDP	/linux/net/ipv4/udp_*.c
IP	/linux/net/ipv4/ip_*.c
ETHERNET	/linux/net/Ethernet
ARP	/linux/net/ipv4/arp.c

2.3 追蹤 Linux 核心的方法

想要了解 Linux 核心原始碼是一件很難下手的事，尤其Linux 新版的核心不斷推出，支援的功能一個一個的增加，想要看得懂原始碼更是難上加難。當然，如果想要了解原始碼爲什麼要這樣寫，那一列要實現什麼樣的功能，直接動態追蹤程式碼執行過程是最好不過，至少比用編輯器來「硬看」（靜態）來得容易理解。在這裡提供三個方法來追蹤核心程式碼，分述如後。

2.3.1 使用核心函式 Printk

程式設計師最簡單的除錯工具大概就是 printf，很多寫過 C 語言的人，常常會用這個函式來傾印系統上的變數值以便除錯；但是在 Kernel Space 中是無法使用 printf 把訊息列印出來的。不過在 Linux 核心系統中有另外一個函式 printk，可以傾印訊息，但其與 printf 最大的不同點在於 printk 並沒有辦法處理浮點數。另外，printk 還有所謂的 log level 可以幫訊息做分級的動作，如警告訊息、除錯訊息、嚴重訊息等，可說是這些訊息的 priority。在此我們使用 printk，配合 klogd、syslogd，將 printk 印出來的訊息存在 log 檔中。利用這些資訊來追蹤核心程式碼流程。

使用 printk 就像使用 printf 一樣，先在要印出訊息的地方加上 printk 的敘述，並指定它的 log level後再重新編譯核心。主要是爲了追蹤 Linux 在 TCP/IP 上的實作，其原始碼在 /linux/net/ipv4 中。舉例如下：

```
（例）static void icmp_reply（struct icmp_bxm *icmp_param, struct sk_buff *skb）
{
    struct sock sk=icmp_socket->sk;
    printk（KERN_INFO, "icmp.c: icmp_reply（）\n"）;
    / *log level 為「KERN_INFO」，印出"icmp.c: icmp_reply（）"，
    當然我們也可以印出一些核心變數，其用法和printf 相似*/
    if （ip_options_echo（&icmp_param->replyopts, skb））
```

再來就是設定 syslogd，編輯 /etc/syslogd.conf，加入 kern.=info /var/log/kern_info 後，存檔重新開機，就可以在 /var/log/kern_info 這個檔案中看到 printk 所印出來的訊息。

我們可以使用這樣的方式為每一個函式加上 printk 的敘述，這樣就可以由 log 檔得知在網路進行溝通時，核心做了那些事。不過這還不是一個很好的方法，因為只能得知整個函式的呼叫關係，不能在執行時一步步的追蹤程式碼，更不能設定中斷點或是修改其中的數值。

2.3.2 **使用** KDB **追蹤核心原始碼**[3]

由於 printk 無法讓我們設定中斷點，也不能使用單步執行來追蹤程式碼，所以在了解原始碼方面還是有點缺憾。接下來介紹一個可以讓我們設定中斷點，並能單步追蹤核心的工具－KDB。KDB（Built-in Kernel Debugger）是 Linux 核心的一部分，它支援在執行期間的核心記憶體的分析，也可以設定中斷點與單步執行。

安裝KDB

KDB 是內嵌於核心之中的，所以安裝它的方式就是先要 patch 核心，所以在 patch 時，要注意核心的版本是不是和 KDB 所支援的核心版本是否一樣。我們可以在KDB 的網頁（http://oss.sgi.com/projects/kdb/）上下載 KDB，它的檔名會包含 Linux 核心的版本號，如：

kdb-v0.6-2.2.13 指的就是KDB 0.6 版，適合於Linux2.2.13 的核心，將KDB 下載之後存於/usr/src/linux 中，就可以照下列步驟安裝：

STEP 1. 下指令「cd /usr/src/linux」切換到Linux 核心的目錄
STEP 2. 下指令「patch –p1 < kdb-xxxxxx」執行patch
STEP 3. 下指令「make *config」（make menuconfig or make xconfig）設定核心，把CONFIG_KDB，CONFIG_FRAME_POINTER 這二個選項打開，然後重新編譯核心。
STEP 4. 用重新編譯過的核心開機，就可以使用KDB 了。

如何使用KDB

有二種方法可以啓動 KDB，一是在開機時經由 boot prompt 下達 kdb 這個參數給核心，如：LILO: linux kdb。或是在開完機後，任何時候都可以按 Pause 鍵來啓動 KDB。啓動 KDB 之後，我們就進入了 Debug 模式了。鍵入 help 可以看看線上使用說明，鍵入指令「go」，就可以回到系統中繼續原來的工作。現在我們可以執行一個網路程式，然後快速的按下 Pause 鍵進入 KDB 的 Debug 模式，然後下「ss」來單步執行，或是用「ssb」來執行程式直到下一個branch/call。如此一來便可看到核心是怎麼樣執行程式的。另一個爲先設好中斷點， 例如我們可以把中斷點設在 sys_socketcall，指令爲「bp sys_socketcall」這樣只要呼叫 sys_socketcall 這個函式，就會自動進入 KDB 的 Debug 模式，我們可以用「bt」做 BackTrace，再用 ss，ssb 等去追蹤。詳細的指令列表於表2-2。

【表2-2】KDB 指令速覽

Command	Description	Command	Description
md	Display memory contents	bc	Clear Breakpoint
mds	Display memory contents	be	Enable Breakpoint
mm	Modify memory contents	bd	Disable Breakpoint
id	Instructions	ss	Single Step
go	Continue Execution	ssb	Single step to branch/call
rd	Display Registers	ll	Execute cmd for each element in linked
rm	Modify Registers	env	Show environment variables
ef	Display exception frame	set	Set environment variables
bt	Stack traceback	help	Display Help Message
btp	Display stack for process <pid>	?	Display Help Message
bp	Set/Display breakpoints	ps	Display active task list
bl	Display breakpoints	reboot	Reboot the machine immediately
bpa	Set/Display global breakpoints		

2.3.3 使用 KGDB 遠端除錯[4]

雖然 KDB 擁有很完全的功能便於追蹤核心程式碼，不過一般看到的 Linux 原始碼是由 C 所寫成的，而在 KDB 模式中，卻只能看到組合語言碼而已。組合語言對於想要了解整個核心程式碼來說，是非常可怕且困難的。所以得借助更強而有力的除錯程式來追蹤核心程式碼。

GDB 是 Richard Stallman 所寫的一個強而有力的除錯程式，它本身是一支程式，所以在系統核心除錯方面會有所限制，比如設中斷點或是單步執行，都必需要把作業系統給停下來，但是 GDB 本身也需要作業系統的執行，所以在單機時，我們只能讀取核心的資料，不能設中斷點或是單步執行。

幸運的是 GDB 還支援所謂的遠端除錯模式，它是以一台電腦 當 Host，執行 GDB 透過 RS-232 來控制另一台當做 Target 的電腦，如圖2-2所示；另一台電腦則執行要除錯的系統核心，這樣就可以在作業系統上做中斷點與單步執行了。這樣的功能在 Alpha、Sparc 上的 Linux 早有支援，可是在 x86 上卻遲遲沒有支援。不過現在已經改觀了，有人爲 Linux x86 版本的核心寫出了支援 GDB Remote Debug 的 patch，名爲 KGDB。我們可以在它的網址 （http://oss.sgi.com/projects/kgdb/ ）下載這個 Target 的 patch。

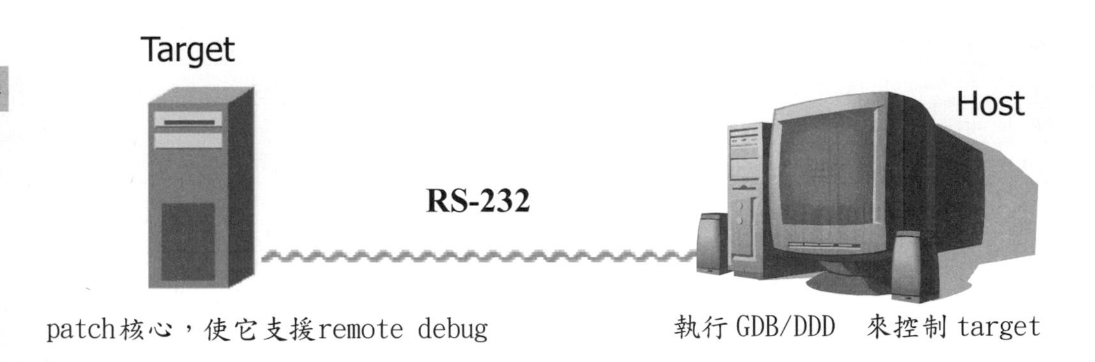

【圖2-2】遠端除錯示意圖

安裝KGDB

KGDB 和 KDB 同樣是一個核心的 patch 檔，下載時必需要注意版本的問題，必須針對核心版本下載適合的 patch。然後重新設定核心、重新編譯，然後用新的核心重開機後就能使用了。這些步驟和安裝 KDB 很像。在這我們以核心 2.2.12 爲例，先在網站上下載 kgdb0.2-2.2.12 並把檔案存於 /usr/src/linux 中，並照下列步驟安裝：

STEP 1. 下指令「cd /usr/src/linux」切換到Linux 核心的目錄

STEP 2. 下指令「patch –p0 < kgdb0.2-2.2.12」執行patch

STEP 3. 下指令「make *config」（make menuconfig or make xconfig）設定核心，把 CONFIG_GDB 這個選項打開，然後重新編譯核心。

STEP 4. 改寫lilo 並將重新編譯過的核心加入。

啟動KGDB

要使用遠端除錯，必需要先把二台電腦用 RS-232（Null Modem）的線來連接二台電腦的 COM Port，然後在 Host 端執行 GDB，並把核心程式載入，其檔案就在 /usr/src/linux/vmlinux，這個檔是剛才重新編譯出來的核心，不過是沒有壓縮並且含有除錯訊息的版本。可開機版一般在 /usr/src/linux/arch/i386/boot/bzImage，我們可以把這個 bzImage 拷貝到 Target 端的電腦，並用這個 image 開機進行除錯。整個設定流程分敘如下：

首先在 Target 用剛才編譯過核心開機，在 boot prompt 下參數 gdb 後，開機到一半就會出現「waiting for remote debug…」並中斷開機，等待遠端的連線。參數設定如圖2-3。

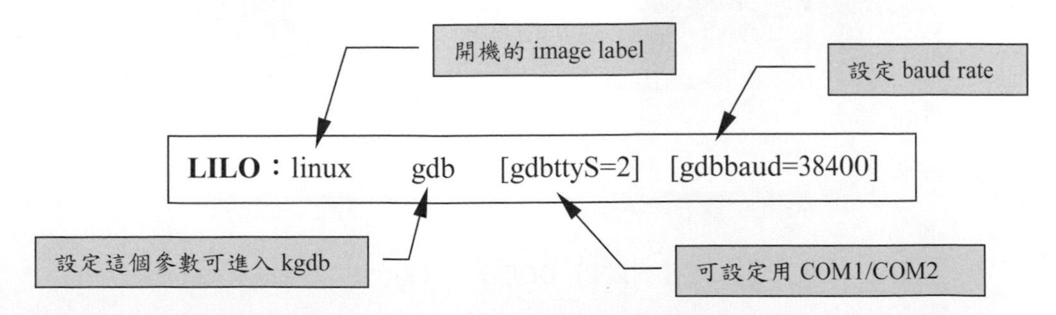

【圖2-3】 KGDB開機設定

接著設定 Host，先執行 GDB並將 vmlinux 載入，接著鍵入下面指令來連接：

Step 1. set remotebaud 38400 e	//設定 baud rat
Step 2. target remote /dev/ttyS1	//設定本機要用那個 COM Port 和遠端連線
	//在Step 2.之後就可以看到訊息，一個中斷點在 xxx 位置
	//如果用的是DDD 更可以直接看到在程式的某一行上有個
	//STOP 的符號以及一個指向目前所在行號的前頭。
Step 3. cont	//這個指令可以讓遠端繼續完成開機的程序。

這樣整個環境算是 Setup 好了，接下來如果要啓動除錯模式的話，可以在Target 按「Ctrl+c」或是在 Host 下「interrupt」來中斷執行。然後可以用「step」來做單步的執行，或是用「break sys_socketcall」設中斷點於 sys_socketcall 這個函式上。其許多的用法參考 GDB 的使用手冊或是線上說明。不過在這還是建議用有 GUI 介面的 DDD，如圖2-4所示，因爲可以很清楚的看到原始碼與目前執行到的程式敘述，這樣一步步的追蹤核心，就能很容易地了解核心程式碼的寫作。

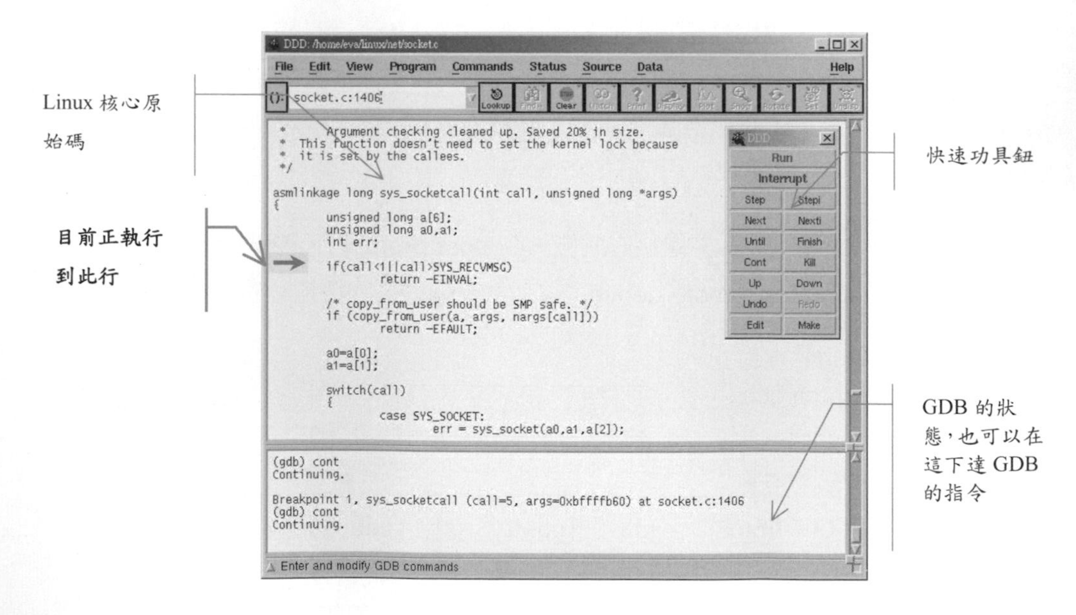

【圖2-4】 DDD除錯畫面

2.3.4 追蹤核心記錄－使用 KernProf 對程式碼初步了解[5]

現在我們有了很強悍的工具來對核心程式碼做單步的追蹤，可是如果要設中斷點，得設在那？對核心一竅不通的話跟本不知道從何下手！不過我們可以用 KernProf 快速功具鈕來了解核心呼叫過那些函式。

KernProf 和 gProf、Prof 一樣，都是用來做效能測試用的，它能夠找出那個函式用了多少的時間，那個函式呼叫了那些子函式，它的父親又是誰？ 又某函式一共執行了幾次。不過 KernProf 和gProf 不同的是：KernProf 是用於 Linux 的核心， 而 gProf 及 Prof 是用於一般 User Space 程式。在此，我們主要是利用 KernProf 裡 Call Graph 的功能，它會詳盡的告知核心呼叫過那些函式，以及它們之間的關係。知道這些後就能知道要在那些函式上下中斷點來追蹤核心。

安裝KernProf

安裝 KernProf 有點複雜，它和 KDB，KGDB 一樣都是內建於核心的，一樣都得要注意核心版本的問題。此外，因為 gcc 2.95.2 版的 bug，我們得要重新 patch 過 gcc 才能正確無誤的把 KernProf 給編譯出來[6]。安裝過程條列如下：

Step 1. patch gcc

1. 先到 http://oss.sgi.com/projects/kernprof/ 下載「GCC-PATCH」，以及在就近的網站下載「gcc-2.95.2」的原始碼。
2. 將 GCC-PATCH 移至 gcc-2.95.2 原始碼的目錄中，下指令「patch –p1 < GCC-PATCH」來 patch gcc。
3. 下指令「configure」讓 gcc 自動設定一些參數。
4. 下指令「make bootstrap」開始編譯 gcc。
5. 下指令「make install」來安裝 gcc。

Step 2. 安裝KernProf

1. 在 http://oss.sgi.com/projects/kernprof/ 下載「PROFILE-06-240-2.PATCH」，以及在就近的網站下載Linux 核心2.4.0.Test2。
2. 將核心解開後，把「PROFILE-06-240-2.PATCH」移到核心目錄中，下指令「patch –p1 < PROFILE-06-240-2.PATCH」來patch 核心。
3. 「make menuconfig」或「make xconfig」來設定核心參數，將「Character devices Kernel Profiling Support」、「 Kernel hacking Compile with frame pointers」、「Kernel hacking Instrument kernel with calls to mcount （）」這三個選項 enable。
4. 「make bzImage」編譯核心，用這個核心重開機就能使用 KernProf。

Step 3. 安裝 KernProf 的工具

1. 在 http://oss.sgi.com/projects/kernprof/ 下載「KERNPROF-08-2I386.RPM」
2. 安裝這個工具「rpm –i KERNPROF-08-2I386.RPM」，這個工具是日後啟動，設定 KernProf 的程式。
3. 另外要執行 KernProf 還得要自已建一個字元裝置，只要下「mknod /dev/profile c 192 0」的指令就可以了。

使用KernProf

KernProf 一共有五種模式，在這裡我們所用的是第二種模式— cg （call graph），這個模式可以讓我們了解函式之間的呼叫的關係。使用 KernProf，首先使用剛才編譯好的核心開機，然後在 User Mode 下用 kernprof 來控制核心啓動、關閉，設定 profing 的動作。以下提個簡單的例子：

Step 1. 在使用新的核心開機之後，在 profing 之前我們必須要讓 KernProf enable，並且選擇所要的模式為何。下指令「kernprof –b –t cg 」表示我們要啟動KernProf，並使用 call graph 這個模式。

Step 2. 試試下個指令，讓核心做點事吧！比如「ping –c 1 140.113.128.45」。

Step 3. 結束 KernProf 「kernprof –e」。

Step 4. 產生給 gProf 用的報告檔「kernprof –g 」輸出的檔案為 gnom.out 也可以加參數「- o」來指定輸出的檔名，如：「kernprof –g –o output.txt」。

Step 5. 使用 gProf 產生給人看的報告。在用 gProf 時必須要有核心的未壓縮檔，其位置在原始碼的目錄下，如 /usr/src/linux/vmlinux。gProf 的第一個參數是執行檔，第二個參數是由 Step 做出來的檔案，為了方便我們把 gProf 的結果重導向到一個檔案。

「gprof /usr/src/linux/vmlinux gnom.out > out.txt」 現在整個結果就在 out.txt 這個檔案裡，我們只要用文字編輯器來看就好了，先深呼吸一下，呼叫的函式多的要命。

怎麼讀KernProf 的結果

如果您在上一節已先看過了檔案，也許您已經昏到了……，一個小小的ping 居然叫了那麼多函式，加上複雜的函式呼叫圖，整個檔案印出來也要60多頁。不過，這些函式的罪魁禍首並不一定是 ping，裡面還有很多是由 cpu 排程及其他函式所造成的。現在簡單的講解一下這個檔案要如何閱讀。

這個檔案分成三個部分，第一個部分是列出所有被呼叫函式的名字，以及被呼叫過幾次以及所花費的時間。第二個部分就是 call graph，在這個部分每一個區間（每二個虛線的中間，我稱之爲一個區間）都有一個主要函式，在主要的函式的那一列前面會有一個數字，如[33]這是這個函式的索引值。在這列之上是這個函式的父親，也就是呼叫主要函式的函式，這個父函式其後也會有個索引值，我們可以照這個值去找到這個父函式是由誰呼叫的，相對的主要函式的下面就是由主要函式呼叫的兒子們，其後也有索引值。舉例如圖2-5。第三個部分比較單純，它條列出這份報告用的函式與相對應的索引值。

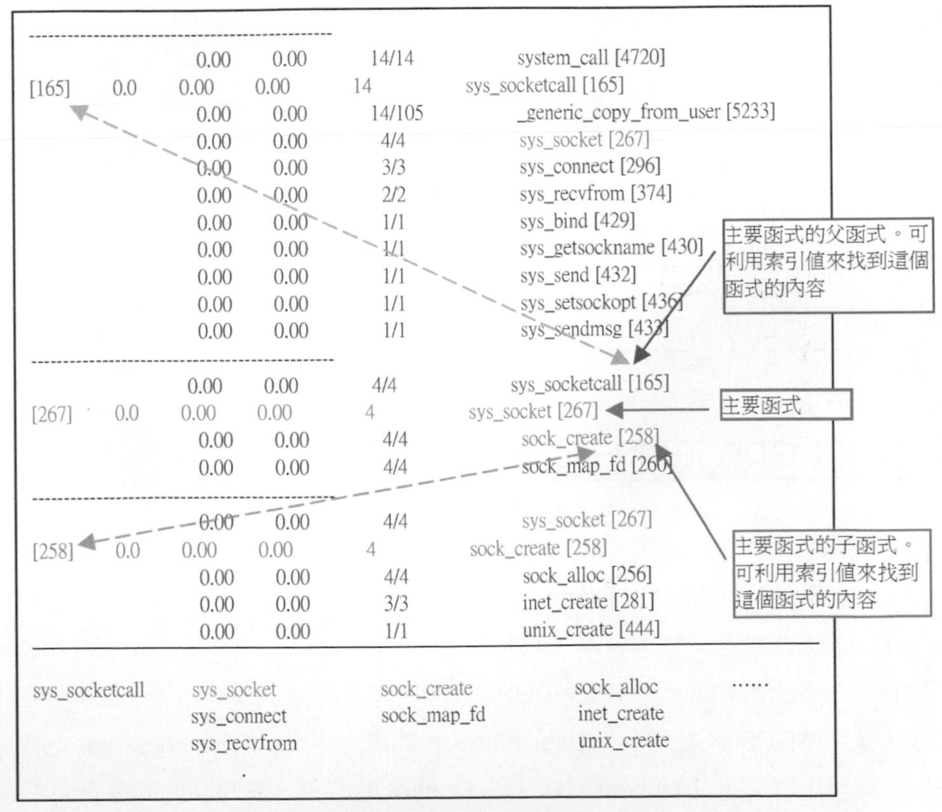

【圖2-5】KernProf報告檔

2.3.5 三種方法的比較

現在我們再來檢視一下這三種方法，其中 printk 的方法是最簡單的，不過也是功能最少的，而且，如果每次你想看看別的資訊，你必須要再重新編譯一次核心，這是很累人的一件事。KDB和 KGDB 在功能上大致相同，KDB 的優勢是，它只需要單一的電腦就能執行，但雖然 Remote Debug 需要二台電腦，不過它卻可以看到核心的原始碼，這是 KDB 只能看到組合碼所不及的地方。所以如果真的想要了解核心程式碼的寫作，Remote Debug 的確是一個很棒的方法。而且配合像 DDD 這樣的 GUI 工具，更是一大助力。目前在 Linux 下也有虛擬機器的軟體— VMWare[7]，可以讓我們在 Linux 上開出一個 bare Machine，我們就可以在同一台電腦上做 Remote Debug 了，並不一定要二台電腦—如果你的主機夠強的話。

【表2-3】 三種核心追蹤方法之比較

方法 項目		Printk	KDB	KGDB
安裝難易度		易	不易	難
所需電腦數		1	1	2
除錯功能	列印變數	V	V	V
	單步執行		V	V
	設定中斷點		V	V
	看Machine code		V	V
	看Source code			V
	GUI介面			V

2.4 使用 KGDB 追蹤 Linux 核心

介紹完工具後，我們回到文章的主題：追蹤協定驅動程式。一般的網路封包大概可以分爲 User Plane 和 Control Plane 這二個部分。User Plane 大概就是使用者應用程式所發出來的網路封包，如 WWW、BBS 等，Control Plane 就像是 router 與 router 間更新路徑時所發出的封包，如 RIP、BGP、ICMP 等。在此，我們在每一個部分選出一個例子，使用 KGDB 來追蹤。在 User Plane 我們寫一個簡單的 clinet/server 的程式，由 Server 送出一個封包給 Client 接收。在 Control 的部分，我們以常用的 ping 爲主，試看看 Linux 如何回應一個 icmp 的要求。

2.4.1 Client/Server 的核心過程

爲了讓追蹤過程單純化，不受到其他的影響，我們寫了最簡單的 Client/Server 的程式。Server 端在Create，...Accecp 之後就一直等待連線，如果有 Client 連線過來，Server 就會送出一個字元給 Client，並繼續等待下一個連線，而 Client 一啓動就會向 Server 要求連線，然後接收一個字元，並印在螢幕上後就結束。圖2-6爲 Server 建立 socket，到傳送資料給 Client 接收之過程。追蹤的方法是在將中斷點設在 sys_socketcall 上，然後用 step 這個指令來單步執行，其中會有很多細節，我們只選出比較重要的部分說明如下。

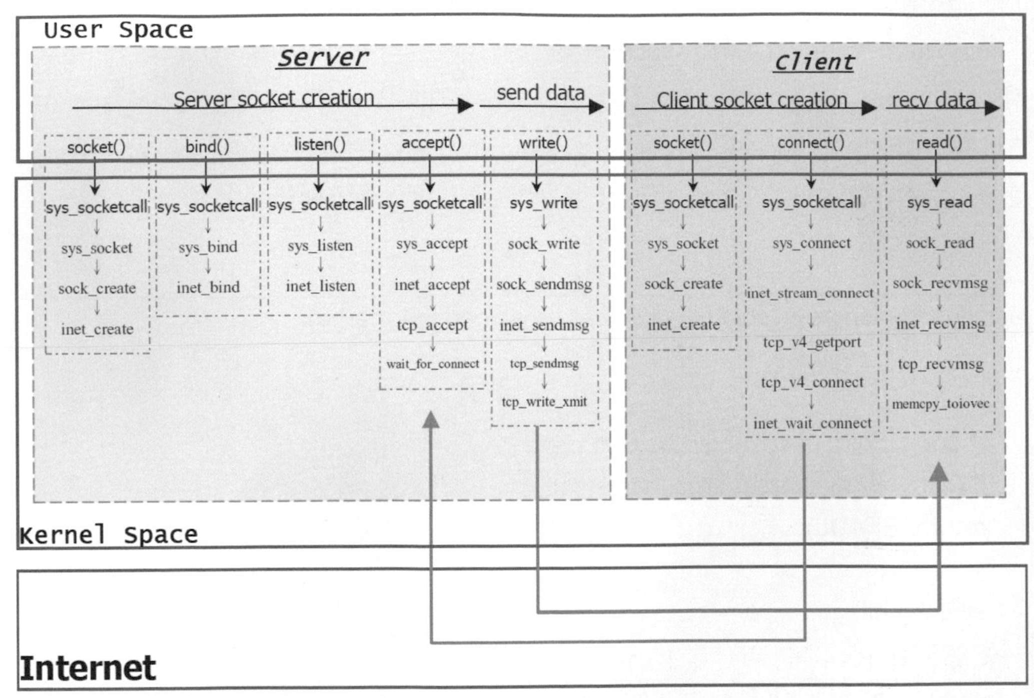

【圖2-6】 由Server送資料到Client的過程

核心過程 I ：Server 端建立socket

現在，我們先從 Server 端開始追蹤，首先我們先用 KernProf 來看看 Server 端執行過程中呼叫過什麼函式，KernProf 的使用方法請參考2.3.4 的說明。可以分析一下 KernProf 的報告，我們可以發現，呼叫sock_create（）的函式是 sys_socketcall，我們可以在這個函式上下中斷點，來看看 Server socket 整個建立的過程。

1. 啟動 KGDB，在 Target 開完機後，可以在 Host 端下「interrupt」讓遠端中斷，並使 Host取得控制權。
2. 下「break sys_socketcall」指令來設定中斷點在 sys_socketcall 這個函式上。
3. 下「cont」釋放控制權，讓遠端繼續執行。
4. 在 Target 端執行 Server 程式，之後就可以看到控制權回到 Host 端，並中斷在 sys_socketcall。
5. 現在我們可以用「step」、「next」來一步步追蹤核心。

首先，第一個中斷點是由 Server.c 中的「socket （AF_INET, SOCK_STREAM, 0）」這個函式呼叫所引起的。我們可以看到 sys_socketcall 會先呼叫「copy_from_user」從 user space 複製一些參數過來，如圖2-7所示。之後我們可以看到一個 switch，它會跟據 call 的值來選擇要呼叫的函式，在這呼叫的是 sys_socket，它會為我們建一個 socket，記得使用「step」指令來看看核心在 sys_socket 中做了什麼事，當然我們也可以在 sys_socket 下中斷點，這樣比較不會錯過它。

```
asmlinkage long sys_socketcall(int call, unsigned long *args)
{
    ……
    /* copy_from_user should be SMP safe. */
    if (copy_from_user(a, args, nargs[call]))
    return -EFAULT;
    ……
    switch(call)
    {
    case SYS_SOCKET
        err = sys_socket(a0,a1,a[2]);
        break;
    case SYS_BIND:
        err = sys_bind(a0,(struct sockaddr *)a1, a[2]);
        break;
    case SYS_CONNECT:
        err = sys_connect(a0, (struct sockaddr *)a1, a[2]);
        break;
```

```
    case SYS_LISTEN:
        err = sys_listen(a0,a1);
        break;
    case SYS_ACCEPT:
        err = sys_accept(a0,(struct sockaddr *)a1, (int *)a[2]);
        break;
```

【圖2-7】 sys_socketcall部分程式碼

sys_socket 會呼叫 sock_create，如圖2-8所示。我們可以看到傳進去的參數family=2 指的是 INET sock ，type=1 指的是Stream 也就是 TCP 協定。

```
asmlinkage long sys_socket(int family, int type, int protocol)
{
    ……
    retval = sock_create(family, type, protocol, &sock);
    //據family 來建立不同的socket 比如，
    if (retval < 0) // INET,UNIX…等。
    goto out;
    retval = sock_map_fd(sock);
```

【圖2-8】sys_socket 部份程式碼

sock_create 會先檢查 family 是不是正確，如圖2-9所示。之後還有一些相容性的檢查。然後會呼叫 sock_alloc 來配置 socket。


```
int sock_create(int family, int type, int protocol, struct socket **res)
{
    ……
    if(family<0 || family>=NPROTO) //檢查是不是正確的family
    return -EINVAL;
    ……
    if (!(sock = sock_alloc())) //建一個socket
    {
        printk(KERN_WARNING "socket: no more sockets\n");
        ……
```

```
    if ((i = net_families[family]->create(sock, protocol)) < 0)
    //在這family 是INET 所以呼叫
  { // inet_create 來建立sock
  sock_release(sock);
  goto out;
  ......
```

【圖2-9】 sock_create 部份程式碼

sock_alloc 會先找一個空的 inode 來建 socket，如圖2-10所示。然後再爲 socket 填入一些初始值，然後把 socket 的指標回傳。這個指標由 sock_create 的sock 這個變數值接受。

```
struct socket *sock_alloc(void)
{
    inode = get_empty_inode(); //找一個空的inode 來建sock
    if (!inode) //如果找不到就發生錯誤......
    return NULL;
    sock = socki_lookup(inode);
    ......
    inode->i_mode = S_IFSOCK|S_IRWXUGO;
    inode->i_sock = 1;
    ......
    sock->flags = 0;
    sock->ops = NULL;
    ......
    sockets_in_use++; //把這個socket 的使用者加1
    return sock; } //傳回這個sock 的指標
```

【圖2-10】 sock_alloc 部份程式碼

sock_alloc 結束後，程式的流程回到了 sock_create，如圖2-9所示。接下來 if （（i = net_families[family]->create（sock, protocol））< 0） 會去呼叫 inet_create 來建立 sock， inet_create 呼叫 sk_alloc 來向 kernel memory 要求記憶體空間，如圖2-11所示。其呼叫函式 kmem_cache_alloc 來完成工作。之後的 switch 會根據 socket 的type 來執行，在這我們的程式是 Stream，所以跑的是 case SOCK_STREAM。值得注意的

是最後一行，核心把 &inet_stream_ops 這個指標給 sock_ops，這個指標指向許多操作 inet sock 的函式，如：accept、listen…等。之後 inet_create 會對sock 做一些初始設定。

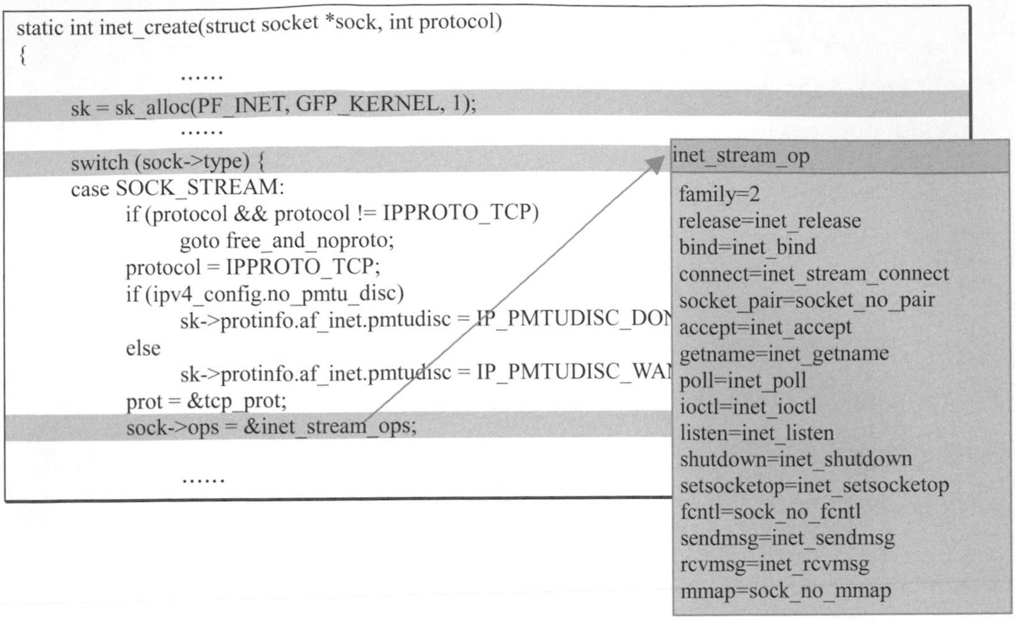

```
static int inet_create(struct socket *sock, int protocol)
{
            ......
      sk = sk_alloc(PF_INET, GFP_KERNEL, 1);
            ......
      switch (sock->type) {
      case SOCK_STREAM:
            if (protocol && protocol != IPPROTO_TCP)
                  goto free_and_noproto;
            protocol = IPPROTO_TCP;
            if (ipv4_config.no_pmtu_disc)
                  sk->protinfo.af_inet.pmtudisc = IP_PMTUDISC_DON
            else
                  sk->protinfo.af_inet.pmtudisc = IP_PMTUDISC_WAN
            prot = &tcp_prot;
            sock->ops = &inet_stream_ops;

            ......
```

```
inet_stream_op
family=2
release=inet_release
bind=inet_bind
connect=inet_stream_connect
socket_pair=socket_no_pair
accept=inet_accept
getname=inet_getname
poll=inet_poll
ioctl=inet_ioctl
listen=inet_listen
shutdown=inet_shutdown
setsocketop=inet_setsocketop
fcntl=sock_no_fcntl
sendmsg=inet_sendmsg
rcvmsg=inet_rcvmsg
mmap=sock_no_mmap
```

【圖2-11】intet_create部分程式碼

核心過程 II ：Server 端socket bind

之後會遇很多次的 return，然後就會結束 sys_socketcall 這個函式呼叫，進入排程，不久又會中斷在 sys_socketcall 這是因爲 Server.c 呼叫 bind ( ) 這個函式。參考圖2-7，sys_socketcall 會呼叫 sys_bind，並把參數傳入。sys_bind 先用 sockfd_lookup，由 file descript 找到指向 socket 的指標，如圖2-12所示。然後呼叫 move_addr_to_kernel，將目地的 inet address 拷貝到核心， 其中呼叫的函式爲 copy_from_user ( ) 。接著呼叫的是 sock->ops->bind ( ) ，由圖2-11得知， sock->ops 的指標所指的結構中，bind 的這一項是指向函式 inet_bind，所以下一個執行的函式就是 inet_bind。

```
asmlinkage long sys_bind(int fd, struct sockaddr *umyaddr, int addrlen)
{
    ……
    if((sock = sockfd_lookup(fd,&err))!=NULL)
{
    if((err=move_addr_to_kernel(umyaddr,addrlen,address))>=0)
    err = sock->ops->bind(sock, (struct sockaddr *)address, addrlen);
    sockfd_put(sock);
    ……
```

【圖2-12】 sys_bind 部份程式碼

inet_bind 會先檢查使用者是不是有自已寫 bind 的程式，如圖2-13所示。如果有的話就會用使用者自已寫的 bind 程式。然後會檢查位址長度是否正確，位址是不是符合 inet 位址格式……在一連串的檢查後，會呼叫 get port 的函式，在這裡所連接到的是 tcp_v4_get_port 這個函式，它的工作取得一個 port number 並且和 sock 連接在一起，如果我們給的 port number 是 0 的話，這個函式會自行選一個空的 number 連接。

```
static int inet_bind(struct socket *sock, struct sockaddr *uaddr, int addr_len)
{
    ……
    if(sk->prot->bind)
    return sk->prot->bind(sk, uaddr, addr_len);
    if (addr_len < sizeof(struct sockaddr_in))
    return -EINVAL;
    ……
    chk_addr_ret = inet_addr_type(addr->sin_addr.s_addr);
    ……
    if (sk->prot->get_port(sk, snum) != 0) {
    sk->saddr = sk->rcv_saddr = 0;
    ……
```

【圖2-13】 inet_bind 部份程式碼

核心過程III：Server 端socket listen

接著整個程序又結束了，進入排程，下一個中斷點出現，sys_socketcall 呼叫 sys_listen，參考圖2-7。sys_listen 根據 sock->ops->listen，呼叫inet_listen，可參考圖2-11的 inet_stream_op。inet_listen 會將目前的 state 移到 TCP_LISTEN 這個 state，如圖2-14所示。

```
int inet_listen(struct socket *sock, int backlog)
{
    ……
    if (old_state != TCP_LISTEN) {
        sk->state = TCP_LISTEN;
        sk->ack_backlog = 0;
    ……
```

【圖2-14】 inet_listen 部份程式碼

核心過程IV：Server 端等待連線 （socket accept）

接下來 bind 程序也結束了，現在 Server 將會進入等待連線的狀態。系統排程後進入中斷點，這次是由 Server.c 中的 accept 引起的，sys_socketcall 呼叫 sys_accept，這個函式主要的工作是建立連線，它會先自已建一個新的socket，如圖2-12所示。然後等待建立連線，一旦成功了，經過一些處理後它會回傳一個 file descript，這個 file descript 是指向新建的 socket，也因爲新建了socket，所以 Server 才能繼執行 listen 的工作。由圖2-8我們可以後知程式碼 sock->ops->accept 所呼叫的函式是 inet_accept。


```
asmlinkage long sys_accept(int fd, struct sockaddr *upeer_sockaddr, int *upeer_addrlen)
{
    ……
    if (!(newsock = sock_alloc())) //建立一個新的socket
    goto out_put;
    ……
    err = sock->ops->accept(sock, newsock, sock->file->f_flags); //呼叫inet_accept
    ……
    if(newsock->ops->getname(newsock, (struct sockaddr *)address, &len, 1)<0) {
    ……
    err = move_addr_to_user(address, len, upeer_sockaddr, upeer_addrlen);
```

```
    ......
    if ((err = sock_map_fd(newsock)) < 0)
    ......
    return err;
```

【圖2-15】inet_listen 部份程式碼

inet_accept 中的 sk1->prot->accept 會呼叫 tcp_accept，由它來接受connection。

```
int inet_accept(struct socket *sock, struct socket *newsock, int flags)
{
    struct sock *sk1 = sock->sk;
    struct sock *sk2;
    if((sk2 = sk1->prot->accept(sk1,flags,&err)) == NULL)
    .......
```

【圖2-16】inet_accept 部份程式碼

tcp_accept 會先呼叫 tcp_find_established 去找看看現在有那一個 connection 可以 accept 的，如圖2-17所示。如果現在沒有的話，它還會呼叫wait_for_connect 來等待 connect。

```
struct sock *tcp_accept（struct sock *sk, int flags, int *err）
{
    ......
    req = tcp_find_established（tp, &prev）;
    if（!req）{
    error = -EAGAIN;
    if（flags & O_NONBLOCK）
goto out;
error = -ERESTARTSYS;
req = wait_for_connect（sk, &prev）;
```

【圖2-17】tcp_accept 部份程式碼

整個 Server 的程式到這理，就會一直等待遠方的 connect。只要遠方一有connect 的話，系統就會被 wake up 繼續執行 wait_for_connect 後面的程式碼，如圖2-18所示。這時如果在另一台主機執行 client 端程式的話，我們就可以看到中斷點停在 wait_for_connect，並執行下面的 tcp_find_established 來建立連線。

```
static struct open_request * wait_for_connect（struct sock * sk,
struct open_request **pprev）
{
    DECLARE_WAITQUEUE（wait, current）;
    struct open_request *req;
    add_wait_queue_exclusive（sk->sleep, &wait）;
    for （;;）{
        current->state = TASK_EXCLUSIVE | TASK_INTERRUPTIBLE;
        release_sock（sk）;
        schedule（）;
        lock_sock（sk）;
        req = tcp_find_established（&（sk->tp_pinfo.af_tcp）, pprev）;
        ......
```

【圖2-18】 wait_for_connect 部份程式碼

核心過程 V：Server 傳送資料到Client

當連線建好了，二端就可以開始傳送資料了，在傳送資料時系統會呼叫sys_write，這個函式會先做一些檢查，比如是不是有足夠的權限來做寫入的動作，其 file descript 是不是含有運算向量且有寫入的函式等，如圖2-16所示。然後執行 write，在這裡 write 函式會指向 sock_write。

```
asmlinkage ssize_t sys_write（unsigned int fd, const char * buf, size_t count）
{
    ......
    file = fget（fd）;
    if（file） {
        if（file->f_mode & FMODE_WRITE）{
        struct inode *inode = file->f_dentry->d_inode;
        ret = locks_verify_area （FLOCK_VERIFY_WRITE, inode, file,
              file->f_pos, count）;
        if（!ret） {
            ssize_t （*write）（struct file *, const char *, size_t, loff_t *）;
            ret = -EINVAL;
```

```
    if (file->f_op && (write = file->f_op->write) != NULL)
        ret = write (file, buf, count, &file->f_pos);
    ......
```

【圖2-19】 sys_write 部份程式碼

sock_write 只做一些轉換的動作，首先利用 socki_lookup 把 inode 所屬的 socket 找出來，然後再把一些寫入時所需要的資料編成一個 mssage，再來就呼叫 sock_sendmsg 來傳送mssage，如圖2-20。sock_sendmsg 根據 sock->op->sendmsg 呼叫 inet_sendmsg。inet_sendmsg 根據 sk->prot->sendmsg 呼叫 tcp_v4_sendmsg。在經過一些檢查後，它會呼叫 tcp_do_sendmsg。

```
static ssize_t sock_write (struct file *file, const char *ubuf,
size_t size, loff_t *ppos)
{
    ......
    sock = socki_lookup (file->f_dentry->d_inode);
    msg.msg_name=NULL;
    msg.msg_namelen=0;
    msg.msg_iov=&iov;
    msg.msg_iovlen=1;
    ......
    return sock_sendmsg (sock, &msg, size);
}
```


【圖2-20】 sock_write 部份程式碼

到目前為止，只是一些設定值、參數在各層之間傳遞而已，真正的資料傳遞在 tcp_do_sendmsg 開始。這個函式會從使用者空間拷貝資料到 socket 中，並開始傳送。tcp_do_sendmsg 會先呼叫 sock_wmalloc 來向記憶體要求空間建立sock buffer，接著為 sock buffer 作初始設定完後系統會呼叫 tcp_send_skb 來傳送 sock buffer，tcp_send_skb 呼叫 tcp_write_xmit 和 tcp_transmit_skb 來完成工作。

核心過程VI：Client 接收到封包

接下來我們不再詳細說明核心程式碼與過程。當 Clinet 端收到封包時，乙太網路卡會發出一個中斷，依照網路卡驅動程式的不同會有不一樣的函式負責，可以在 /linux/driver/net 下找到您網路卡對應的驅動程式，筆者使用的是 AMD PCnet32 晶片的網卡，所以處理這個中斷的函式是 pcnet32_interrupt，我們也可以在 KernProf 產生出來的報告中找到一點蛛絲馬跡。我們可以察看handle_IRQ_event 下所呼叫的函式，就可以知道它呼叫什麼函式來處理中斷了。然後呼叫 pcnet32_rx 這個函式來處理接收的動作。這個函式會建立新的 sock buffer 並為它作初始化的設定，之後再呼叫netif_rx（）這個函式，把這個新的sock buffer 加入 backlog 串列中，這個串列記錄了系統所收到的所有封包。再經過一些處理，我們已經收到一個 ip 封包，接著系統呼叫 ip_rcv 來檢查標頭的正確性，及其他的檢查，之後呼叫 ip_local_deliver，把 ip 封包往上一層送。再來就是由 tcp_v4_rcv 接手處理，它會再呼叫 tcp_v4_do_rcv 來完成工作，並呼叫 tcp_rcv_established，tcp_rcv_state_process 作適當的回應給 source 端。到目前為止都是核心收到一個封包所做的事，之後 Client 端讀取資料還會觸動sys_read、sock_read、inet_rcvmsg、tcp_rcvmsg 等函式以完成讀取資料的動作。接下來就由您來追蹤吧！

2.4.2 追蹤 Ping 的流程

事實上核心收到 ping 的封包時的反應和收到一般封包時大致上相同，不同點是從 ip_local_deliver 開始的，當它發現這個封包的 protocol 是 icmp 時，就會呼叫 icmp_rcv 來處理這個函式，在經過檢查後，他會依照 icmp->type 去查 icmp_pointers 這個資料結構中的 handler， 並交給這個 handler 處理，在這呼叫的 handler 是 icmp_echo。icmp_echo 在設定完一些參數之後，交由icmp_reply 處理回應的工作。icmp_reply 在建完 icmp 的標頭後，呼叫ip_build_xmit 來建立 ip 標頭並傳送封包。整個核心從接收，到回覆一個 icmp 的封包大致是這個樣子，細部的過程，讀者可以一步步的用「step」指令來追蹤。

2.5 結論

最後，我們給想要閱讀 Linux 核心原始碼者幾個建議：

一、關於整個追蹤的環境，我們建議使用遠端除錯的方法來了解 Linux 核心。建議在 Host 端使用有 GUI 介面的 DDD，並在同一台電腦執行 VMWare 模擬一台 Linux 電腦來當 Target。 這樣就不用二台電腦，也不用在操作過程中換鍵盤換滑鼠的。但當 Target 是一台資源受限（如無太多的記憶體執行除錯程式，無顯示器等）的嵌入式系統時，Target 與Host 就必定是二台不同的機器。

二、關於追蹤的方法，我們建議先作出 KernProf 的報告，先對函式的呼叫流程有一點認識，也方便對特定功能的函式下中斷點來追蹤。

三、核心的行爲是事件驅動的，即有 user space 程式呼叫 system call 或有硬體中斷時，所以我們可以對想了解的部分自已創造事件。這樣有二個好處，一是比較單純，不會有其他事件影響；一是我們可以了解到 API （即 system call）執行時，核心的動作爲何。

2.6 參考資料

[1] M Beck, H Böhme, M Dziadzka, U Kunitz, R Magnus, D Verworner, "Linux Kernel Internals ", Second Edition, Addison Wesley Longman, 1997.

[2] David Rusling, “The Linux Kernel”, http://metalab.unc.edu/LDP/LDP/tlk/tlk.html

[3] KDB homepage http://oss.sgi.com/projects/kdb/

[4] KGDB homepage http://oss.sgi.com/projects/kgdb/

[5] KernProf homepage http://oss.sgi.com/projects/kernprof/

[6] gcc homepage http://www.gnu.org/software/gcc/gcc.html

[7] VMWare http://www.vmware.com

第三章

03 以ns建立專業的網路模擬環境

本文首先介紹一開放原始碼的網路模擬軟體－ns，ns目前是VINT計畫的一部份，不僅免費、更有豐富的內建模組，所以愈來愈多研究機構採用ns來進行網路模擬。本文將介紹ns的架構、提供的模組、以及如何使用ns進行模擬。另外亦提供兩個實例，第一個比較各種TCP實作版本的效能，一一驗證其運作的過程與效果。第二個實例示範如何在ns中加入新的功能，並比較各種不同initial window size對TCP效能的影響，發現在封包漏失較少時，增大initial window size對效能有正面的幫助。

3.1 動機與歷史

隨著網際網路的快速成長，發展出許多新的網路協定。在早期，當新的演算法或協定設計完成時，研究人員多藉由實驗或是以數學模型的方式，來驗證其正確性或效能。但是現今的網路環境十分複雜，建構一個新的實驗環境相當昂貴，而且這個環境很可能不能應用在下個實驗中，更不能分享給全世界其他人使用；而以數學分析的方式常常因複雜度過高而難以達成，所以將新的演算法以模擬的方式來驗證，是目前較常用的方法。另一種情況是，當要架設一個新的網路環境時，必須事先評估網路的拓撲及頻寬是否足夠應付內部及外部的使用者，此時就需要一套支援模組豐富的網路模擬軟體，藉由事先模擬各種不同的網路環境，作為決策時的參考。目前有相當多的網路模擬軟體，表3-1針對目前常見的四套進行比較，其中前三套是商業軟體，第四套則是本文介紹的ns。

【表3-1】目前常見的網路模擬軟體中內建之模組比較

Layer	OPNET[1]	BONeS[2]	COMENT III[3]	ns[4]
Application Layer	Database, E-mail,FTP,HTTP,MTA,Remote Login,Print,Voice Application,Video Conferencing, X Window			HTTP,FTP, Telnet,Constant-Bit-Rate,On/Off Source
Transport Layer	TCP,UDP,NCP	TCP, UDP	ATP,NCP,TCP, NetBIOS,UDP	UDP,TCP, Fack and Asym TCP,RTP,SRM, RLM,PLM
Routing Protocols	OSPF, BGP,IGRP,RIP, EIGRP,PIM-SM		RIP,Shortest Measured Delay, OSPF.Minimum Penalty, IGRP	Sesion Routing, DV Routing, Centralized, dense mode, (bi-direction)shared tree mode
Network Layer	IP,IPX	IP	IP,IPX	IP
Data Link Layer	ATM,(Fast,Gigabit)Ethernet, EtherChannel, FDDI,FR,LANE, LAPB,STB,SNA, TR,X.25,802.11	ATM, Ethernet, TR,FDDf	CSMA/CD ,ALOHA, TR,Token Bus,FDDI,X.25	CSMA/CD, CSMA/CA, Multihop, 802,11, TDMA
Physical Layer	ISDN,SONET,xDSL		ISDN,SONET	

由表3-1可以看到OPNET的支援度相當廣泛，幾乎包含所有現行的網路標準・但卻需要百萬元以上，相較之下，ns在application layer的支援度較少，僅支援三種真實的協定（HTTP， FTP， Telnet），不過ns在TCP提供了相當豐富的函式庫，幾乎所有TCP的實作版本都有提供，再加上開放原始碼，可以任意增加修改自己想要的功能，所以許多研究機構皆已使用ns來進行網路模擬，並把最新的研究結果提供給ns，所以ns有許多最新發展中的協定，可以與現有的協定比較或驗證其效能。

除此之外，ns還有下列的特色：

一、 Emulation：大部份的網路模擬軟體限制所有的協定在一個模擬器內執行，ns則提供與真實網路互動的功能。

二、 Scenario generation：依據不同流量型態、網路架構、錯誤狀況，產生不同的測試環境。

三、 Visualization ：若只提供一些效能上的數據，常常不能完整解釋結果，nam（Network Animation）提供動畫顯示整個運作的流程，方便研究人員除錯。

四、 Extensibility ：同時使用兩種語言－C++，OTcl，C++用來實作核心的部分，包括事件的處理、封包的傳送等等，所以擁有較佳的效能。OTcl用來定義、配置、控制整個模擬的過程，所以擁有較佳的彈性及互動性。

表3-2追本溯源其訂定的歷史，其前身是REAL（Realistic and Large） [5]，而REAL是由NEST（Network Simulation Testbed）[6]發展而來，目前ns每過幾天就會有更新，在http：//www.isi.edu/nsnam/ns/CHANGES.html可以看到整個修改的log，了解最新的功能。目前ns及內附的nam是VINT （Virtual InterNetwork Testbed）計畫[7]的一部份，該計畫是由DARPA所贊助，合作成員包括USC/ISI，Xerox PARC，LBNL，以及UC Berkeley，目的在提供完整、趨於真實的網路模擬環境，發展至今，ns支援的平台包括大部份Unix（FreeBSD，Linux，SunOS， Solaris），也支援Windows。原始碼大約有十萬行的 C++，七萬行的OTcl，三萬行的測試套件，二萬行的文件，已經是一個很成熟的網路模擬環境。

【表3-2】ns演進的歷史

網路模擬軟體	NEST	REAL	ns v1.0	ns v2.0	ns v2.1b6
時間	1988	1989	Jul 31 1995	Nov 6 1996	Jan 18 2000

3.2 ns內建模組資源

在使用ns之前,必須了解到底ns提供了哪些模組可以直接使用，表3-3試著將內建模組加以分類列表。

【表3-3】ns內建模組列表

Layer	Protocol	Class name in ns	Description
Application Layer	HTTP	Http/Server	Http server
		Http/Client	Http client
		Http/Cache	Cache
	FTP	Application/FTP	Simulates bulk data transfer
	Telnet	Application/Telnet	Exponential or random interval
	CBR	Application/Traffic/CBR	Constant-bit-rate source
	On/Off source	Application/ Traffic/<type>	<type>：Exponential，Pareto
	UDP	Agent/UDP	UDP sender
Transport Layer	TCP (sender)	Agent/TCP	"Tahoe" TCP sender
		Agent/TCP/Reno	"Reno" TCP sender
		Agent/TCP/Reno/RBP	Reno TCP with Rate-based pacing
		Agent/TCP/Newreno	Reno with a modification
		Agent/TCP/Sack 1	TCP with selective repeat (RFC 2018)
		Agent/TCP/Vegas	TCP Vegas
		Agent/TCP/Vegas/RBP	CP Vegas with Rate-based pacing
		Agent/TCP/FackReno	TCP with "forward ack"
		Agent/TCP/Asym	Asymmetric bandwidth TCP sender
		Agent/TCP/RFC793edu	RFC793 TCP
		Agent/TCP/SackRH	TCP Rate-Halving
	TCP (receiver)	Agent/TCPSink	TCP sink with one ACK per packet
		Agent/TCPSink/DelAck	with configurable delay per packet
		Agent/TCPSink/Sackl	Selective ACK sink
		Agent/TCPSink/ Sackl/DelAck	Sackl with DelAck
		Agent/TCPSink/Asym	Asymmetric bandwidth TCP receiver
	TCP(2-way)	Agent/TCP/FullTcp	Experimental 2-way Reno TCP
	RTP	Agent/RTP	
	RTCP	Agent/RTCP	
	SRM	Agent/SRM	Scalable Reliable Multicast [8]
	PLM	Agent/PLM	Fast Convergence for Cumulative Layered Multicast Transmission [9]
Network Layer	Unicast	$ns rtproto <type>	<type>：static. Manual，Session，DV
	Multicast	$ns mrtproto <type>	<type>：DM，CtrMcast，ST，BST

ns的內建模組使用方式分成兩類，一類是建立該物件，例如：

set tcp [new Agent/TCP] #建立Tahoe TCP Sender

另一類是以設定的方式，例如：

$ns mrtproto DM （） #使用Dense Mode Multicast routing protocol

ns提供的TCP模組非常豐富，幾乎囊括所有的TCP實作版本，甚至是目前研究發展中的版本，不過大多是單向的sender，沒有建立及停止連線的動作 （SYW/FIN），也無法同時雙向傳送資料，sequence number是以封包爲單位，這些都是簡化後的TCP，所以會有一些失真，如果模擬時需要更接近真實情況。可以考慮使用對應的FullTcp版本，就沒有上述的問題。

3.3 模擬方法與步驟

3.3.1 安裝ns

ns的原始程式及安裝說明位於http://www.isi.edu/nsnam/ns/ns-build.html，目前安裝的方式分爲兩種，一種是分別安裝各個所需套件，另一種是安裝all-in-one套件，建議第一次安裝ns可使用後者，本文以在linux的 /home/ns目錄下安裝ns all-in-one套件爲例：

l. wget htttp://www.isi.edu/nsnam/dist/ns-allinone-2.1b6a.tar.gz
　　#抓回最新版的all-in-one套件
2. tar　zxvf ns-allinone-2.1b6a.tar.gz　#解開套件
3. cd　ns-allinone-2.1b6/
4. . /install　#若安裝出現問題，可參考http：//www.isi.edu/nsnam/ns/ns-problems.html
5. 在PATH環境變數加上/home/ns/ns-allinone-2.1b6/bin
6. 在LD_LIBRARY-PATH環境變數加上/home/ns/ns-allinone-2.1b6/otcl-1.0a5
7. cd　ns-2.1b6./validate　#檢驗是否安裝正常，時間需要半小時至一小時

因爲目前最新的 all-in-one套件是Jan l8 2000推出的，距今也有一段時日，在這之間ns修正許多 bug，加入新的模組，這是使用 all-in-one套件的缺點，所以建議可以再抓回最新的ns daily snapshot進行更新 。可以在步驟4之前，先將ns-2.1b6的內容替換成新的 ns daily snapshot再進行安裝 。安裝完畢後，執行 ns，打ns-version就可以看到目前的ns版本 ：

```
ns@hades        ~/ns-allinone-2.1b6> ns
% ns-version
2. 1b7- snapshot-20000803
```

ns-allinone package是一套獨立的程式，目錄架構如圖3-1，所有的程式碼皆在ns-allinone這個目錄下，C++程式碼位於ns-2.1目錄，而OTcl的部份在ns-2.1/tcl目錄，test目錄下是測試套件，ex目錄下是一些範例程式。

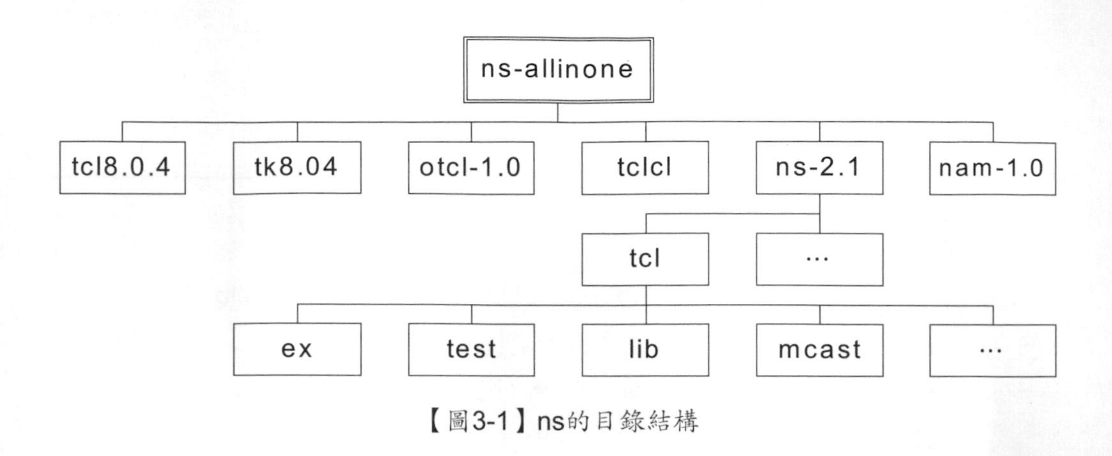

【圖3-1】ns的目錄結構

3.3.2. ns的內部運作

ns的特色在於使用兩種程式語言的架構，一些比較低階的工作，例如事件的處理、封包的轉送，這些事情需要較高的處理速度且一旦完成就很少需要修改，使用C++是最佳的選擇。另外一方面，在做研究時常需要設定不同的網路環境、動態改變協定的參數，這些事情使用像Tcl這類的直譯式語言將擁有較佳的彈性。ns透過tclcl來連繫兩種語言之間的變數及物件，在兩種語言的特性互補下，使得ns成爲兼具高效能與高彈性的網路模擬軟體。

3.3.3 0Tcl簡介

ns使用MIT發展的OTcl （Object Tcl）做為描述、配置、執行模擬的語言，OTcl是封的物件導向延伸版本，對於C++程式設計師來說，OTcl和C++語法上有幾點差異性：

一、C++使用"//"做為單行註解，而0Tc使用"#"。

二、C++僅能單一的class宣告·而OTcl中使用多次的定義。每次的定義（使用instproc）增加一個method到該class：每次的變數定義1使用set或在method中使用instvar）增加一個instance variable到該object。

三、OTcl中的init instproc相當於C++中的constructor，而destroy instproc相當於C++中的destructor。

四、OTcl中一定要透過object來呼叫，OTcl中的self就相當於C++中的this。

在使用ns進行網路模擬之前，必須先學會這個語言，這節以一個小程式來介紹OTc語法。

```
Class dad                        #宣告一個class dad
dad instproc greet {             #在dad增加一個method greet
$self instvar age_               #在dad增加一個instance variable age_
puts "$age_years old dad： How are you doing?"          #$arge_為變數的
                                                         值
}
Class kid -superclass dad        #宣告一個class kid 繼承 dad
kid instproc greet {} {
      $self instvar age_
      puts "$age_ years old kid： What's up?"
}
set a[new dad]          #產生一個dad的object並設定給變數a
$a set age_45           #設定a中的變數age_為45
set b[new kld]
$b set age_l5
$a greet                #執行a的greet method
$b greet
```

程式的執行結果 ：

```
45 years old dad： How are you?
I5 years old kid： What's up?
```

dad執行自己的 greet（） method，存取自己的 age_變數，所以印出來的結果是45歲，以及問候"how are you?"，同樣地 kid也印出自己的訊息 。以上簡單的介紹這兩個例子，應該可以大致了解 OTcl的語法，若需要進一步的資料可以參考 ns/otcl/doc 目錄下有一份 OTcl Tutorial，是一份不錯的入門文件。

3.3.4 模擬的步驟

以 ns進行模擬大致可分為三個步驟：

a.建立 network model：描述整個網路的拓樸、頻寬等資訊 。

b.建立traffic model：描述所有的網路流量或錯誤情況的時間、類型、或呈何種數學分佈。

c.追蹤分析結果：模擬完成後，可藉由 nam，視察整個流程，或是將 nam file中想要的資訊抽取出來加以分析。

a. NetWork model

(a)建立網路拓樸

建立ns物件： set ns [new Simulator]

建立節點： set n0 [$ns node]

建立連結： $ns duplex-link $n0 $nl <bandwidth> <delay> <gueue_type>其中 <gueue_type> 可以是 DropTail, RED, CBQ, FQ, SFQ, DRR

建立 LAN： $ns make-lan<node-list><bandwidth><delay>LL Queue/DropTail MAC/802.3 Channel

若只想建立點對點的網路，則不用建立LAN這個步驟 。

(b)選擇路由方式

1. Unicast

$ns rtproto <type>（<type>：Static, Session, DV）

2. Multicast

$ns multicast (right after [new Simulator])

$ns mrtproto <type> (<type>: CtrMcast, DM, ST, BST)

b. Traffic model

(a)建立連線

1. TCP

```
set tcp [new Agent/TCP]                #建立 Tahoe TCP sender
set tcpsink [new Agent/TCPSink]        #建立 receiver
$ns attach-agent $nO $tcp              #把 TCP sender接在 n0節站上
$ns attach-agent $n1 $tcpsink          #把 receiver接在 n1節站上
$ns connect  $tcp $tcpslnk             #建立連線
```

2. UDP

```
set udp [new Agent/UDp]                #建立 UDP sender
set null [new Agent/NULL]              #建立 receiver
$ns attach-agent $n0 $udp              #把 UDP sender接在 n0節點上
$ns attach-agent $n1 $null             #把 reciver接在 n1節點上
```

3.UDP

```
set udp [new Agent/UDP]                #建立UDP sender
set null [new Agent/NULL]              #建立receiver
$ns attach-agent $n0 $udp              #把UDP sender接在n0節點上
$ns attach-agent $n1 $null             #eciver接在n1節點上
$ns connect $udp $null                 #建立連線
```

(b)產生流量

1. TCP

FTTP (or Telnet)

```
set ftp [new Application/FTP]          #模擬 FTP的 application source
$ftp attach-agent $tcp                 #將 ftp source連到 tcp agent
```

2. UDP

CBR (or Exponential, Pareto):

set src [new Application/Traffic/CBR]

$src attach-agent $udp #將 source連到 udp agent

(c)加入錯誤模組

set loss_module [new ErrorModel]

$loss module set rate_0.01 #error rate為 1%

$loss_module unit pkt #以封包為單位

$loss_module ranvar [new RandomVariable/Uniform] #隨機擴數uniform 分配

$loss_module drop-Carget [new Agent/Null] #封包丟棄點

$ns lossmodel $1oss_module $n0 $1 #在n0到n1節點之間設定 error model

(d)建立排程

$ns at <time> <event>（其中<eve為任何合法的 ns/tcl命令）

$ns run #開始執行

c.Tracing

$ns namtrace-all [open test.nam w] #以nam格式追蹤所有封包 。

test.nam的內容包括網路的拓撲 （node, link,queues,...)，以及所有封包的資訊，nam 使用這個檔來展現整個模擬的過程。我們可以使用關於封包的資訊來做一些追蹤分析，封包資訊的格式如下；

<event-type> - type> - t <time> -s <source> -d <dest> -p <pkt-type> -e <pkt-size> -c <flow-id> -l <unique-id> -a <pkt-attribute> -X <ns-traceinfo><event-type? ： 'h， 代表 HOP，這個封包開始從source傳送到 dest。

'r' 代表Receive，這個封包已送達目的地

'd' 代表Drop，這個封包被丟棄

'+' 代表Enter queue

'-' 代表Leave queue

<pkt-attribute> 代表 color id

<ns-traceinfo> 代表source and destination node and port address, sequence number, flag, and the type of message

3.4 實例I：TCP版本之比較

在TCP/IP網路上，當資料從頻寬較大的網路，送到頻寬較小的網路時，這時候就會造成網路壅塞的現象。同樣，在很多的流量同時到達一個路由器時，也會造成網路塞車。所以在TCP layer有 flow control的機制來防止或減少壅塞[10]。在這個例子裡，會比較表3-4中各種TCP實作版本，在不同情況（1,2,3個封包漏失）的效能，並示範如何使用 awk從nam-trace檔中得到需要的資訊 。

【表3-4】TCP實作版本比較[11]

TCP版本	特 色
Tahoe	Slow-Start, Congestion avoidance, and Fast Retransmit
Reno	Tahoe plus Fast Recovery
NewReno	Reno with performance modification
Sack1	TCP with selective repeat（follows RPC2018)
Fack	Reno TCP with forward ack

一、Slow Start and Congestion Avoidance

這個演算法的基本假設是：封包在途中損壞的機率很小（遠小於1%），所以只要發生封包漏失，就是網路發生壅塞的信號。辨別封包漏失的方式有兩種：發生retransmit timeout（RTO）和收到重複的ACK。在每個連線下需要兩個變數：cwnd代表congestion window，ssthresh代表slow start threshold size。

1. 連線開啓時，cwnd爲一個segment大小，ssthresh爲65535bytes。TCP不會送超過cwnd和advertised window中較小的一個。
2. 當壅塞發生時（time out或收到重複的ACK）， ssthresh會變成目前window size的一半。此外，如果壅塞是因爲timeout的話，cwnd會設成一個segment，也就變成slow start。
3. 每當收到一個ACK，就增加cwnd，可是到底增加多少要看現在是slow start還是congestion avoidance。當cwnd小於ssthresh時，是slow start，反之則是congestion avoidance。
4. 在Congestion avoidance時，每當收到一個ACK，cwnd增加l/cwnd。所以slow start是呈指數成長，而congestion avoidance是呈線性成長。

二、Fast Retransmit and Fast Recovery Algorithms

當TCP收到一個順序錯誤的封包時，它必須立刻送出一個重複的ACK，告訴傳送方它所等待的封包編號。因爲我們並不知道這個重複的ACK是因爲封包漏失，或只是到達順序的不同所引起，所以必須繼續等待其他的ACK。因此，這個演算法有一個基本的假設：如果只是一個到達順序錯誤的封包，那麼只會有一個或兩個的重複ACK，假如收到三個以上重複的ACK，表示非帶有可能發生壅塞。這個時候立刻重送這個封包，而不必等到RTO，這就是fast retransmit algorithm 接著跳過slow start，而直接進行congestion avoidance，這就是fast recovery algorithm。詳細的說明如下：

1. 當收到第三個重複的ACK，把ssthresh設爲目前window大小的一半，重送這個封包。
2. 設定cwnd爲ssthresh + 3 * segment size。
3. 每次收到另一個重複的ACK，增加cwnld一個segment size，然後送出一個封包（如果在新的cwnd允許範圍內）。
4. 當收到新的ACK時，設定cwnd和ssthresh一樣大。

三、SACK[I2]

當同一個window內漏失多個封包時，因爲使用cumulative ack的關係，每個round trip time只會知道一個封包漏失，所以原始的TCP可能會有極差的效能 Sack Option header可記錄幾個區域，分別代表尚未收到的封包號碼，可以明確地通知傳送方哪幾個封包沒有收到。

四、FACK [13]

SACK Option有記錄目前接收方收到封包中最高的編號，稱之爲forward ack。相對於其他的TCP以重複的ack來估計網路上的資料數，FACK演算法使可SACK Option來明確的計算網路的封包數，當小於cwnd時就可以繼續傳送資料。

網路上的封包數＝下一個要傳送的封包編號－fack + 重送的封包數

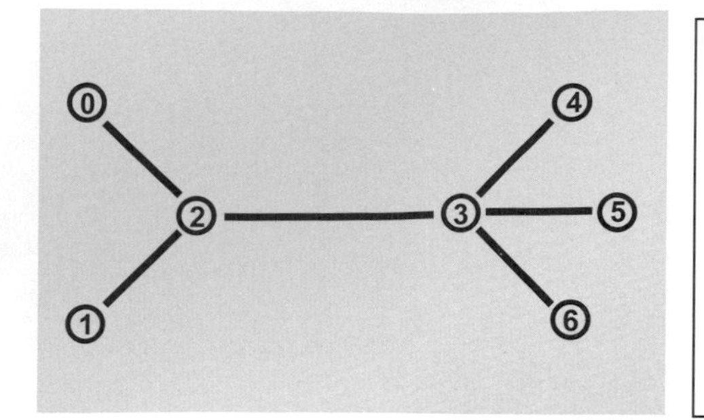

- 節點2至3的link為瓶頸
- 其餘link皆是頻寬10Mb10ms delay，DropTail Queue.
- FTP連線從節點0至節點5
- UDP從節點1 multicast至節點4, 6

【圖3-2】實例的網路拓撲

實例一的網路拓撲如圖3-2，而其OTcl工程式碼如下：

```
set ns [new Simulator-multicast on]              #建立scheduler並允許multicast
$ns color l red                          #第一條flaw在nam中使用紅色表示
$ns color 2 blue                         #第二條flow在nam中使用藍色表示
for {set  i  0} {$i  <  7 } {incr  i} {         # I從0而6的for迴圈，建
                                                 立n0到n6共七個節點
        set n($i  [$ns node]
{
set nf [Open out.nam w ]                         #    產生nam trace檔
$ns namtrace-all $nf
#建立六個1inks
$ns duplex-link $n(0)  $n(2)  10Mb 10ms DropTail
$ns duplex-link $n(l)  $n(2)  10Mb 10ms DropTail
$ns duplex-link $n(2)  $n(3)  8.5Mb 25ms RED                          #瓶頸link
$ns duplex-link $n(3)  $n(4)  10Mb l0ms DropTail
$ns duplex-link $n(3)  $n(5)  10Mb l0ms DropTail
$ns duplex-link $n(3)  $n(6)  10Mb l0ms DropTail
$ns queue-limit $n(2)  $n(3) 4                   #設定瓶頸link的queue
                                                 buffer size為四個封包
$ns duplex-link-op $n(2) $n(3) queuePos + 0.5                        #設定nam中
                                                                     queue的位置
```

```
$ns mrtproto  DM { }                                   #使用Dense mode multicast

set  tcp [new Agent/TCP]
set  sink [new Agent/TCPsink]
$ns  attach-agent  $n(0)  $tcp
$ns  attach-agent  $n(5)  $sink
$ns  connect  $tcp  $sink
$tcp sec class_ 1                       #設定 flow id 為11
$tcp set window_ 20                     #設定 window 大小為 20 個封包
set  ftp [new  Application/FTP]
$ftp attach-agent  $tcp
#建立UDP 連線從節點二至 multicast group
set group [Node allocaddr]
set udp [new Agent/UDP]
$ns attach-agent $n(1)  $udp
$udp set dst_addr_ $group
$udp set dst_port _0
$udp set class_ 2
set cbr [new Application/Traffic/CBR]
$cbr attach-agent $udp
set rcvr0 [new Agent/Null]
$ns attach-agent $n(4) Srcvr0
set rcvr1 [new Agent/Null]
$ns attach-agent  $n(6)  $rcvr1
#建立schedule
$ns at 0.0  "$n(4)    join-group  $rcvr0  $group"                #將節點4， 6 加
                                                                 入 multicast group
$ns at 0.0  "$n(6)  join-group   $rcvrl   $group"
$ns at 0.2 "$cbr start"
$ns at 0.2 "$ftp start"
$ns at 1.5 "finish"
proc finish { } {
            global ns nf
            $ns flush-trace
```

```
            close $nf
            exec nam out. nam &
            exec awk {
            {
            If
            }
) out.nam > tahoe #將節取到的資料放到檔案tahoe
exit 0
}
 $ns run                                #開始執行
```

重複執行不同版本的TCP，以及不同的網路環境，畫出圖3-3的長條圖。值得注意的是，Reno TCP在有兩個packet 1oss以上的情況，效能會比Tahoe TCP來得更差，就讓我們來一探究竟，看看不同封包遺失數下各個TCP版本的表現。

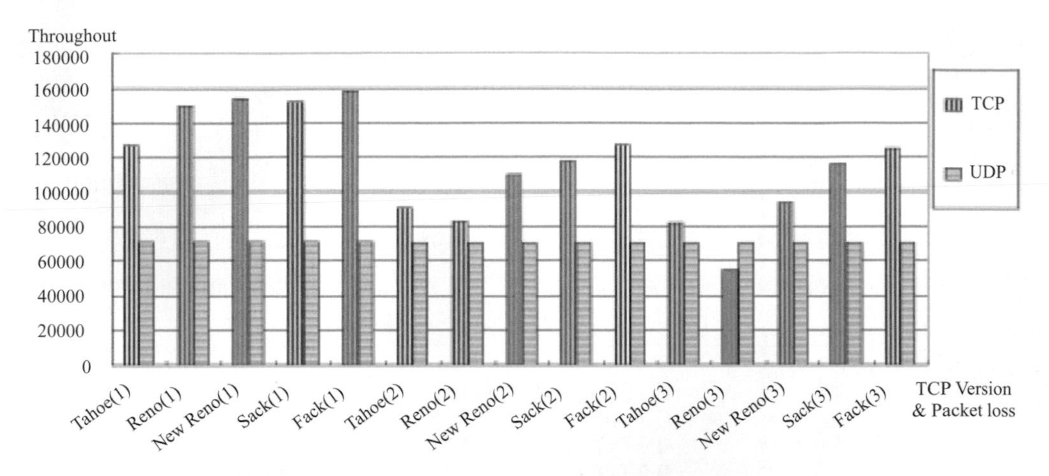

【圖3-3】各種TCP版本在遺失封包時的效能比較（括號的數字代表幾個封包漏失）

五、一個封包漏失

首先，來觀察一下Tahoe TCP在一個封包漏失（在0.68秒）的反應。在圖3-4中的X軸代表時間，Y軸代表的是封包編號（Modulus 70），實心的方格代表封包傳送，X代表封包漏失，空心的菱形代表ack。在圖3-4可以清楚地看到在0.2秒時送出第一個封包，在0.29秒收到一個ack後再送出兩個封包，在0.38秒收到兩個ack後再連續送出四個封包，繼續呈指數成長8個、l6個，這段時間就是所謂的slow-start algorithm。0.68秒封包漏失後，發送端察覺到有壅塞發生，立刻將slow start threshold降爲congestion window的一半，congestion window降到1，再開始重新執行slow start。

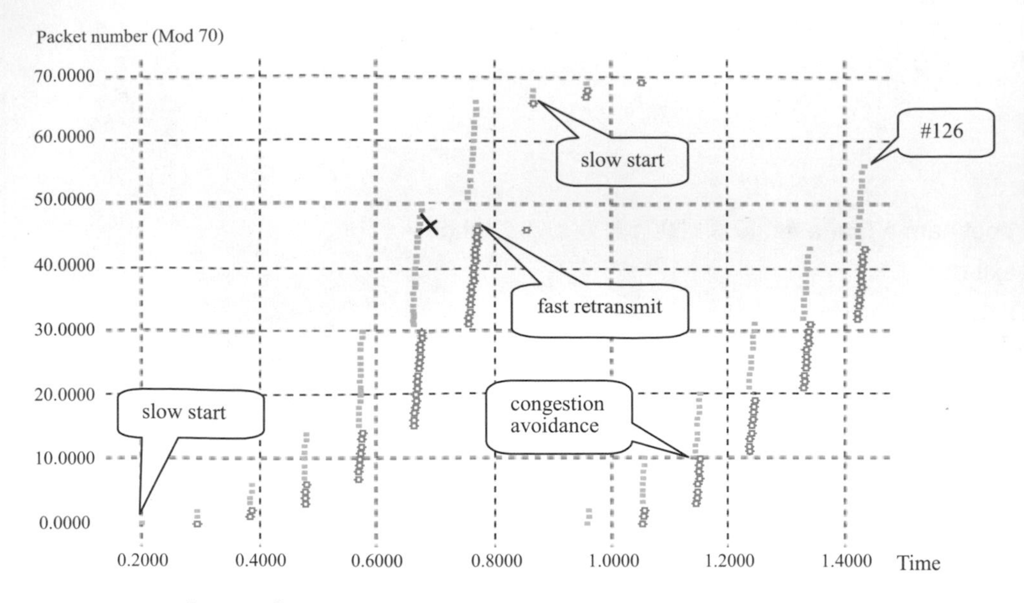

【圖3-4】在一個封包漏失時，Tahoe TCP的封包傳送時間

圖3-5和圖3-6每行的第一個數字是時間，第二個數字是編號。由這兩個圖可以看到，當發送端在0.7735秒收到第三個重複的ack，就知道發生了封包漏失，不等retransmit timer timeout 立刻重送第 47號的封包，這就是 fast-retransmit algorithm。

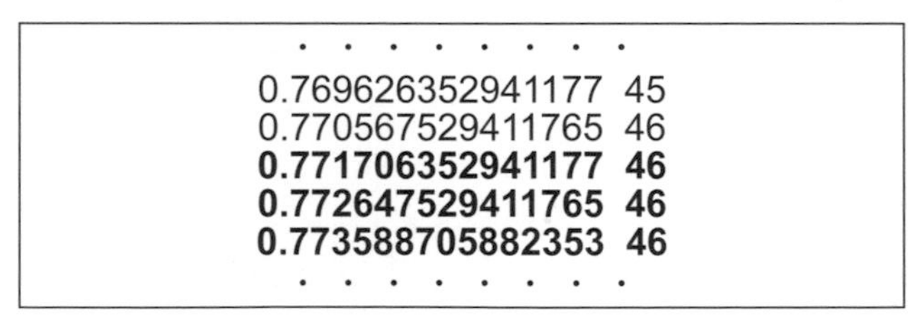

. . . .
0.769626352941177 45
0.770567529411765 46
0.771706352941177 46
0.772647529411765 46
0.773588705882353 46
. . . .

【圖3-5】Tahoe TCP封包發送時間

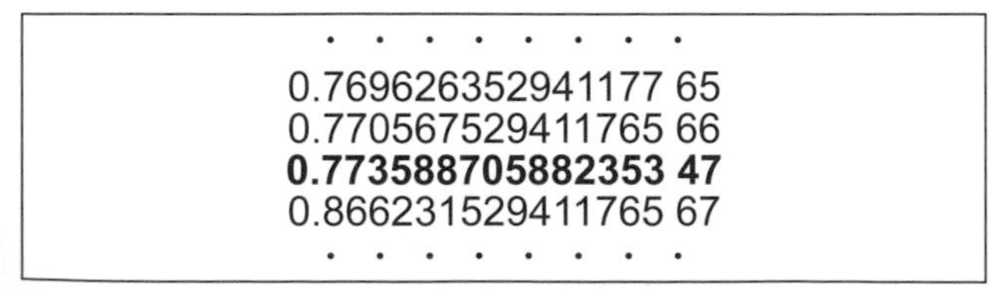

. . . .
0.769626352941177 65
0.770567529411765 66
0.773588705882353 47
0.866231529411765 67
. . . .

【圖3-6】Tahoe TCP ack接收時間

Reno TCP比 Tahoe增加了fast recovery algorithm，其做法是在封包漏失發生後，congestion window 設爲原來的一半，然後直接執行 congestion avoidance，目的在於不要讓congestion window 一下子縮得太小了，而影響了效能，在此例可以發現在同樣的時間裡，圖3-7 Reno TCP傳送至第153個封包，而圖3-6的 Tahoe TCP僅傳送至第126個封包。

在一個封包漏失的情況下，New-Reno、Sack1、Fack的表現和 Reno差不多 。

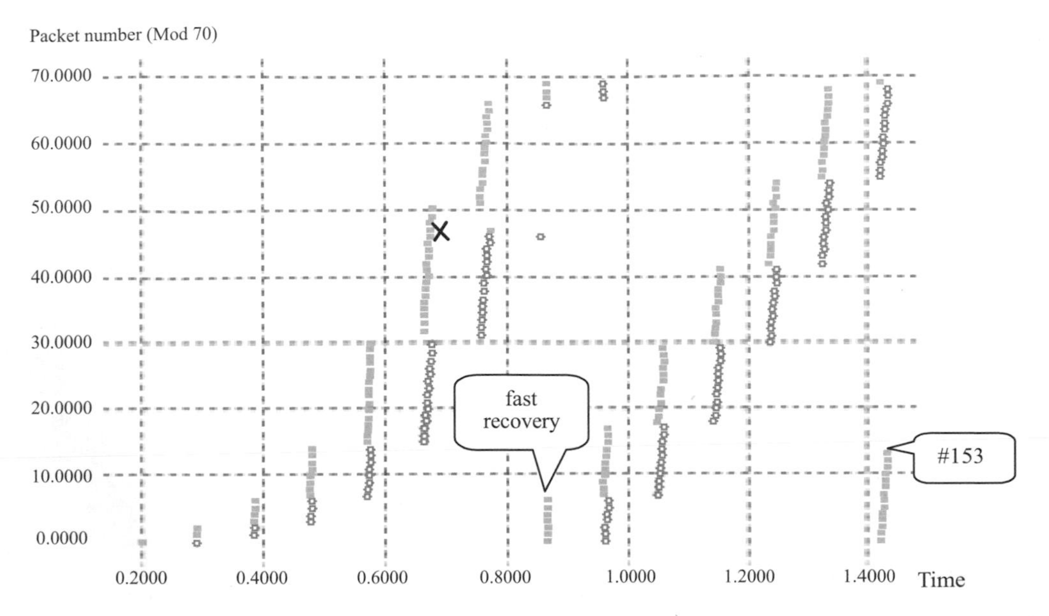

【圖3-7】在一個封包漏失時，Reno TCP的封包傳送時間

六、二個封包漏失

在遇到兩個封包漏失時，Tahoe TCP一樣經由slow start慢慢恢復傳送的速度。在圖3-8可以發現，Reno TCP經過連續兩次的fast retransmit及fast recovery來復原，不過每次把cwnd減半兩次，所以傳送速度慢了許多。

由圖3-9可以看到Sack TCP在0.81秒收到三個重複的封包後，透過Sack Option知道第28，45號封包皆未送達，所以fast-retransmit第28個之後，立刻送出漏失的45號封包，但必須等到0.91秒有新的ack到達才能開始繼續傳送下一個封包。

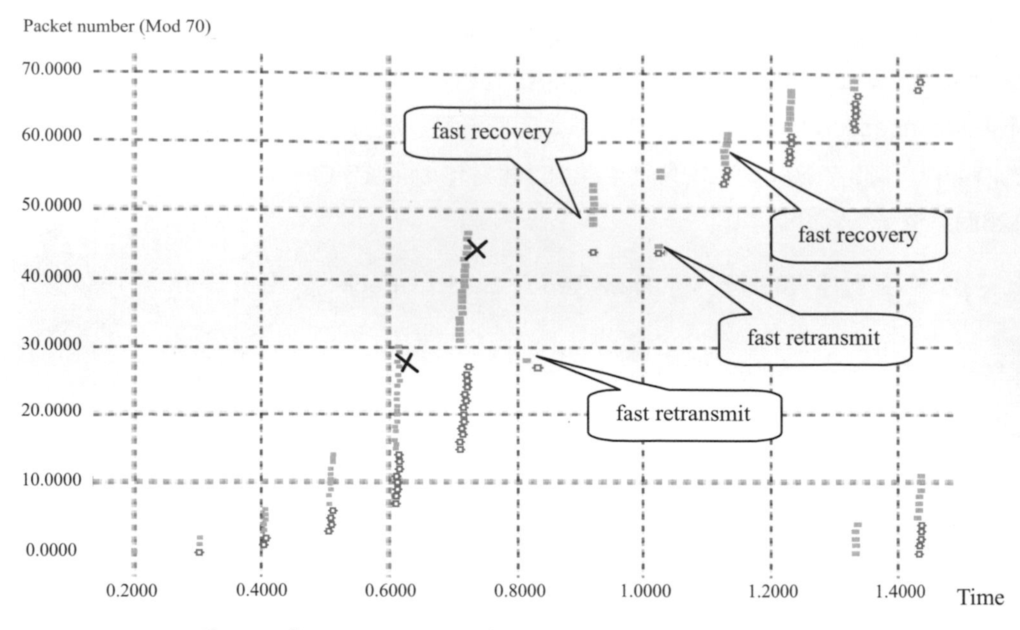

【圖3-8】兩個封包漏失時，Reno TCP的封包傳送時間

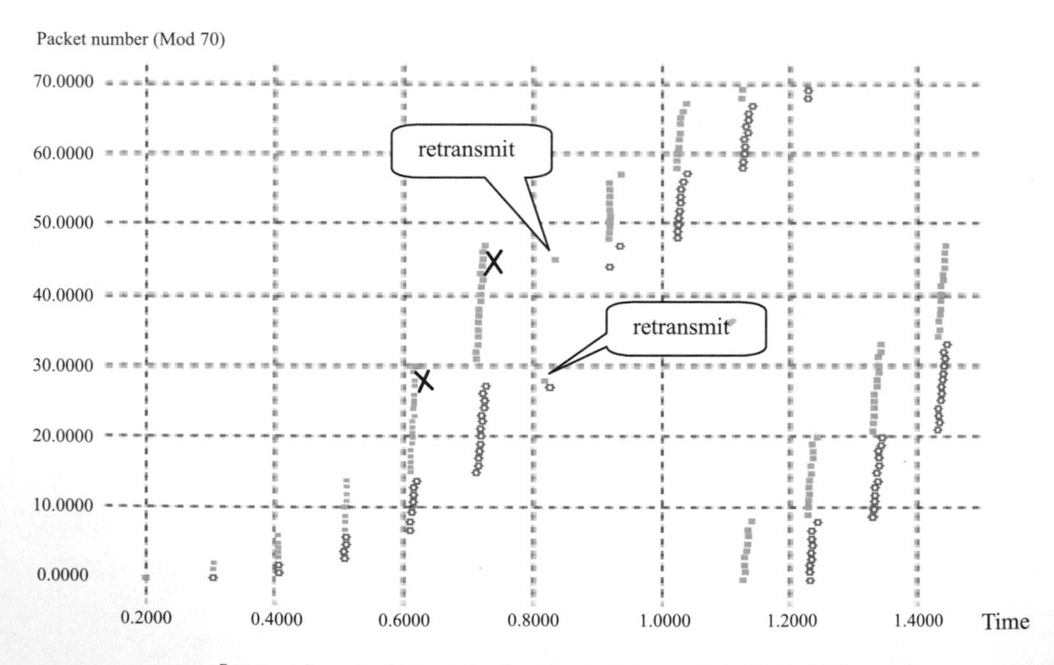

【圖3-9】兩個封包漏失時，Sack TCP的封包傳送時間

在圖3-9可以發現Fack TCP在0.81秒的時候收到三個重複的封包後，fast retransmit第28號編包，接著在0.83和Sack TCP 一樣立刻補送第45號封包，不過Fack TCP估計網路上的未送達的封包仍小於cwnd．而繼續傳送新的封包，所以效能上更佳。

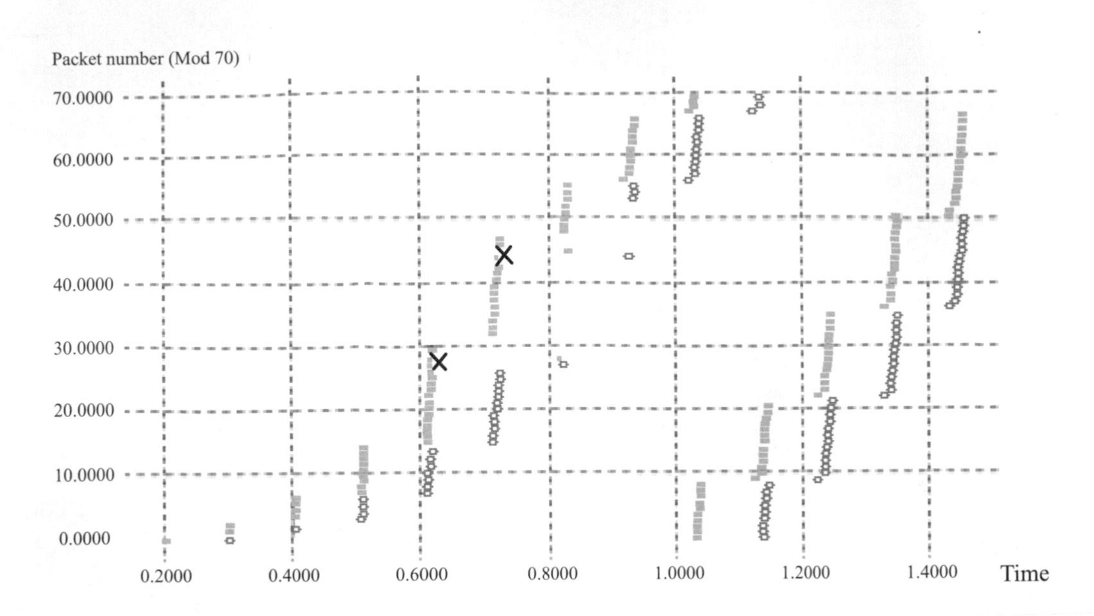

【圖3-10】兩個封包漏失時，Fack TCP的封包傳送時間

七、三個封包漏失

在同一個window內有兩個以上目的封包漏失時。如圖3-11中的第26，30號封包漏失， fast-retransmit第26號封包後，回覆的ack是29，並沒有ack已送達的封包，這稱爲partial ack，這個時候Reno TCP就必等到1.13秒時RTO，才能重送第30號封包，所以會有嚴重的效能低落。

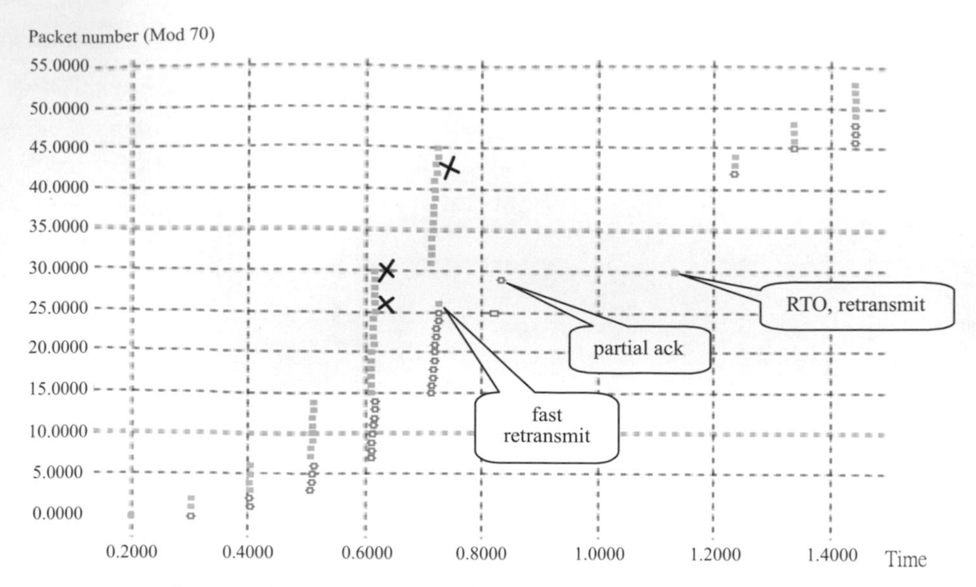

【圖3-11】三個封包漏失時，Reno TCP的封包傳送時間

上述的Reno TCP的問題，在NewReno中就改善了。如圖3-12所示，在遇到partial ack 29的時候，NewReno TCP會預期30號封包已經漏失，所以立即重送，而不必等到RTO。

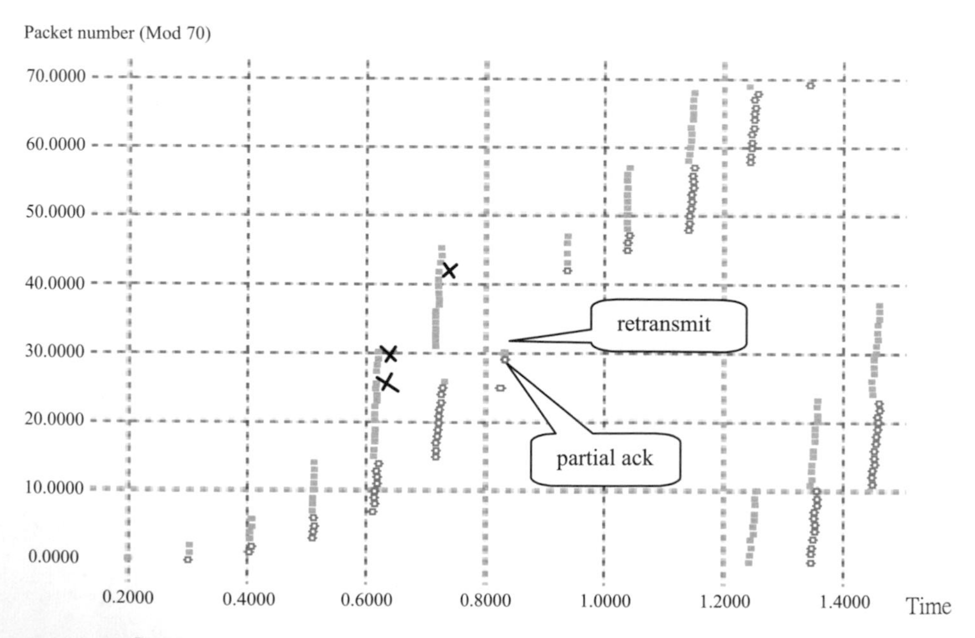

【圖3-12】三個封包漏失時，NewReno TCP的封包傳送時間

Sack及Fack在漏失三個封包的情況下，一樣表現得比其他的TCP版本來得優異。

3-5 實例II：新增協定比較TCP啟始視窗大小

這個實例示範如何增加一個新的TCP agent （IW TCP），這個Agent的initial window size並不是預設的1，而是可以更改爲想要的大小，主要目的是觀察initial TCP window size （IW） 對TCP performance的影響，IW一直是TCP Implementation Working Group （tcpimpl）[14]的一個重要討論議題，RFC 2414．RFC 2581有相關的討論，目前的TCP實作將IW設爲一個segment。在這個實例中．將分別將IW設爲2、4、8個封包，觀察其對TCP效能的影響。

首先，必須曉得ns透過表3-5列出的class來達成C++與OTcl兩種語言並存，並且可以互相溝通，若是要在ns裡新增功能時必須注意：

一、決定適當的繼承點．例如要增加新的TCP，則可以繼承自Agent/TCP

二、建立新的class

三、定義與OTcl的連結

四、撰寫相關的OTcl code去存取

【表3-5】C++ and OTcl Linkage

TclObject	大部分ns物件的base class
	'bind（）：連結C++與OTcl中的變數
	command（）：將OTcl中的method連結至C++
TclClass	產生TdlObject物件
Tcl	提供包裝好的OTcl直譯器，使得C++method可以存取
TclCommand	提供可以直接在直譯器中執行的命令，例如 ns-Version
EmbeddedTcl	讀取及執行初始化的script命令

實例二示範如何增加一個新的Tcp agent，這個agnet可以方便地設定IW值。

```
#include    "tcp.h"
#include    "tclcl.h"

class       IWTcpAgent              : public TcpAgent    { //繼承自 TcPAgent
public：
```

```
            IWTcpAgent ( );
            virtual void set_initial_window ( )          { //設定 initial window size
                 cwnd_ = ini_win_;
            }
private :
            int ini_win_ ;             //initial window size
};
```

【圖3-13】 tcp-iw.h

```
#incluse                          "tcp-iw.h"

static class IWTcpClass                         :  public TclClass (

Public:
           IWTcpClass ( ) : TclClass                        //定義相對應的
           ("Agent/TCP/TW") { }                             OTCl name
           Tclobject* create (int, const char* const') {    //建立相對應的 OTcl物件
                           return (new IWTcpAgent () );
           }
} tcpj s_agent ;
IWTcpAgent : : IWTcpAgent ( ) {
         bind("Ini_Win", &ini_win_);          //連結OTcl中的Ini_win與
                                              C++中的ini_win_
}
```

【圖3-14】tcp-iw.cc

將上述兩個檔案放在ns-2的目錄下。修改Makefile：

```
OBJ_CC=\
        ?
        tcp-tw.cc
```

八、重新編譯

make depend

make

定義ini_win的預設值爲1，修改ns/tcl/lib/ns-default.tcl，增加一行

Agent/TCP/Iw set Ini_win I

這樣就在ns中新增一個agent，重做一次實例1，這次比較一般的Tahoe Tcp（IW=I)和IW等於2、4、8，在不同數量封包漏失時的效能。

一個封包漏失：IW-8 > IW-4 = IW-2 > Tahoe

二個封包漏失：IW-8 > IW-4 > IW-2 > Tahoe

三個封包漏失：IW-4 > IW-8 > IW-2 > Tahoe

由此可以證明在封包漏失量少時，增加IW的值的確可以增加TCP的效能，不過在不同的壅塞情況下IW的值應該設爲多少，則有待進一步的實驗。

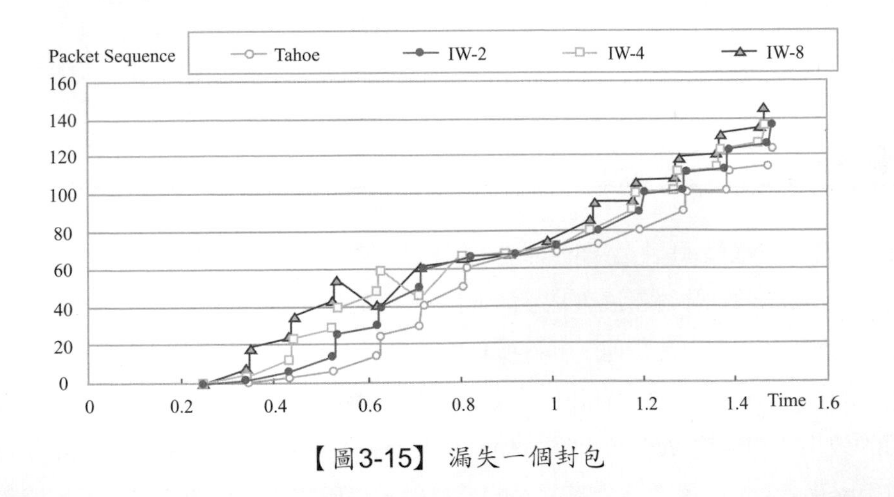

【圖3-15】 漏失一個封包

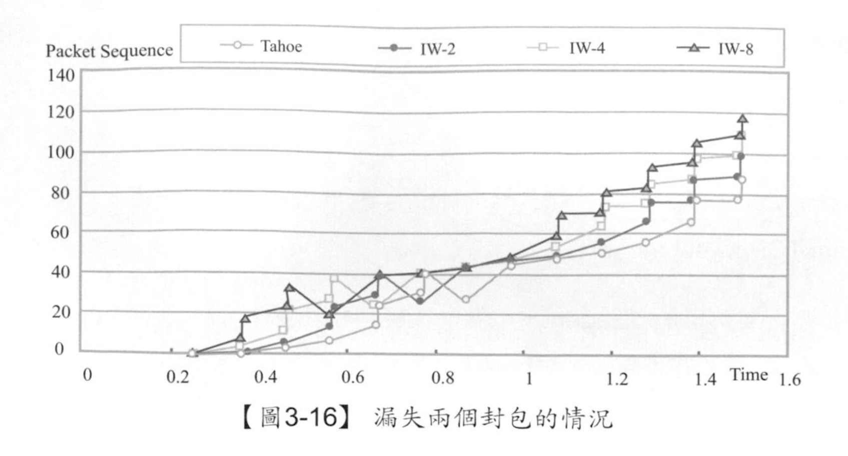

【圖3-16】 漏失兩個封包的情況

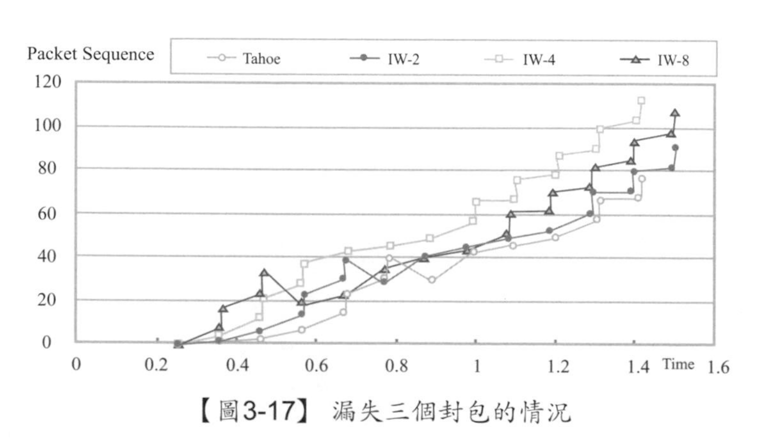

【圖3-17】 漏失三個封包的情況

3.6 結論

ns是一套開放原始碼且免費的網路模擬軟體，內部使用C++做爲核心，有快速的處理速度；使用OTcl做爲模擬設定的語言，有著高度的使用彈性，可以輕易地使用各項內建模組。在實例1中可以清楚地了解各項TCP流量控制的演算法，並了解Sack及Fack封TCP效能有極大的幫助。在實例II中可以發現，在封包漏失量不大時，加大IW對TCP也有正面的效果，但到底IW值該定爲多少，還有待進一步深入的研究。愈來愈多的研究機構使用ns做爲網路模擬器，有著較高的公信力，是研究網路相關協定時不可或缺的工具。

3.7 參考資料

[1] OPNET Technologies, Inc. http://www.opnet.com/

[2] BONeS, http://www.cadence.com/

[3] Comnet III, http://www.caciasl.com/

[4] UCB/LBNL/VINT Network Simulator- ns, http://www.isi.edu/nsnam/ns/

[5] REAL 5.0, http://www.cs.comell.edu/skeshav/real/overview.htm!

[6] NeST2.6, ftp://ftp.cs.columbia.edu/nest/

[7] Virtual InterNetwork Testbed project, http://www.isi.edu/nsnaili/vint/index.html

[8] http://www.aciri.org/floyd/srm.html

[9] http://www.eurecom.fr/~legout/Research/research.html

[10] Stevens, W., "TCP Slow Start, Congestion Avoidance, Fast Retransmit, and Fast RecoveryAlgorithms", RFC 2001, Jan 1997

[11] Kevin Fall and Sally Floyd. "Simulation-based Comparisons of Tahoe, Reno, and Sack TCP",Computer Communication Review, Jul 1996

[12] M. Mathis, J. Mahdavi, S. Floyd, and A. Romanow, "TCP Selective Acknowledgment Options", RFC2018,Oct,1996

[13] M. Mathis, J. Mahdavi, "Forward Acknowledgment, Refining TCP Congestion Control," Proceedings of SIGCOMM'96, pp. 281-191, August, 1996, Stanford, CA.

[14] TCP Implementation Working Group, "TCP Implementation (tcpimpl) Charter",

[15] http://www.ietf.org/html.charters/tcpimpl-charter.html, Jul. 2000

04 區域路由交換器、區域交換器：功能、效能與互通性

在區域網路及連上廣域網路的末端我們需要具有支援多種功能、價格平實的區域交換器來作為連結上網的第一線。本次測試計畫的對象定位在 24（10/100Mbps）+ 2（Gigabits Ethernet） port 之小型區域路由交換器（Layer 2、Layer 3 Small and Medium Enterprise Switch）。本次計六家廠商九項產品參與測試計畫：Layer 3 部分有 Cisco（Catalyst 3550-24 EMI）、 D-Link（DES-3326S）、Foundry（FastIron Edge 2402 Premium）、SMC（6724L3）；Layer 2 部分有 3COM（SuperStack Switch 4400-24）、Cisco（Catalyst 2950G-24EI）、 D-Link（DES-3226S）、HP（Procurve 2524）、SMC（6824M）。

比較的項目計有三大類：功能性（Functionality）、效能性（Performance）、互通性（Interoperability）總共 12 項指標，包括管理功能（Management Function）、頻寬管理功能、Layer 2、Layer3 及 Multicast 功能、安全性功能（Security Functions）、備援及其他功能（Redundancy and Other Functions）、價值比（Value-to-Price）、Layer 2 效能（Layer 2 Performance）、Layer 3 效能（Layer 3 Performance）、群播效能（Multicast Performance）、Spanning Tree 互通性、RIP（Routing Information Protocol）路由通訊協定互通性、OSPF（Open Path Shortest First）路由通訊協定互通性。

結果之圖表除了 Cisco 外均經過受測廠商確認。從結果數據可看出各家廠商在效能方面皆能達到 wire-speed，互通性也差距不大，而功能的支援完整程度則有較大差距。考量各項指標後，測試之最後結果在不考慮價值比時，Layer 2 SME switch 部分（九項指標）以 Cisco Catalyst 2950G-24EI 最佳、D-Link 3226S 為第二，Layer 3 SME switch 部分（十一項指標） 則是 Foundry FastIron 2402 Premium 及Cisco Catalyst 3550-24EMI 並列第一。在考慮價格比時，Layer 2 SME switch 的D-Link 3226S 為最優先選擇，Layer 3 SME switch 則以D-Link 3326S 及SMC 6724L3 為最優先選擇。

4.1 簡介

在中小企業網路或校園網路中，區域交換器（Layer 2 SME switch）之主要任務就是要能大量佈建提供使用者上網的連結功能，最簡單的網路架構如圖4-1（a）所示，當使用者人數增多到某個程度，僅靠 Layer 2 橋接（Bridge）方式通訊效能會因爲大量廣播（flooding）而變得很差。爲改善這種現象，我們會在 router 上切割網段 如圖4-1（b）所示，此種方式可避免圖4-1（a）架構的 flooding 問題但其缺點是一般 router 的 port 數不多擴充性易受限，且與前者同樣都要另外再多採購一台 router。因此就有圖4-1（c）中區域路由交換器（Layer 3 SME switch）的需求，同時具備了 Layer 2 的 bridge 及 Layer 3 的 routing 功能，讓使用者能以合理的價格同時解決 bridge 效能不佳及擴充性受限的問題。

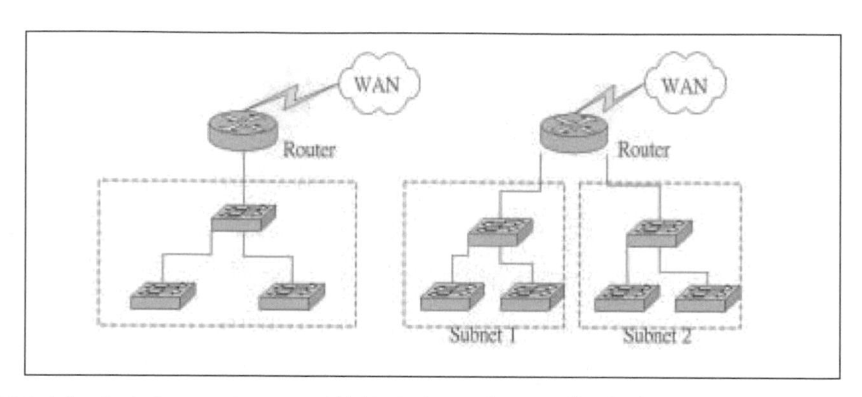

【圖4-1】（a）Layer 2 switch 橋接方式 ；【圖4-1】（b）使用router 切割網段

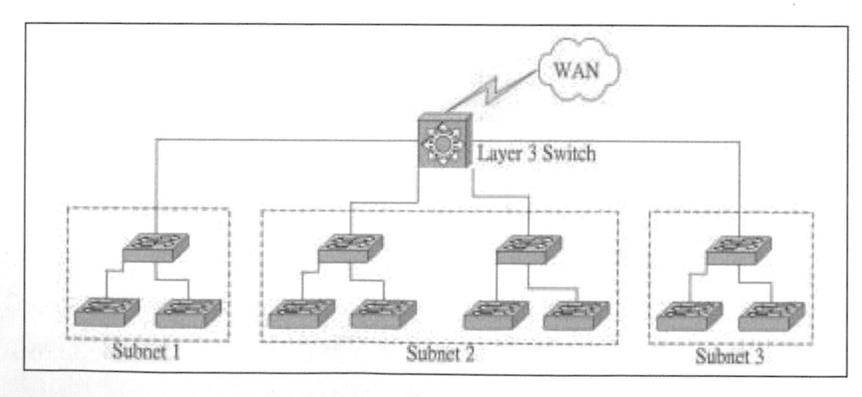

【圖4-1】（c）Layer 3 switch 網路架構

目前新的 switch 應該要能支援更多的安全性及頻寬管理功能，例如在安全性部分支援管理資料的加密（ex: SNMPv3、SSH、SSL），可以避免管理者設定的資料外洩，支援 port security 則可以透過限制 switch 每個 port 學習 MAC address 數量的方式來控制 switch 上每個 port 後面連線的電腦數量，對 RADIUS 或 TACAS+ 的支援則可以讓使用者一連接上 switch 要做登入驗證動作之後才能透過 switch 對外連線，而 Access Control List 可以讓管理者控制誰可以使用網路資源，或在有病毒或駭客入侵時能及時將攻擊阻擋於 switch 外或對部分網段進行隔離。

而中小企業對外頻寬有限，如何妥善分配有限的頻寬，讓重要的traffic 獲得較高的優先權，就要靠 switch 對頻寬管理的妥善支援。而價格因素也是應該要考量的重點。本報告比較各家廠商區域路由交換器及區域交換器的功能、效能、互通性，以提供讀者參考。測試之指標如下：

功能指標：六項

在功能方面各家廠商的各項功能支援有頗多差異性，我們選取（1）管理功能、（2）頻寬管理功能、（3）Layer 2、Layer3 及Multicast 功能 、（4）安全性功能、（5）備援及其他功能、（6）價值比（Value to Price）六項指標來進行比較。

效能指標：三項

在本測試報告中將區域路由交換器（Layer 2、Layer 3 SME Switch）的效能測試分為三項指標，包括（1）Layer 2 效能、（2）Layer 3 效能、（3）Multicast效能。

互通性指標：三項

在符合性及互通性測試部分共三項指標，包括 （1）Spanning Tree、（2）RIP、（3）OSPF 互通性。

本報告的最後將依此十二項指標來進行評分。

4.2 測試對象及測試工具

4.2.1 測試對象

本次測試之對象我們主要以 24（10/100Mbps） + 2 （Gigabits Ethernet） port 規格之區域路由交換器產品爲邀請目標，同時撰寫測試計畫，並由網路通訊雜誌社 對各廠商發出邀請函。表4-1及表二分別列出 Layer 2 及 Layer 3 SME Switch 所有 受測產品型號基本資料，圖4-2爲待測產品照片。

【表4-1】 Layer 2 SME switch 產品受測廠商及受測產品

Device Under Test	Gigabits Modules	參考定價	國內代理商或通路商	備註
3COM SuperStack Switch 4400-24	1000BaseT module *2 （3C17220）	NT 66,000	3COM Taiwan	各廠商之訂價皆包含 2 ports 之 Gigabits 模組售價
Cisco Catalyst 2950G-24-EI	1000BaseSX GBIC *2 （WS-5484）	NT 174,750	其他管道取得	
D-Link 3226S	1000BaseT module*1 （2 port per module）	NT 44,500	友冠資訊	
HP Procurve 2524	1000BaseT module*2 （J4834A）	NT 72,000	傳易科技	
SMC 6824M*	1000Base Tmodule*2 （EM3626A-1GT-RJ45）	NT 43,000	傳易科技	

【表4-2】Layer 3 SME switch 產品受測廠商及受測產品

Device Under Test	Gigabits Modules	參考定價	國內代理商或通路商	備註
Cisco Catalyst 2950G-24-EI	1000BaseSX GBIC *2 (WS-5484)	NT 299,500	其他管道取得	各廠商之訂價皆包含 2 ports 之 Gigabits 模組售價
D-Link 3226S	1000BaseT module*1 (2 ports per module)	NT 61,000	友冠資訊	
Foundry FastIron 2402 Premium	Built-in 1000BaseT Gigabits port	NT 178,000	Foundry Taiwan	
SMC 6724L3	1000BaseT module*2 (EM3626A-1GT-RJ45)	NT 55,800	傳易科技	

【圖4-2】待測產品

本次送測各廠商之待測產品硬體規格如表4-3、表4-4所示。其中 switch fabric 部分若以 24 （10/100Mbps）+ 2（Gigabits Ethernet） port 來計算最大資料量應爲 8.8Gbps（full duplex），而在本次測試中所有待測物均能達到Wire-speed 傳送封包，故各家都有 8.8Gbps 以上的 switch fabric。

【表4-3】Layer 2 SME switch 硬體規格

Device Under Test	Firmware Version	Port (10/100Mbps+ Gigabits port)	Switch Fabric	MAC Table Size	RAM Buffer	Size and Weight (H x W x D)
3COM Switch 4400-24	3.02	24+2	8.8 Gbps	8K	32MB RAM	2.6 x 17.3 x 12 in 12 lb
Cisco Catalyst 2950G-24-EI	12.1(11r)EA1	24+2	8.8 Gbps	8K	16MB SDRAM 8MB FLASH RAM	1.72 x17.5 x9.52in 6.5lb
D-Link 3226S	3.00-B15	24+2	8.8 Gbps	8K	8MB RAM	2.6 x 17.36 x 15.28 in 13.23 lb
HP Procurve 2524	F.05.09	24+2	9.6 Gbps*	4K	6MB share packet buffer 26MB RAM , 2MB Flash	1.8x17.4 x 8.0 in 6.0lbs
SMC 6824M	2.0.1.3	24+2	8.8 Gbps	8K	32MB RAM	1.73x 17.3x18.14 in. 10.58lb

【表4-4】Layer 3 SME switch 硬體規格

Device Under Test	Firmware version	Port (10/100Mbps+ Gigabit s port)	Switch Fabric	Throughput	MAC Table Size	IP Routing Table Size	RAM Buffer	Size and Weight (H x W x D)
Cisco Catalyst 3550-24 EMI	12.1(11)EA1	24+2(GBIC slot)	8.8 Gbps	6.6Mbps	8K	16000 unicast routes 2000 multicast routes	16MB Flash RAM 64MB DRAM	1.75 x 17.5 x 14.4 in 11lb
D-Link 3326S	3.00-B15	24+2	8.8 Gbps	6.6Mpps	8K	2000	16MB	1.7x17.3 x 5.3 in. 6.2lb
Foundry FastIron 2402 Premium	01.0.00Tc3	24+ 2(Rj45)+ 2(miniGBIC slot)	38.4 Gbps	6.6Mbps	64K	200000 IP routes 8192 multicast routes	512 KB boot flash memory 16384 KB code flash memory 128 MB DRAM	2.63 x 17.5 x 19.6 in. 17.5lb
SMC 6724L3	0.0.4.14	24+2	8.8 Gbps	6.6Mpps	8K	2047	64MB RAM	1.73x 17.3x18.14 in

4.2.2 測試工具

本次測試中所使用的工具包括 Spirent SmartBits 6000B、Agilent RouterTester 900，表4-5中列出測試工具之硬體型號、相關軟體版本及各個工具應用的測試項目，圖4-3爲測試儀器照片。

【表4-5】測試工具列表

	模組型號	使用軟體及測試項目
Spirent SmartBits 6000B	1.SmartBits 6000B（Chassis） 2.LAN3101A（6ports 10/100Mbps module） 3.LAN3301A（2ports 10/100/1000Mbps module）	1.AST II ver2.10.017（Layer 2 效能及互通性測試） 2.SmartWindow ver7.40（Layer 2 效能及互通性測試） 2.SmartFlow ver1.52（Layer 3 效能） 3.SmartMulticastIP1.26（Multicast 效能）
Agilent Router Tester 900	1.E7900A（4 slots chassis） 2.E7906A（16 ports 10/100Mbps module）	Router Teser and QA Robat release 5.1

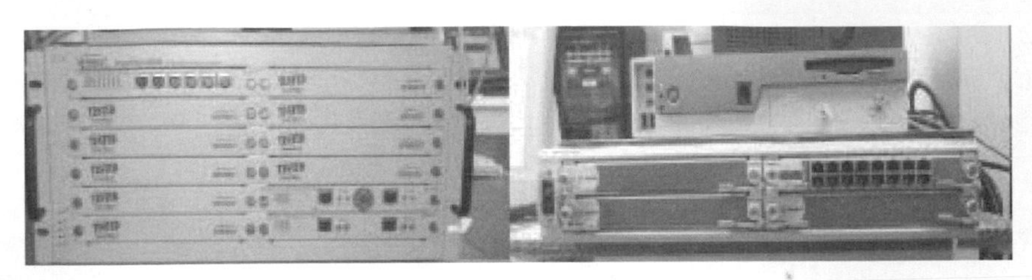

【圖4-3】測試儀器Spirent SmartBits 6000B、Agilent Router Tester 900

4.3 功能比較

就產品功能面而言，我們將功能分爲下列五項，並加上價值比項目共六項指標來進行評分，包括（1）管理功能、（2）頻寬管理功能、（3）Layer 2、Layer3 及 Multicast 功能 、（4）安全性功能、（5）備援及其他功能、（6）價值比（Value to Price）， 各家產品在功能支援上都不盡相同，故最後的評分我們以此六項指標進評分。

4.3.1 管理功能

在管理介面方面，我們檢視幾項工具，包括是否有Web 介面，是否支援 SNMP（Simple Network Management Protocol）、RMON（Remote Monitoring）、可進行時間同步化的 NTP（Network Time Protocol）以及 port mirroring 和 firmware update

功能，其中 Web 介面可讓使用者以圖形化介面進行管理，SNMP 及RMON 可讓網管人員能夠從遠端進行設定、監控操作，port mirroring 則使管理者可以在不干擾網路運作下監控其他 port 的封包內容。 表4-6爲管理功能比較表，各家廠商皆內建有友善的Web 控制介面，且功能都相當完備。而 CLI（Command Line Interface）介面各家皆有支援，其中SMC、 HP、Foundry 之操作介面與 Cisco 之操作界面頗爲類似。在 SNMP 方面，SNMP v3 較 SNMPv1v2 多了驗證（authentication）及加密資料的功能，能提供較高的安全性。本次測試並未針對各家廠商 proprietary 管理工具進行評比。

【表4-6】（a） Layer 2 SME Switch 之管理功能比較

Device Under Test	管理介面	Proprietary Tools	SNMP	RMON	Firmware Update	Network Time Protocol	Port Mirroring
3COM Switch 4400-24	Serial port、Telnet、Web	3COM Network Supervisor accompanying with switch	SNMP v1v2	Group 1,2,3,9	TFTP	No	Yes（Roving Analysis）
Cisco Catalyst 2950G-24-EI	Serial port、Telnet、Web	Support CiscoWorks	SNMP v1v2v3	Group 1,2,3,9	TFTP	NTP	Yes（SPAN）
D-Link 3226S	Serial port、Telnet、Web	D-View	SNMP v1v2v3	Group 1,2,3,9	TFTP	No	Yes
HP Procurve 2524	Serial port、Telnet、Web	HP TopTools accompanying with switch	SNMP v1v2	Group 1,2,3,9	TFTP	No	Yes
SMC 6824M	Serial port、Telnet、Web	SMC EliteView	SNMP v1v2	Group 1,2,3,9	TFTP	No	Yes

【表4-6】（b）Layer 3 SME Switch 之管理功能比較

Device Under Test	管理方式	Proprietary Tools	SNMP	RMON	Firmware Update	Network Time Protocol	Port Mirroring
Cisco Catalyst 3550-24 EMI	Serial port、Telnet、Web	Support CiscoWorks software	SNMP v1v2v3	Group 1,2,3,9	TFTP	NTP	Yes
D-Link 3326S	Serial port、Telnet、Web	D-View	SNMP v1v2v3	Group 1,2,3,9	TFTP	No	Yes
Foundry FastIron 2402 Premium	Serial port、Telnet、Web	No	SNMP v1v2v3	Group 1,2,3,9	TFTP	NTP	Yes
SMC 6724L3	Serial port、Telnet、Web	SMC EliteView	SNMP v1v2	Group 1,2,3,9	TFTP	SNTP	Yes

4.3.2 頻寬管理功能比較

在頻寬管理的部分我們主要檢視其 802.1p QoS 設定是否能以 IP address、 MAC address、application port 來區分 traffic，另外還有 switch 是否支援頻寬限制（Rate-Limiting）的功能。表4-7爲頻寬管理功能比較表。 在 Layer 2 switch 部分Cisco Catalyst 2950、3COM 4400 及 D-Link 3226S 三家有支援完整的 802.1p QoS 設定，SMC 表示近期內會支援完整 802.1p QoS 設定。另外 Cisco Catalyst 2950、D-Link 3226S 及 SMC6824M 亦支援頻寬限制功能。 Layer 3 switch 部分在 802.1p 設定方面皆有完整支援，而頻寬限制部分則以 Cisco3550 與 Foundry FastIron2402 設定較爲完整。

【表4-7】（a）Layer 2 switch 頻寬管理功能比較表

Device Under Test	802.1p hareware queues per port	802.1p QoS configuration	Rate-limiting
3COM Switch 4400-24	4	TOS, DSCP, Source/ destination IP/MAC or Layer 4 port	No
Cisco Catalyst 2950G-24-EI	4	TOS, DSCP, Source/ destination IP/MAC or Layer 4 port	Yes
D-Link 3226S	4	TOS, DSCP, Source/destination IP/MAC or Layer 4 port	Yes
HP Procurve 2524	4	802.1p TOS, DSCP	No
SMC 6824M	4	802.1p TOS, DSCP*	Yes
*SMC said to support full configurations of 802.1p QoS function in the next release.			

【表4-7】（b）Layer 3 switch 頻寬管理功能比較表

Device Under Test	802.1p hareware queues per port	802.1p QoS configuration	Ratelimiting	Rate-limiting configuration
Cisco Catalyst 3550-24 EMI	4	TOS, DSCP, Source/destination IP/MAC or Layer 4 port	Yes	Based on source/destination IP/MAC or Layer 4 port or any combination of these fields using QoS ACLS, class maps and policy maps
D-Link 3326S	4	TOS, DSCP, Source/destination IP/MAC or Layer 4 port	Yes	Input/Output rate-limiting on each port
Foundry FastIron 2402 Premium	4	TOS, DSCP, Source/destination IP/MAC or Layer 4 port	Yes	Based on source/destination IP/MAC or Layer 4 port or any combination of these fields using ACLS
SMC 6724L3	4	TOS,DSCP Source/destination IP/MAC or Layer 4 port	Yes	Input/Output rate-limiting on each port

4.3.3 Layer 2、Layer 3 及multicast 功能

表4-8爲 Layer 2 、Layer 3 及 multicast 功能比較表。由表4-8（a）我們可以看到 Layer 2 SME switch 部分支援的 VLAN 個數以 Cisco Catalyst 2950 最多，而 multicast 及 link aggregation 功能支援則各家有些許不同。

【表4-8】（a） Layer 2 switch Layer 、multicast 功能比較表

Device Under Test	VLAN Support	Link aggregation	Multicast
3COM Switch 4400-24	60 VLANs	4 aggregate groups maximum 8 ports per aggregate group	IGMP snooping IGMP filtering
Cisco Catalyst 2950G-24-EI	250 VLANs	6 aggregate groups maximum 8 ports per aggregate group	IGMP snooping IGMP filtering
D-Link 3226S	63 VLANs 255VLANs （GVRP ）	6 aggregate groups maximum 8 ports per group	IGMP snooping
HP Procurve 2524	30 VLANs	1 aggregate group maximum 4 port per group	IGMP filtering
SMC 6824M	256VLANs	6 aggregate group maximum 4 port per group	IGMP snooping

由表4-8（b）中在 Layer 3 SME switch 支援的 protocol 以 Cisco、Foundry 最爲完整都能支援至 BGP，而在 VLAN 可切割個數支援上這兩家也是最多。

【表4-8】（b） Layer 3 switch Layer 2、Layer3、multicast 功能比較表

Device Under Test	VLAN support	Link aggregate support	L3 protocol support	Multicast	Other
Cisco Catalyst 3550-24 EMI	1005 Active VLANs, 128 spanning tree per switch	12 aggregate groups, maximum 8 ports per aggregate group	RIPv1v2, IGRP, EIGRP, OSPF, BGP,IPX AppleTalk	IGMP, DVMRP, PIM-DM, PIM-SM	CDP, VRRP, HSRP, GVRP

D-Link 3326S	63VLANs 255 VLAN （GVRP）	6 aggregate groups, maxium 8 ports per aggregate group	RIPv1v2, OSPF	IGMP DVMRP PIM-DM	GVRP
Foundry FastIron 2402 Premium	1024 Active L3 VLANs, 4063 Active L2 VLANs, 128 spanning switch per switch	4 aggregate groups, maximum 4 ports per aggregate group	RIPv1v2, OSPF, BGP IPX, AppleTalk	IGMP, DVMRP, PIM-DM, PIM-SM	VRRP, FSRP, GVRP
SMC 6724L3	256 active VLANs	6 aggregate groups, maximum 4 ports per aggregate group	RIPV1v2 OSPF	IGMP DVMRP PIM-DM	GVRP

4.3.4 安全性功能

在安全性功能比較上，我們主要看 switch 是否能支援 802.1x，並透過 TACAS+ 或 RADIUS server 來對使用者身份進行驗證，另外 port security 則是藉由限制每個 switch port 上能學習的最多 MAC address 數量，來控制每個 switch port 上最多能連接多少個使用者。Access Control List 讓管理者能對 traffic 做更完善的控管，在 Layer 3 SME switch 各廠商皆有支援，Layer 2 SME switch 部分僅 Cisco Catalyst 2950、D-link 3226S、3COM 4400 有支援 Access Control List。由表4-9中我們可以看到 Cisco Catalyst 2950 及 Catalyst 3550 在安全性功能的支援最為完善。另據 SMC 表示近期內會完成 Access Control List 功能支援。

【表4-9】（a）Layer 2 SME switch 安全性功能比較表

Device Under Test	TACAS+	RADIUS	Port Security	Management Data Security	Access Control List
3COM Switch 4400-24	No	Yes	Yes	No	Yes
Cisco Catalyst 2950G-24-EI	Yes	Yes	Yes	SSH、SNMPv3	Yes
D-Link 3226S	No	Yes	Yes	SNMPv3	Yes
HP Procurve 2524	Yes	Yes	Yes	SSH	No
SMC 6824M	Yes	Yes	Yes	No	No*
*SMC said to support access control list function in the next release					

【表4-9】（b）Layer 3 SME switch 安全性功能比較表

Device Under Test	TACACS+	RADIUS	Port Security	Management Data Security	Access Control List
Cisco Catalyst 3550-24 EMI	Yes	Yes	Yes	SSH、Kerberos、SNMPv3、SSL	Yes
D-Link 3326S	No	Yes	Yes	SNMPv3	Yes
Foundry FastIron 2402 Premium	Yes	Yes	Yes	SSH、SNMPv3	Yes
SMC 6724L3	No	Yes	No	No	Yes

4.3.5 備援及其他功能

在備援及其他項目功能中，Layer 2 SME switch 部分由表4-10（a）我們可以看到3COM 4400、Cisco Catalyst 2950、SMC6824M 有支援外接式 redundant power 。從表4-10（b），在 Layer 3 SME switch 部份，SMC 6724L3 內建了 DHCP server 之功能，另外 Cisco Catalyst 3550、Foundry FastIron 2402 則支援備援的 VRRP/HSRP 協定。

【表4-10】（a）備援及其他功能

Device Under Test	802.1w RSTP	redundant power
3COM SuperStack Switch 4400-24	Yes	Yes
Cisco Catalyst 2950G-24-EI	Yes	Yes
D-Link 3226S	Yes	No
HP Procurve 2524	Yes	No
SMC 6824M	Yes	Yes

【表4-10】（b）備援及其他功能

Device Under Test	DNS relay	DHCP server	DHCP relay	802.1w RSTP	HSRP/ VRRP	Redundant power
Cisco Catalyst 3550-24 EMI	Yes	No	Yes	Yes	Yes	Yes
D-Link 3326S	Yes	No	Yes	Yes	No	No
Foundry FastIron 2402 Premium	Yes	No	Yes	Yes	Yes	Yes
SMC 6724L3	No	Yes	Yes	Yes	No	Yes

4.4 效能比較

效能比較主要包括三大類：（1）Layer 2 效能、（2）Layer 3 效能、（3）Multicast 效能。

4.4.1 Layer 2 效能

Layer 2 的效能測試部分共分爲四個項目，分別是（1）address learning、（2）address caching、（3）layer 2 forwarding 及（4）layer 2 broadcasting 測試。

4.4.1.1 Address Learning Test

本測試測試待測物單一 port 的MAC（Media Access Control）位址的最佳學習速度爲何，在本測試中設定 MAC Table 大小爲 4000。測試之架構如圖4-4而測試使用工具爲 AST Ⅱ ver. 2.10.017，AST Ⅱ 的設定參數如表4-11所示。

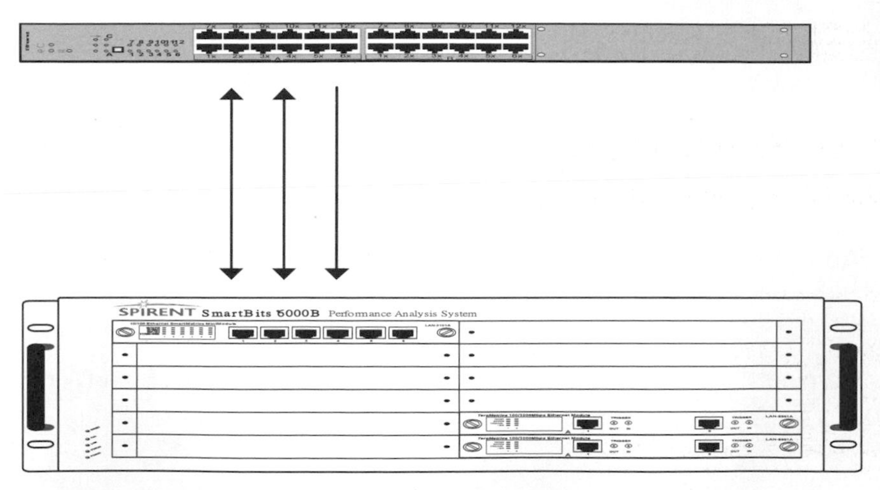

【圖4-4】 MAC Address Learning 測試架構圖

【表4-11】 Address Learning 測試參數設定

參數項目	設定值	參數項目	設定值
Number of Addresses 設定MAC 位址變動的數目	4000	Port Offset	0
Frame size	64	Node Offset	3
Burst size	1	Port Increment	1
Aging Time	10sec		

一開始將待測物的 MAC address aging time 一律設成 10000 秒，並且確認待測物 MAC address table 內是清空的，然後在 ASTⅡ 中選定某一個 learning rate，啓動 ASTⅡ 開始測試，若在此速率下能將所有 4000 MAC Addresses 都學習到，則將 learning rate 提高，否則予以降低，以此方式逼近最高的 learning rate。再測試一個新的 learning rate 前，必須將待測物的 MAC address table 清空。測試結果如圖4-5，本次參加測試之九家產品皆能以 wire-speed 來學習到 4000 個 MAC addresses。

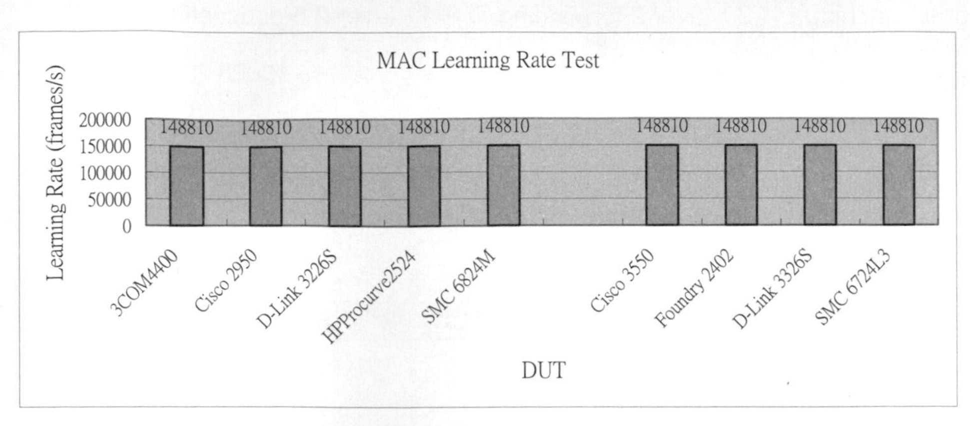

【圖4-5】MAC address learning 測試結果

4.4.1.2 Address Caching Test

本測試測試待測物單一 port 的最大 MAC 位址的學習數目爲何。測試之架構與 address learning 相同，測試使用工具爲 Smart Windows ver. 7.40。SmartWindows 參數設定如表4-12所示。

【表4-12】Address Caching 測試參數設定

參數項目	設定值	參數項目	設定值
Frame size	60 bytes（without 4 bytes CRC）	Utilization（frame sending rate）	1%（即 1488 frame per second）
Cycle count	由測試者輸入以測試待測物是否能 Cache 此數目之 MAC addresses		

Sending port configuration			
Source MAC address	incremental（從最右邊一個byte開始變動）	Destination MAC address static	（固定不變，將右邊數過來第三個byte 設成1）
Receiving port configuration			
Source MAC address	static（固定不變，將右邊數過來第三個byte 設成1）	Destination MAC address	incremental（從最右邊一個byte開始變動）

一開始將待測物的 MAC address aging time 一律設成 10000 秒，並且確認 MAC address table 內是清空的，然後在 Smart Windows 中選定某一個 cycle count，即 MAC 的變動數目，並將 Smart Windows 傳送 frame 的速度設成 1488 fps， 啓動 Smart Windows 開始測試，若能將所有的 MAC Address 都學習到，則將 cycle count 提高，否則予以降低，以此方式逼近最高的 cycle count。在測試一個新的 cycle count 前，必須將待測物的 MAC address table 清空。

測試結果如圖4-6，其中以 Foundry 可以學習到超過 64000 個 MAC address 最佳，其他各家產品則分別爲四千多或八千多個位址，Cisco Catalyst 3550 實測僅可學 5088 個 MAC Address 位址（其型錄上宣稱可調整至八千個MAC）。

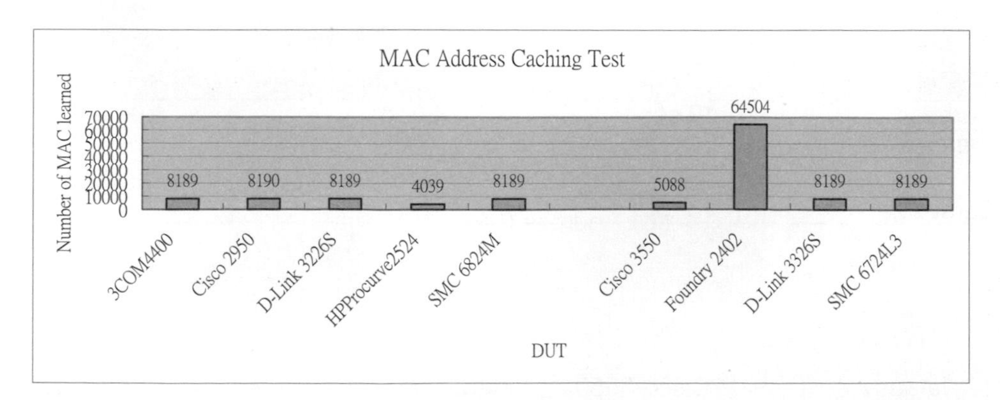

【圖4-6】Layer 2 Address Caching 測試結果

4.4.1.3 Layer 2 Forwarding Test

本測試測試待測物是否能達到 layer2 部分 wire-speed forwarding 的速度。 測試之架構如圖4-7所示，我們同時使用 SmartBits 與 Router Tester 對待測物灌送封包，來驗證是否待測物在所有 24（10/100Mbps）+2（Gigabits Ethernet ） port loading 滿載下是否能達到wire-speed 。SmartBits 上之測試工具為 AST II ver. 2.10.017，AST II 的設定參數如表4-13，Router Tester 則利用其 GUI 介面建立 full mesh traffic 。測試架構如圖4-7。

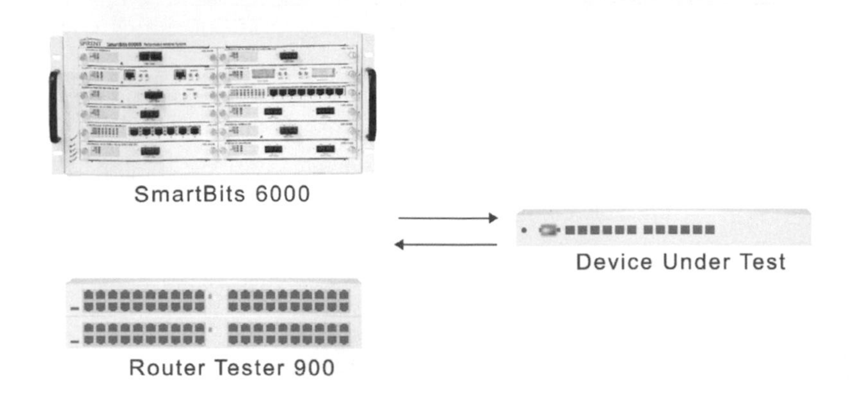

【圖4-7】Layer 2 Forwarding 測試架構

【表4-13】Layer 2 Forwarding 測試參數設定

參數項目	設定值	參數項目	設定值
Duration	10 sec	Load	100%
Frame size	64, 128, 256, 512, 1024, 1280, 1518	Traffic type	Fully Meshed
Burst size	1		

測試結果如圖4-8，各待測物皆可以達到 wire-speed 之速度。 圖4-9中顯示各待測物之 latency 數值，其中 Cisco 3550 之 Latency 表現較差，其餘八家之 Latency 數值則都極為相近。

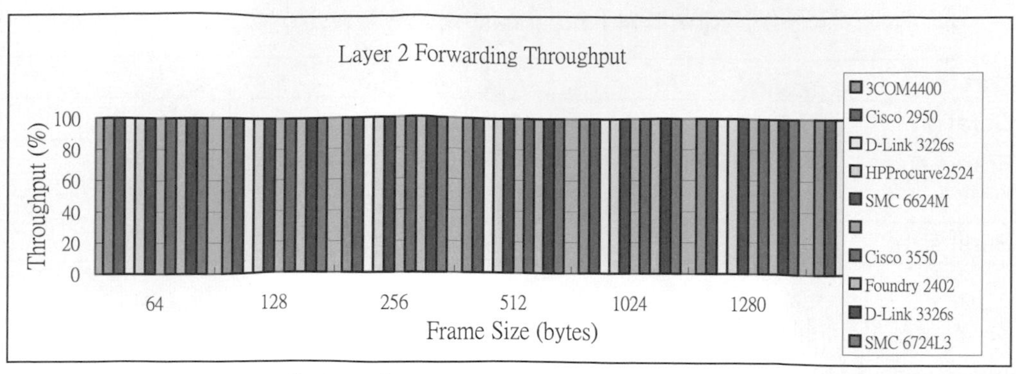

【圖4-8】Layer 2 Forwarding 測試結果

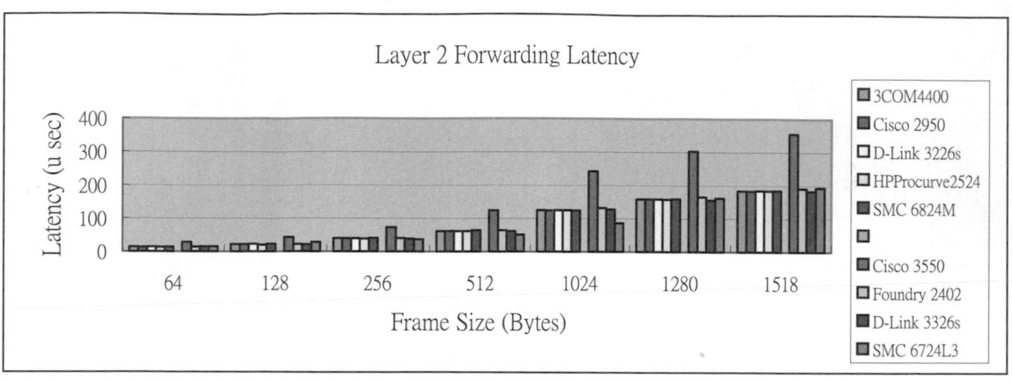

【圖4-9】Layer 2 Forwarding Latency 測試結果

4.4.1.4 Broadcast Performance Test

此測試項目測試待測物對於 broadcast traffic 是否能達到 wire speed forwarding 的速度。測試使用 SmartBits 傳送廣播封包至待測物。本測試項目使用工具為 ASTⅡ 版本是 2.10.017 相關 ASTⅡ 的設定參數如表4-14。

【表4-14】Broadcast 測試參數設定

參數項目	設定值	參數項目	設定值
Duration	10 sec	Load	100%
Frame size	64, 128, 256, 512, 1024, 1280, 1518	Traffic type	1 to many
Burst size	1		

測試結果如圖4-10， 各家產品都能達到 wire-speed 傳送廣播封包。而各廠商產品之 Latency。如圖4-11所示都相當接近，僅 Cisco Catalyst 3550 表現比較不好。

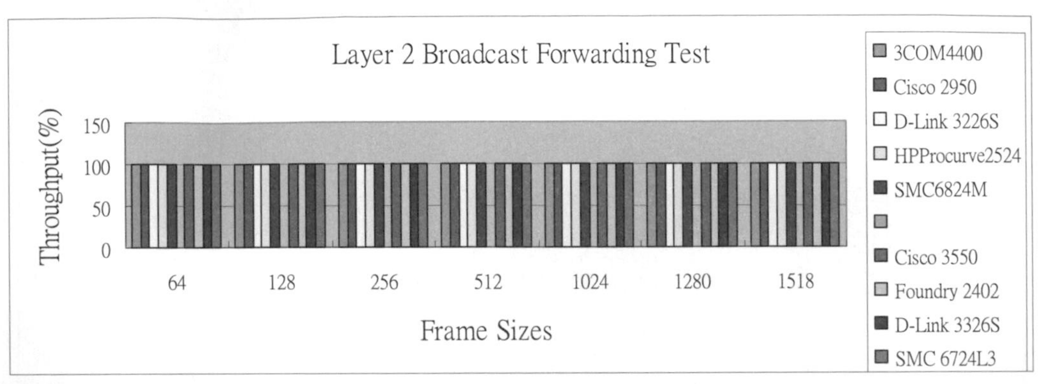

【圖4-10】Layer 2 Broadcast 測試結果

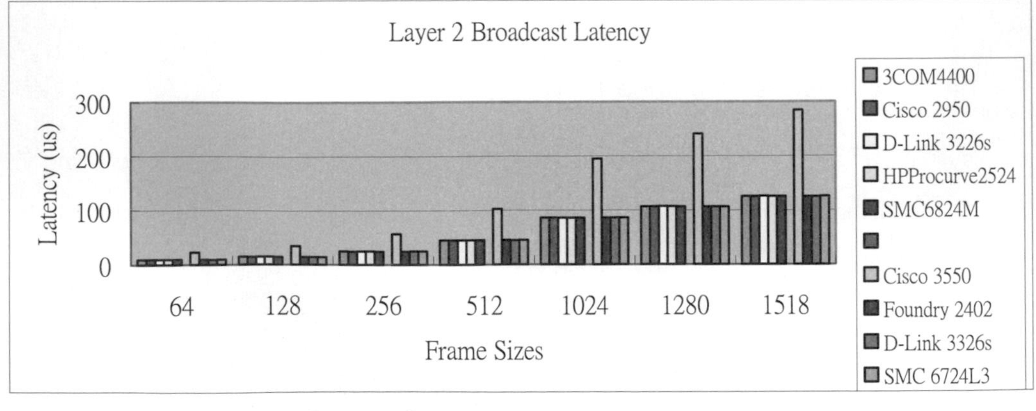

【圖4-11】Layer 2 Broadcast Latency

4.4.2 Layer 3 效能

Layer 3 效能測試是利用 SmartBits6000B 及 Router Tester 900 模擬不同subnet 上的主機，並傳送封包至待測物各個 subnet，測試環境如圖4-12所示。

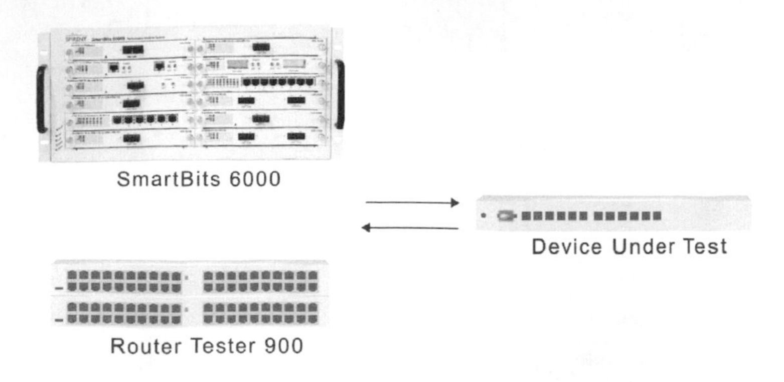

【圖4-12】Layer 3 效能測試架構

由測試儀器上每個 port 分別傳送七種不同大小的封包（64 bytes、128 bytes、256 bytes、512 bytes、1024 bytes、1280 byetes 與1518 bytes），我們量測無封包遺失的最大輸出效能（zero-loss maximum throughput）與 latency 兩個主要的結果。SmartFlow 測試軟體會以 binary search 方式尋找測出待測物之 zero-loss throughput。待測物的設定為每個 port 切割為一個網段，並設定一 IP address。 圖4-13及圖4-14顯示測試的結果，由圖4-13我們可以看到各待測物皆可以達到 wire-speed layer 3 封包傳送。圖4-14中為 Fast Ethernet port 所測得之可見 Cisco Catalyst3550 約為其他 switch 之兩倍，其餘各之latency 則相當接近。

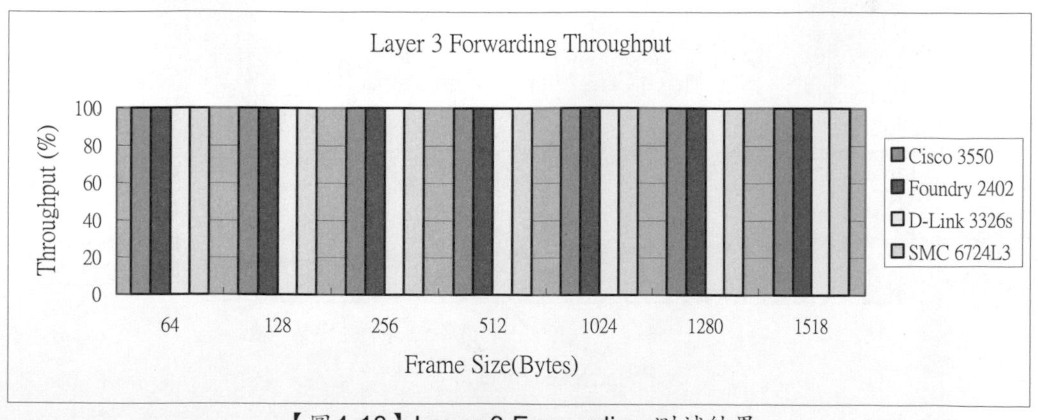

【圖4-13】Layer 3 Forwarding 測試結果

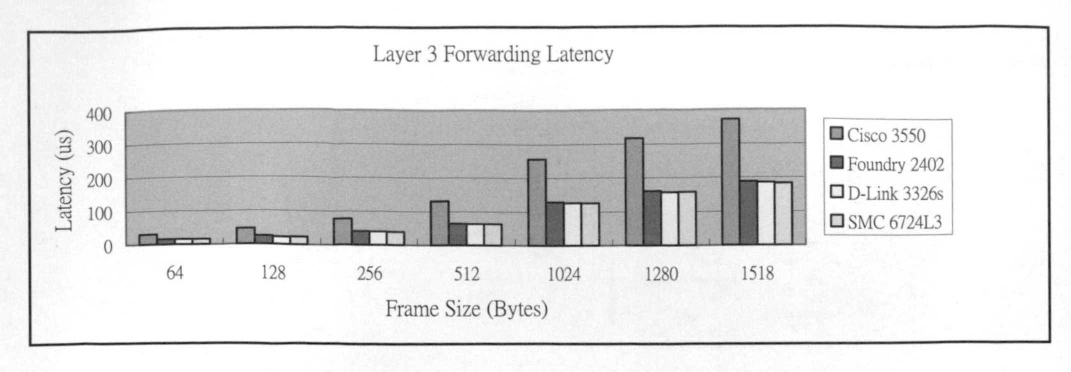

【圖4-14】Layer 3 Forwarding Latency

4.4.3 Multicast 效能

Multicast 效能測試部分，我們將骨幹路由交換器設定開啓 IGMP 與 DVMRP 之 mulitcast 功能支援，使用軟體 SmartMulticastIP 在 SmartBits 中由第一個 port 傳送七種不同大小的 multicast 封包（64 bytes、128 bytes、256 bytes、512 bytes、 1024 bytes、1280 bytes 與 1518 bytes）到其餘各 ports，並且在這其餘ports 之間有 Unicast 封包傳送（固定封包大小爲 64 bytes），我們量測到無封包遺失的最大輸出效能（zero-loss maximum throughput）與latency 兩個主要的結果。SmartFlow 測試軟體會以 binary search 方式尋找測出待測物之 zero-loss 最大輸出。區域路由交換器的設定爲將各個 port 切割爲獨立的VLAN。封包須在各個網段中正確傳送，以檢測區域路由交換器傳送 multicast 封包時的效能。

圖4-15及圖4-16是測試的結果。由圖4-15中可看出各 switch 在此測試架構下傳送混合 multicast 及 unicast traffic 之封包都能達到 wire-speed。

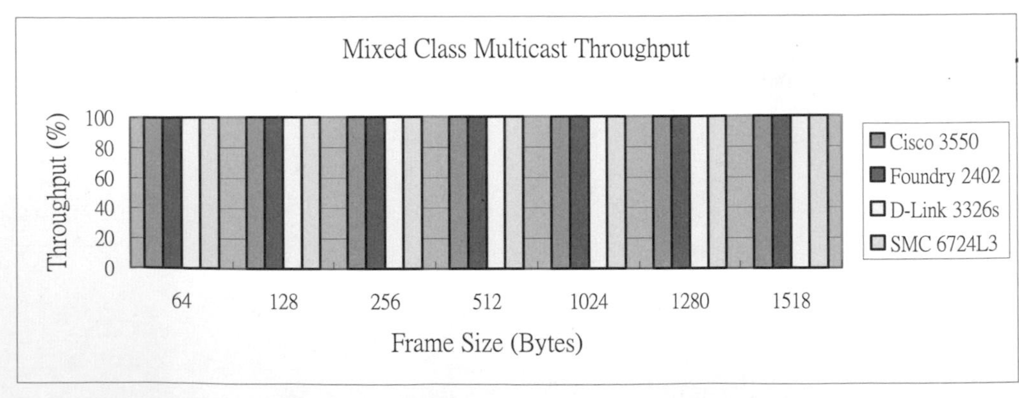

【圖4-15】 Multicast Mixed Class Throughput

圖4-16爲各 switch 傳送純 multicast traffic 負載爲 10% 時的 latency 數據，在測試 latency 時我們傳遞純 multicast 負載 10% 封包，所得之 latency 會隨封包 size 變大而增長。測試結果仍然是 Cisco Catalyst 3550 之 latency 較長，其餘各家之latency 差異甚小。

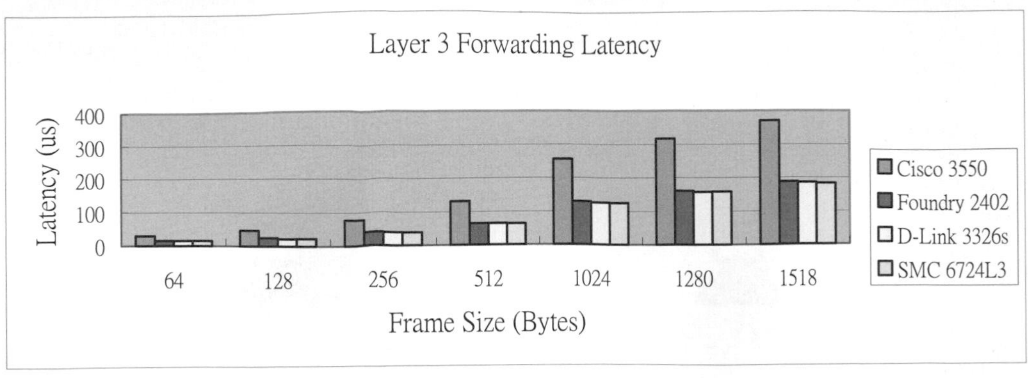

【圖4-16】Multicast Forwarding Latency 測試結果

本測試綜觀而言，在 multicast 傳送效能測試中，在 throughput 部分四家區域路由交換器皆相當稱職，而 Cisco Catalyst3550 則在 latency 表現較不理想。

4.5 互通性比較

在互通性測試分面我們對全部九家產品的 SpanningTree Protocol 進行互通性的測試，另外也考量區域路由交換器的角色針對其最常會用到的 RIP、OSPF 兩種路由通訊協定進行測試。

4.5.1 Spanning Tree Protocol

當兩個終端機之間有兩條以上的路徑的時候，Spanning Tree Protocol 可以用來解決無窮迴圈的問題，在兩條路徑中，如果其中一條路徑突然斷線了，這個時候 Spanning Tree Protocol 便會偵測出這種狀況，並自動使用另一條路徑傳送資料， 而不會讓網路線路一直中斷下去。 圖4-17描述測試 Spanning Tree Protocol 的測試環境，兩台交換器之間連接了兩條線路，然後各在兩台交換器上連接一部終端機，持續以 ping 測試兩台交換器之間的路徑有沒有中斷，然後將交換器之間的連線，拔掉正在運作的那條線路，這時候 ping 會發生錯誤，而交換機的 Spanning Tree Protocol 開始運作，找出替代性的路徑之後，ping 又會回復正常。

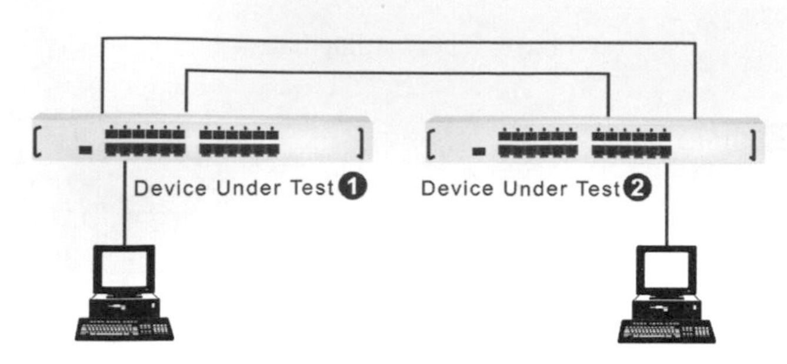

【圖4-17】spanning tree protocol 測試架構

Spanning Tree 互通性結果如表4-15所示，九家產品間都能正確互通。

【表4-15】spanning tree protocol 互通性測試結果

Device Under Test	3COM 4400	Cisco Catalyst 2950	D-Link 3326S	HP Procurve 2524	SMC 6824M	Cisco Catalyst 3550	D-Link 3326S	Foundry FastIron 2402	SMC 6724L3
3COM 4400	Yes	Yes	Yes	Yes	Yes	Yes	Yes	Yes	Yes
Cisco Catalyst 2950	Yes	Yes	Yes	Yes	Yes	Yes	Yes	Yes	Yes
D-Link 3326S	Yes	Yes	Yes	Yes	Yes	Yes	Yes	Yes	Yes
HP Procurve 2524	Yes	Yes	Yes	Yes	Yes	Yes	Yes	Yes	Yes
SMC 6824M	Yes	Yes	Yes	Yes	Yes	Yes	Yes	Yes	Yes
Cisco Catalyst 2950	Yes	Yes	Yes	Yes	Yes	Yes	Yes	Yes	Yes

D-Link 3326S	Yes	Yes	Yes	Yes	Yes	Yes	Yes	Yes	Yes
Foundry FastIron 2402	Yes	Yes	Yes	Yes	Yes	Yes	Yes	Yes	Yes
SMC 6724L3	Yes	Yes	Yes	Yes	Yes	Yes	Yes	Yes	Yes

4.5.2 RIP 互通性測試

在 RIP 通訊協定互通上我們測量四家區域路由交換器可否以 RIP 通訊協定正確交換路由資訊。測試的架構如圖4-18所示，我們將兩路由交換器連結在一起，檢視未直接相鄰之網段是否有正確出現在兩路由交換器的路由表內，並利用連結在交換器之主機以 ping 方式測試是否可與連結在另一交換器上的主機相通。

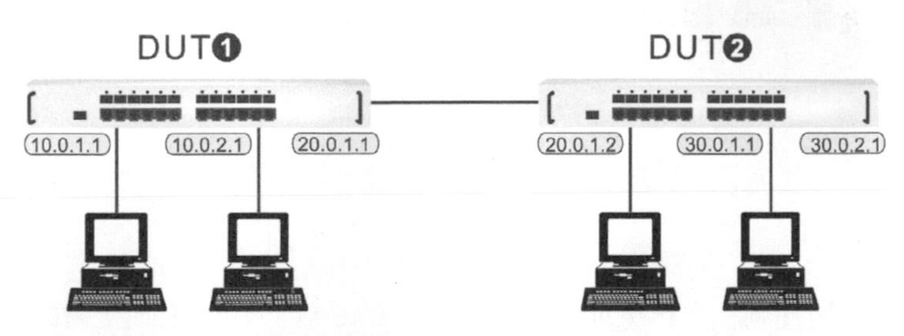

【圖4-18】RIP 路由通訊協定測試架構

測試結果如表4-16，四家路由交換器產品皆能正確進行 RIP 路由資訊的交換。

【表4-16】RIP 互通性測試結果

Device Under Test	Cisco Catalyst 2950	D-Link 3326S	Foundry FastIron 2402	SMC 6724L3
Cisco Catalyst 2950	Yes	Yes	Yes	Yes
D-Link 3326S	Yes	Yes	Yes	Yes
Foundry FastIron 2402	Yes	Yes	Yes	Yes
SMC 6724L3	Yes	Yes	Yes	Yes

4.5.3 OSPF 互通性測試

OSPF 通訊協定互通性測試上，我們測量四家區域路由交換器可否以 OSPF 通訊協定正確交換路由資訊。測試的架構如圖4-19所示，我們將兩路由交換器連結在一起，檢視未直接相鄰網段之路由，是否有正確出現在兩路由交換器的路由表內，並利用連結在交換器之主機以 ping 方式測試是否可與連結在另一交換器上的主機相通。

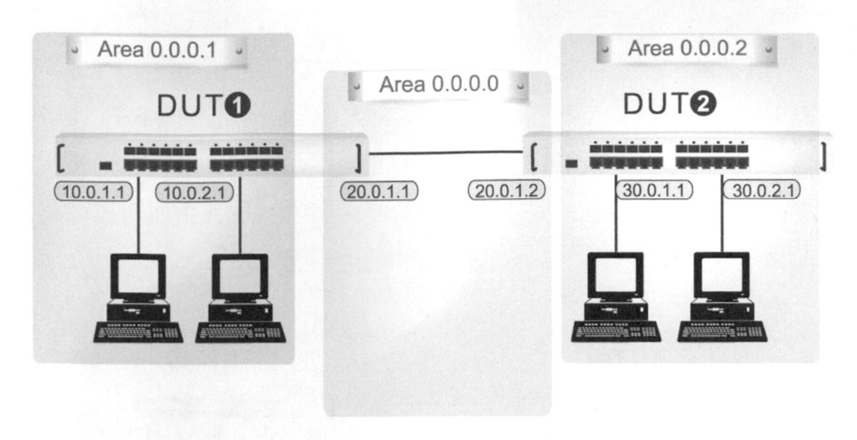

【圖4-19】OSPF 互通性測試架構

OSPF 的互通性測試之結果如表4-17所示，四家廠商皆能正確交換路由。

【表4-17】OSPF 互通性測試結果

Device Under Test	Cisco Catalyst 2950	D-Link 3326S	Foundry FastIron 2402	SMC 6724L3
Cisco Catalyst 2950	Yes	Yes	Yes	Yes
D-Link 3326S	Yes	Yes	Yes	Yes
Foundry FastIron 2402	Yes	Yes	Yes	Yes
SMC 6724L3	Yes	Yes	Yes	Yes

4.6 總結評比

關於測試報告的結論，我們對所有比較的功能、效能及互通性做評分，滿分爲五顆星。每項指標評分依據前面所述各項測試結果來評比，在價值比部分以其他各項成績之總和除以定價計算，價值比項目僅佔總分之1/6（Layer 3 switch）或 1/5（Layer 2 switch）。在效能上由於 24+2 port switch 的 8.8Gbps traffic 流量並不大，所以在效能部分並沒有顯著的差異性。在互通性的部分由於測試的路由協定都是發展很成熟的 protocol，所以在各家產品互通性上沒有問題，而在功能面上，由於安全性控管的能力及頻寬控制的能力越來越受到重視，對新的需求廠商反應的速度就有所不同，所以在功能面會有較多差異。

考量各項指標後，測試之最後結果在不考慮價值比時，Layer 2 SME switch 部分（九項指標）以 Cisco Catalyst 2950G-24EI 最佳、D-Link 3226S 爲第二，Layer 3 SME switch 部分（十一項指標）則是 Foundry FastIron 2402 Premium 及 Cisco Catalyst 3550-24EMI 並列第一。在考慮價值比時，Layer 2 SME switch 的D-Link 3226S爲最優先選擇，Layer 3 SME switch則以D-Link 3326S及SMC 6724L3爲最優先選擇。

【表4-18】基本功能總評

Device Under Test	管理功能	頻寬管理功能	Layer 2、layer3 及 multicast 功能	安全性功能	備援及其他功能	價值比
3COM SuperStack Switch 4400-24	★★★★	★★★★	★★★★½	★★★½	★★★★★	★★★★★★
Cisco Catalyst 2950G-24-EI	★★★★★	★★★★★	★★★★★	★★★★★	★★★★★	★★★★
D-Link 3226S	★★★★½	★★★★★	★★★★½	★★★★	★★★★½	★★★★★★★★★★

HP Procurve 2524	★★★★⯪	★★★⯪	★★★	★★★⯪	★★★★⯪	★★★★★★★
SMC 6824M	★★★★	★★★★⯪	★★★★⯪	★★★	★★★★★	★★★★★★★★★★
Cisco Catalyst 3550-24 EMI	★★★★★	★★★★★	★★★★★	★★★★★	★★★★★	★★
D-Link 3326S	★★★★⯪	★★★★⯪	★★★★	★★★★	★★★⯪	★★★★★★★★★★
Foundry FastIron 2402 Premium	★★★★★	★★★★★	★★★★⯪	★★★★⯪	★★★★⯪	★★★★
SMC 6724L3	★★★★⯪	★★★★⯪	★★★★	★★⯪	★★★★⯪	★★★★★★★★★★

【表4-19】效能比較總評

Device Under Test	Layer 2 效能	Layer 3 效能	Multicast 效能
3COM SuperStack Switch 4400-24	★★★★★	★★★★★	★★★★★
Cisco Catalys 2950G-24-EI	★★★★★	★★★★★	★★★★★
D-Link 3226S	★★★★★	★★★★★	★★★★★
HP Procurve 2524	★★★★⯪	★★★★★	★★★★★
SMC 6824M	★★★★★	★★★★★	★★★★★
Cisco Catalyst 3550-24 EMI	★★★★	★★★★⯪	★★★★⯪
D-Link 3326S	★★★★⯪	★★★★★	★★★★★
Foundry FastIron 2402 Premium	★★★★★	★★★★★	★★★★★
SMC 6724L3	★★★★⯪	★★★★★	★★★★★

【表4-20】互通性總評

Device Under Test	Spanning Tree Protocol互通性	RIP 互通性	OSPF 互通性
3COM SuperStack Switch 4400-24	★★★★★		
Cisco Catalys 2950G-24-EI	★★★★★		
D-Link 3226S	★★★★★		
HP Procurve 2524	★★★★★		
SMC 6824M	★★★★★		
Cisco Catalyst 3550-24 EMI	★★★★★	★★★★★	★★★★★
D-Link 3326S	★★★★★	★★★★★	★★★★★
Foundry FastIron 2402 Premium	★★★★★	★★★★★	★★★★★
SMC 6724L3	★★★★★	★★★★★	★★★★★

【表4-21】Layer 2 SME switch 產品總分表

Device Under Test	3COM SuperStack Switch 4400-24	Cisco Catalyst 2950G-24EI	D-Link 3226S	HP Procurve 2524	SMC 6824M
總分（不考量價值比）	41	45	42.5	38.5	41
總分（考量價值比）	49	49	52.5	44.5	51

【表4-22】Layer 3 SME switch 產品總分表

Device Under Test	Cisco Catalyst 3550-24EMI	D-Link 3326S	Foundry FastIron 2402 Premium	SMC 6724L3
總分（不考量價值比）	53	50	53.5	49.5
總分（考量價值比）	55	60	57.5	59.5

4.7 參考文獻

[1] 3COM, http://www.3COM.com

[2] Cisco, http://www.cisco.com

[3] D-Link, http://www.dlink.com.tw

[4] Foundry, http://www.foundrynet.com

[5] HP, http://www.HP.com/

[6] SMC, http://www.smc.com/

[7] SmartBits, http://www.netcomsystems.com

[8] ASTII, http://www.netcomsystems.com

[9] SmartFlow, http://www.netcomsystems.com

[10] SmartWindow, http://www.netcomsystems.com

[11] SmartMulticastIP, http://www.netcomsystems.com

[12] RFC Documents, http://www.ietf.org/rfc.html

05 網域拓撲探測與延遲測量

網際網路是一個複雜的迷宮，想要了解一個網域須掌握兩個重要的元素，一是網域的拓撲（topology），另一個是網域內傳輸的延遲（delay）。傳統探測一個網域的方法，採用「ping」的工具程式逐一 ping 向每一個節點，再依照回傳的結果勾勒出遠端網域的架構，這種方式費時又容易出錯。在此我們利用 SNMP（Simple Network Management Protocol）所提供的 MIB（Management Information Base）資料庫，讀取遠端路由器（router）或主機（host）上的路由表（Routing Table），來探測遠端網域的拓撲，較為快速且正確。我們整理出一套完整的演算法，利用 SNMP 及 ICMP（Internet Control Message Protocol）來探測一個給定但未知網域的拓撲（topology）並測量網域內部節點間資料傳輸的延遲（delay）。另外，將介紹市面上易於取得的分享軟體（shareware），來幫助我們完成拓撲探測（topology probing）和延遲測量（delay measurement）的工作。我們並以交大校園網路為例，進行一次完整的拓撲探測和延遲測量。

5.1 動機

網際網路的世界越來越龐大，全世界使用 Internet 的人口與日俱增。Internet 上的節點數大量增加，使得 Internet 的拓撲（Topology）更加複雜，網管的困難度也相對提升。對一般使用者而言，Internet 有如迷宮般的難以捉摸。

傳統的方法中，想要探測一個遠端網路的拓撲，就是利用工具程式「ping」。從一個網域的第一個 IP Address 逐一 ping 到最後一個 IP Address，分別記錄封包的路徑和傳輸的時間，再依照這些資料，勾勒遠端網域的架構。這種方式工程耗大，而所得到的資訊又不完整，在描繪網路拓撲的時候很容易出錯。因此我們希望找出一套新的方法，利用這套方法，可以讓我們正確而快速地了解遠端特定的網域。也就是說這套方法可以完成兩件事，一是探測網域拓撲（topology probing），一是測量網域傳輸延遲（delay measurement）。

5.2 拓撲探測和延遲測量的原理

了解一個網域有兩個重要的元素，一是網域的拓撲（topology），另一個是網域內傳輸的延遲（delay）。第一步要先找出特定網域中完整的拓撲，這包括網域中主機（host） 的數量、機器連接（connect）的情形、IP address 的配置和子網域（subnet）分配。第二步是對網域中每一個 hop 的 delay 進行測量（measurement）。接下來我們將分別介紹拓撲探測和延遲測量的其本原理。

5.2.1 拓撲探測的原理

查出網路拓撲最好的方法是取得路由表（Routing Table）。路由表中記錄了 IP Address 的前置地址（prefix）及該往那個方向傳送。支援 SNMP（Simple Network Management Protocol）[2]的設備（device）會把自己的路由表放在 MIB（Management Information Base）[3]資料庫中，因此我們可以透過 SNMP 的訊息取得遠端路由器（Router）的路由表。

5.2.1.1 SNMP簡介

Internet 上各種裝置（device）種類繁多，各家廠商的網管系統並不相容。SNMP 是一個開放的網路協定標準，用以協助及整合 Internet 的管理工作。SNMP 第一版在 1990 年五月由 RFC 1157[4]所定義完成。在 RFC 1441[5]到 RFC 1452[6]中，針對第一版的缺點加強改善，完成了目前通行的 SNMPv2。SNMP 推出後廣受好評，而且很快地為各家廠商接受，主要的原因在於它「simple」──如同它的名字。

在SNMP 的網管環境如圖5-1，它把網路上的設備分為兩類，一類叫管理者（Manager），另一類叫受管者（Agent），受管者分散在網路中，負責監視並記錄網路裝置的運作情形、資料流量、傳送過程等資訊。而管理者視情形向受管者取回各項記錄， 經分析判斷後，再向受管者下達指令調整運作的方式，以增進網路的服務能力。

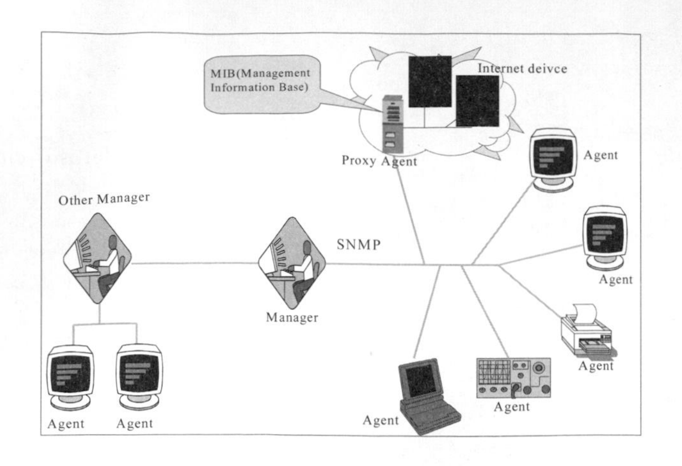

【圖5-1】SNMP網管環境

但是許多較早時期的設備並不支援SNMP。針對這個問題，提出了中介受管者（Proxy Agent）的角色。中介受管者負責和不支援SNMP 的設備溝通，而後提供資訊給管理者並接受管理者的命令調整網路設備的運作。

5.2.1.2 MIB 簡介

管理者（Manager）要如何取得每一個受管者（Agent）紀錄的網管資訊呢？不同的網路設備各有不同的特性，管理者須要一個共通而且明確的方式取得不同網路設備的網管資訊。為了建立一個共同的資料存取介面，定義了MIB（Management Information Base）。

MIB 是一種資料庫，受管者把所有網管相關的訊息放入資料庫中以供存取。資料庫需要有索引才能正確的找到資料，MIB 所使用的索引稱 OID（Object IDentifier）。OID 將MIB架構成一個樹狀的資料庫[7]，如圖5-2所示，每一項資料就是一片樹葉（leaf），相關的資料形成一棵子樹（subtree）。由上而下，依照相關的組織、特性，而分佈成整棵樹（tree）。樹上的每一個節點（node）都有一個正整數的號碼，這個號碼在節點的兄弟 （brother）之間是唯一的。透過這個號碼就組成了索引資料庫的 OID。當我們要拜訪 MIB 中某一個節點時，由樹根開始，逐一向下指定每一層子樹的 OID 號碼，我們便可找到要拜訪的樹葉。依照 OID 的規定，每一層的數字間以句點（dot）區隔。

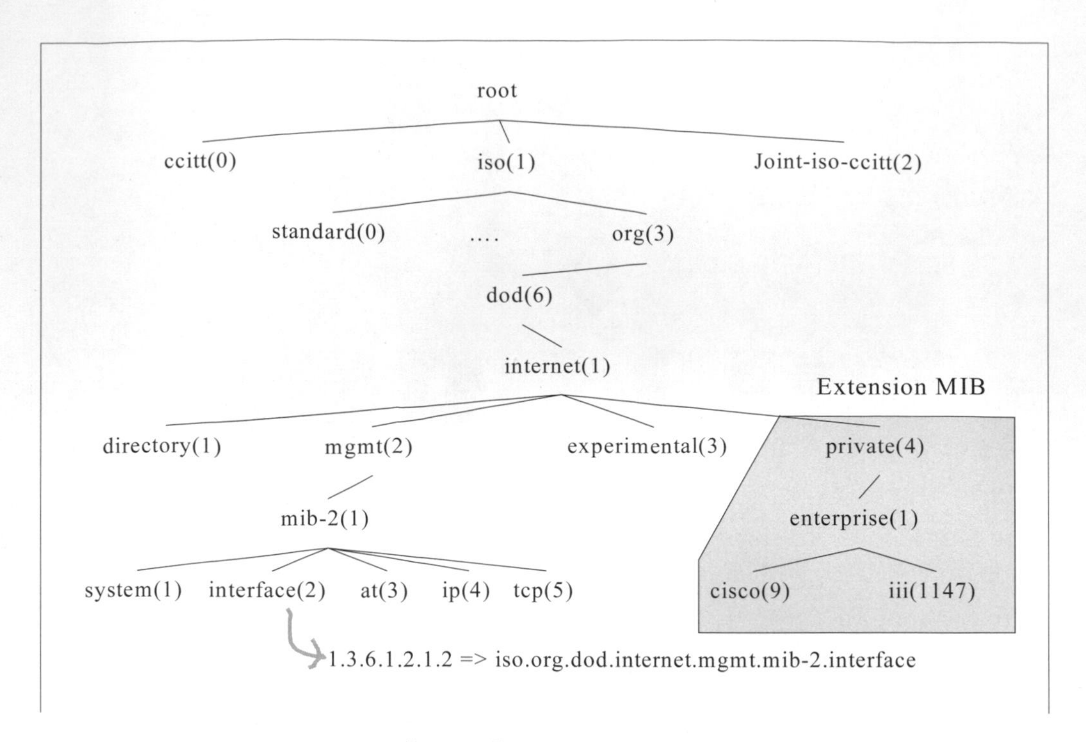

【圖5-2】MIB的資料結構

以圖5-2爲例，如果我們要尋找「interface」這個節點，我們由樹根開始，經由 iso（1）到org（3）到dod（6）到internet（1）到mgmt（2）到mib-2（1）到interface（2），因此OID爲 1.3.6.1.2.1.2。管理者只要將 1.3.6.1.2.1.2 的訊息送給受管者，就可以取得「interface」的資料。

5.2.1.3 **利用MIB 資訊找出網路架構**

MIB II[8]屬於標準的 MIB 資料庫，如圖5-2在整個 MIB 中被定義在 1.3.6.1.2.1 的位置，主要是爲了路由器的控制管理所設計的。MIB II 共分爲 system、interface、at、ip、icmp、tcp、udp、egp、transmission、snmp 共10 個類別（Group），記錄各種控制、傳輸、路由等資訊，這裡我們所關心的是它的第二個類別 (interface) 和第四個類別 (ip)。 Interface類別下有一個 Interface Table，Interface Table 可以告訴我們這台路由器每一個通訊埠（port）現在的使用狀況。在 ip 類別下，我們可以取得 Routing Table 及 Net to Media Table。Routing Table 紀錄了不同的 ip address 應該送往那一個節點轉送，而 Net to Media Table 告訴我們 Router 的每一個埠（port）和哪些機器直接相連。Routing Table 及 Net to Media Table 詳細的欄位分別列於表5-1及表5-2。

【表5-1】 Routing Table欄位說明

欄位名稱	資料型態	說明
ipRouteDest	IPAddress	destination IP address
ipRouteIfIndex	INTEGER	經由那一個port路由
ipRouteMetric1	INTEGER	primary routing metric（和iprouteproto有關）
ipRouteMetric2	INTEGER	routing metric替代方案
ipRouteMetric3	INTEGER	routing metric第三個方案
ipRouteMetric4	INTEGER	routing metric第四個方案
ipRouteNextHop	IPAddress	下一個hop的IP位址
ipRouteType	INTEGER	route方式（直接給誰/還要轉接）
ipRouteProto	INTEGER	路由使用的通訊協定
ipRouteAge	INTEGER	這一個路由記錄上一次修改現在經過幾秒
ipRouteMask	IPAddress	路由位址的Net Mask

【表5-2】Net To Media Table欄位說明位

欄位名稱	資料型態	說明
ipNetToMediaIfIndex	INTEGER	interface的索引值
ipNetToMediaPhysAddress	OCTET STRING	和interface 直接相連機器的MAC 位址
ipNetToMediaNetAddress	IpAddress	和interface直接相連機器的IP位址
ipNetToMediaType	INTEGER	ipNetToMedia記錄的型態

藉由以上兩張表，我們就可以找出一個路由器究竟和那些其他的路由器相連接，而路由器本身直接管理那些子網域（subnet），當然我們也可以用同樣的方式找出每一台主機的串連狀況。在此，我們比較關心的是路由器間的串連和子網域的分配。圖5-3我們以交通大學資訊工程系的一顆路由器爲例，說明透過MIB 的查詢，我們可以取得什麼樣的資訊。

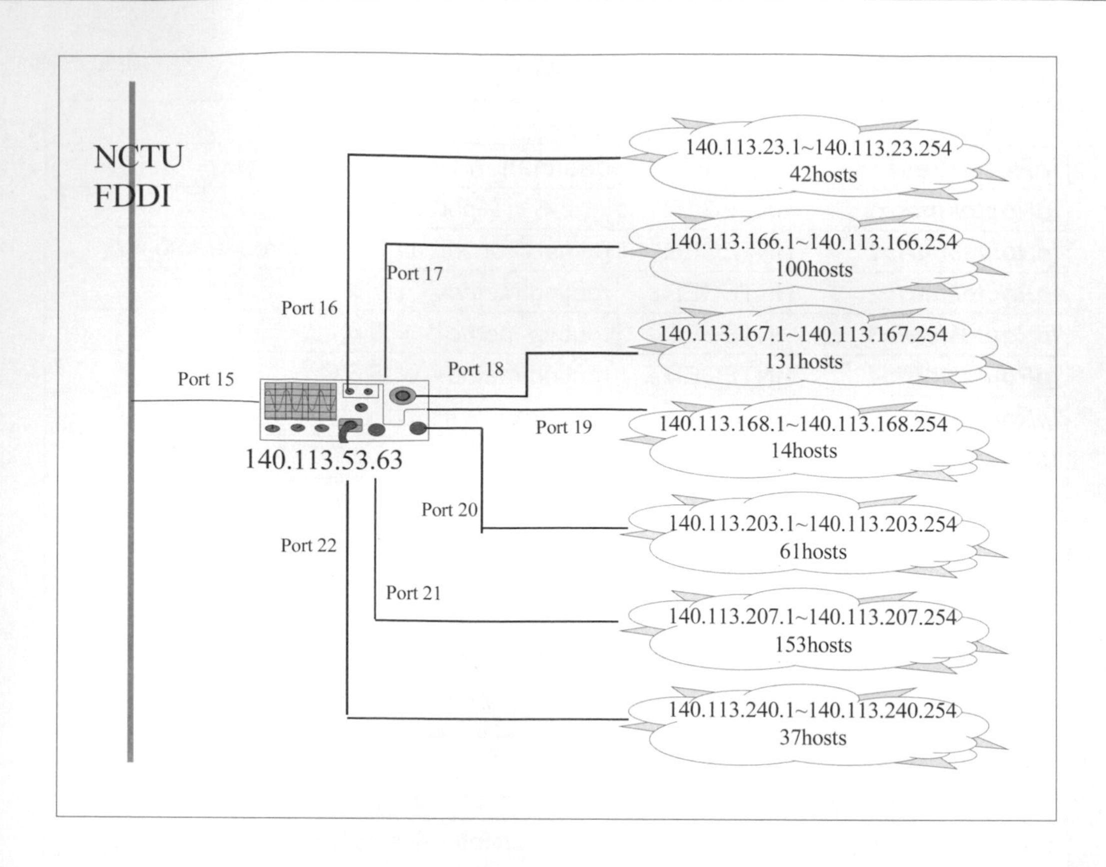

【圖5-3】一台路由器中MIB記錄的資訊

我們可以逐一查詢和 140.113.53.63 直接相連的每一顆路由器，然後再查取與之相連的路由器，逐步向外，便可找出整個網域（domain）內的拓撲(topology)。在稍後的章節中我們會更仔細說明網域拓撲探測（topology probing）的詳細步驟。

5.2.2 網域延遲測量的原理

測量遠端某一節點與自己通訊間詳細的延遲情形，要追蹤（trace）封包經過的路徑，而後逐一測量每一段的延遲時間。測量網路上遠端兩個節點（A 點與B 點）間的延遲，需要送出一個封包通過指定的兩個節點後返回，將封包往返的時間扣除到達A點與自B點回來時間，方可得到封包通過A、B兩點間的延遲時間。

5.2.2.1 ICMP 簡介

TCP/IP（Transmission Control Protocol/Internet Protocol）是一個組合式的通訊協定，他是藉著多個協定互相分工，彼此支援來完成資料傳輸的工作。其中 IP 協定負責提供了資料包（datagram）的傳送、路徑路由、檢核（checksum）等功能，但是有異常狀況時， 接收端（receiver）必須將異常狀態反應給發送端（sender），ICMP（Internet Control Message Protocol）[9]就是扮演通知各種異常狀況的角色。

ICMP 是在 IP 層（Internet Protocol Layer）上層的通訊協定，ICMP 的資料也就是透過 IP 的封裝（encapsulated）傳送給發送端。ICMP 中定義了九種訊息格式（message type）[10]。分為兩類，第一類錯誤訊息（error message）有五種訊息格式，第二類資訊訊息（information message）有四種訊息格式。「錯誤訊息」當 IP 傳輸有異常狀況發生時，路由器（Router）或接收端（Receiver）主動向發送端（Sender）送出錯誤訊息，提醒發送端停止或調整資料的傳送。「資訊訊息」是使用者主動提出要求，希望目的機器回應簡單的訊息。五種錯誤訊息格式整理如表5-3，四種資訊訊息格式整理如表5-4。

【表5-3】 ICMP中五種錯誤訊息

訊息名稱	意義意義
Destination Unreachable	Packet Could not be delivered
Time Exceeded	Time To Live field hit 0
Parameter problem	Invalid header field
Redirect	Teach a router about geography
Source Quench	Choke packet

【表5-4】 ICMP中四種資訊訊息

訊息名稱	意義
Echo Request	Ask a machine if it is alive
Echo Reply	Yes, I am alive
Timestamp Request	Ask a machine timestamp
Timestamp Reply	Echo timestamp request

5.2.2.2 Echo Request/Echo Reply訊息

Echo Request/Echo Reply 是 ICMP 中最爲常用的兩種訊息格式（message type）。 Echo Request 就是要求目的機器（destination machine）做一個簡單的回應，以檢查網路是否暢通以及目的機器是不是仍然正常（alive）。Echo Reply 訊息就是專門用以回應 Echo Request，告訴查詢的機器「我很好！」。Echo Request/Echo Reply 屬於資訊訊息（information message），亦即唯有在使用者下達指令時才會發出訊息。

最常用來發送 Echo Request 訊息的工具程式就是「ping」。藉由 ping 的動作，使用者可以馬上得到兩項資訊，第一項是目的機器（destination machine）是否仍然正常運作，第二項資訊是一個封包來回需要多少時間。Ping 程式只是一個簡單的迴圈架構，送出一個ICMP封包後，就一直傾聽（listen），等待回傳的訊息。如果超過使用者指定時間就告訴使用者「Time out」。

5.2.2.3 Time Exceeded訊息

在 IP 標頭（IP Header）內，有一個欄位叫 TTL（Time To Live），長度 8bits，爲了防止封包在網路中漫無止境地傳送而設，與路徑的選擇無關。當封包從發送端（source） 發出時， TTL 欄位就被填入一個正整數，此後這個封包每經過一個 hop，TTL 欄位的數字就減 1。當 TTL 遞減爲零，這個封包就會被視爲過時的資訊而被收到它的 hop 直接丟棄。

通常，在封包一開始當被發送端（source）發送出去時，TTL 欄位會填上最大正整數 255。如果一個封包的 TTL 值被遞減到了 0，代表這個封包迷路了，或是遇到了一個無限迴圈。在 IP 協定中，最後一個 hop 會自動放棄這個封包。發生這種情況時，封包遭到丟棄而不能正確傳遞至目的地。但是封包的發送端並不知道自己被丟失了一個封包，因此丟棄它的 hop 將回傳一個 ICMP 的訊息告訴發送端，這個訊息稱之爲「Time Exceeded」訊息。

5.2.2.4 利用 ICMP 測量網路延遲的時間

藉由上面所介紹的兩種 ICMP 功能，我們就可以對 Internet 上任意節點（node）間延遲的時間進行測量。我們送出特定 TTL 值的 Echo Request 訊息，讓中繼的 Router 送回 Time Exceeded 訊息，並紀錄封包往返的時間，算出每一個段網路間封包延遲的狀況。

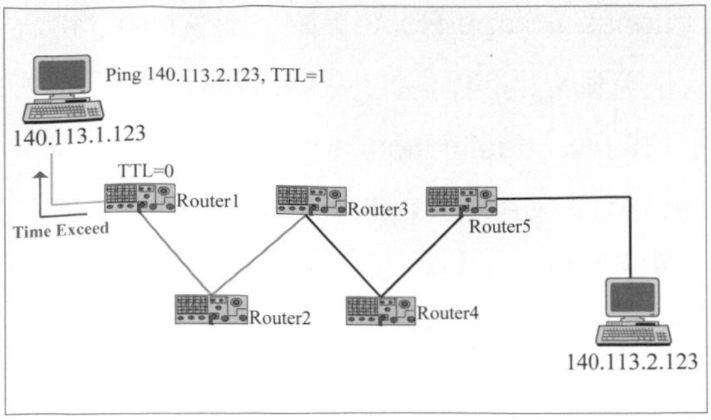

【圖5-4】 ICMP路徑追蹤與延遲測量（1）

如圖5-4所示，Router1 至 Router5 是兩點間的正常路徑。我們向目標機器送ping封包，設其 TTL=1，Router1 將 TTL 減 1 得到 0，就會送回「Time Exceeded Message」，訊息中包括了 Router1 的 IP Address，於是我們知道封包的第一站就是 Router1。記錄從送出 ping 封包至收到「Time Exceeded Message」的時間，就是往返 Router1 所需要的時間。

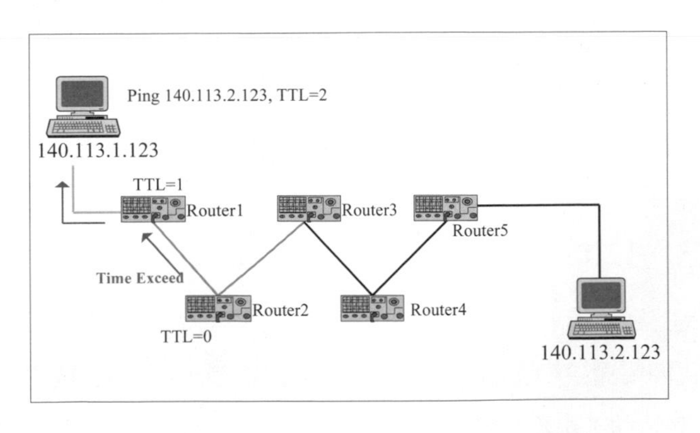

【圖5-5】ICMP路徑追蹤與延遲測量（2）

如圖5-5，我們再送出 ping 封包，但是設 TTL=2，封包到 Router2 時就會被遞減爲 0，我們就會收到 Router2 的「Time Exceeded Message」。將原點與 Router2 間的延遲時間，減去原點與 Router1 間延遲時間，便是 Router1 與 Router2 之間的延遲時間。以此類推，便可以完整地找出原點和目地間的路徑和每一段的延遲時間。

我們利用 LSRR（Loose Source Route）的功能幫助我們指定封包通過的路徑，就可以測量出Internet 上任意兩點間的延遲時間。LSRR 允許我們指定封包必須先通過那些節點，才到達指定的目的地（destination），指定通過節點的 IP address 會被依序放在 IP 標頭（IP Header）中的選擇項（option）欄位。傳送封包的路由器會讀取選擇項（option）欄位並依序傳送封包。

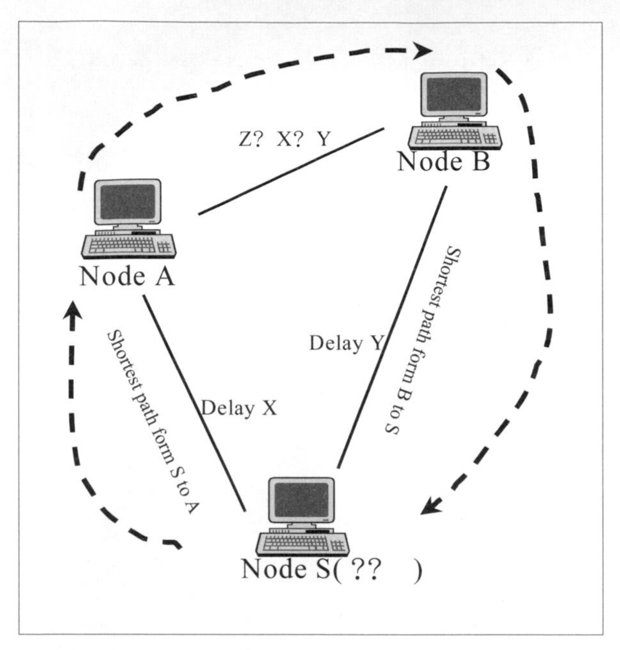

【圖5-6】 利用LSRR測量任意兩點間的延遲時間

如圖5-6，我們要測量節點 A 至節點 B 的延遲時間，我們先分別測量出節點 S（自己）至節點 A 的延遲時間 X 和節點 S 至節點 B 的延遲時間 Y。再送出一個 ICMP 封包，指定路徑通過 A 再到達 B，則他會通過圖5-6箭號指示的路線回到節點 S，設延遲時間爲 Z。則 Z－Y－X 即是節點 A 至節點 B 的延遲時間。

5.3 網域探測與延遲測量工具介紹

上一章我們說明了網域探測與延遲測量基本原理，這樣的程序是一個規律而且重覆多次的步驟，須要透過程式幫我們執行。SNMP 和 ICMP 都是公開的協定，可以藉由 Socket programming 程式開發來完成。這樣的程式開發已經有人完成了，而且分享在網路上，每一位使用者都可以下載安裝。接下來我們將介紹兩套十分方便的分享軟體（shareware）。

5.3.1 網域探測工具----Visual MIBrowser

SNMP 是目前網路環境中相當常用的一項網管協定，所以大部份的網路設備都會支援 SNMP。市面上可以瀏覽 MIB 資料庫的軟體很多，常見的有 Visual MIBrowser[11]、OpenView[12]、NetView[13]等工具。部份功能比較完整的軟體須要相當的費用才能取得合法的使用權，如 OpenView、NetView。仍有一些分享軟體 （Shareware）歡迎使用者自行下載安裝使用。接下來我們將介紹一套介面方便的分享軟體——Visual MIBrowser。

Visual MIBrowser 由 NuDesign Team 開發完成。是一套在 Windows 環境下使用的工具程式，它提供了方便的介面，使用者無須花費大量的心力在 OID 的索引，只要透過圖形介面的點選，就可以得到想要的 MIB 資料值。在網址 NuDesign Team 的網頁上就可以免費下載安裝。Visual MIBrowser 的特性整理在表5-5。

【表5-5】 Visual MIBrowser功能簡介

Visual MIBrowser	
Develop by	NuDesign Team Inc.
Platform	Windows95/98 WindowsNT4
Download	http://www.nudesignteam.com/
Interface	GUI
Special feature	*Support MIB-II *SNMP Agent Discovery *Store result to text file

圖5-7是 Visual MIBrowser 操作的主畫面。畫面可分爲三個部份，左上角的 SNMP Agent 列示框（list box），左方是 MIB 的樹狀展開圖，右半邊則是結果顯示視窗。我們先在左上角的 SNMP Agent 列示框（list box）中選擇你所要查詢的 SNMP Agent 的 IP位址，然後展開 MIB 樹狀圖，點選要查詢的查料項，下達「query」指令，就可以在右半邊看到查詢的結果。

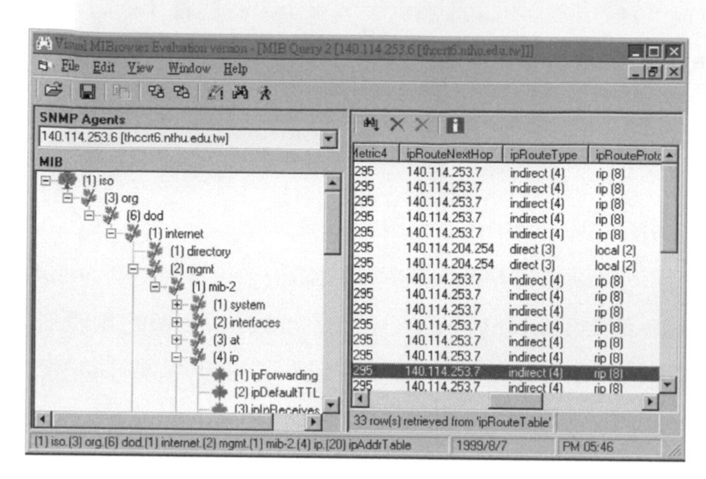

【圖5-7】 Visual MIBrowser操作介面

5.3.2 **延遲測量工具介紹**----Visual Route

在第5.2.2.4 節中我們說明了測量網路延遲的方式，看起來步驟十分複雜，幸而已經有許多工具軟體幫我們處理了這個複雜的程序。網路測量工具眾多，漸漸趨向整合性和圖形化，而且功能常常彼此重疊，我們在此只選擇一項介紹。

Visual Route 由 Datametrics System Corporation[14] 開發， Visual Route 的主要功能是探測路徑的工具。只需指定目的地的位址，Visual Route 就會將封包所經過的每一個路由器表列出來，路徑中的每一個 hop 的延遲情形也會回報在表列之中，還可自動分析網路問題癥結，另外也有增強的圖形功能，所以利用這種測量工具來得知網路塞車狀況是十分方便的。我們將 Visual Route 的特性整理在表5-6。

【表5-6】Visual Route功能簡介

Visual Route	
Develop by	Datametrics System Corporation
Platform	Windows95/98 WindowsNT4
Download	http://www.visualroute.com/
Interface	GUI
Special feature	*Map function. *Store trace result to text file. *Loose Source Route

圖5-8是Visual Route 的主畫面，大致上可以分為左右兩個部分。左邊最上方的文字框（text box）是用來輸入欲觀察的目的地，它可以是 URL、host name 或是IP address。它的下方有一個 Loose Source Route 欄位，它是用來指定路徑所必須經過的 hosts，雖然它只有一個欄位，但是可以填入多個位址，位址間用空白隔開。若不想使用 LSRR 功能，只要將此欄位保持空白即可。再下來是 Visual Route 將 host name 轉成 IP address 之後的列表，由於可能有數個 IP address 共用一個 host name，所以Visual Route會優先觀察排在首位的位址，若要切換到其他的 IP 位址（IP address），只要用滑鼠在 IP 位址上面 double click 即可。最下面是最近觀察過的位址列表，當然也可以從此處直接選擇位址來觀察路徑。

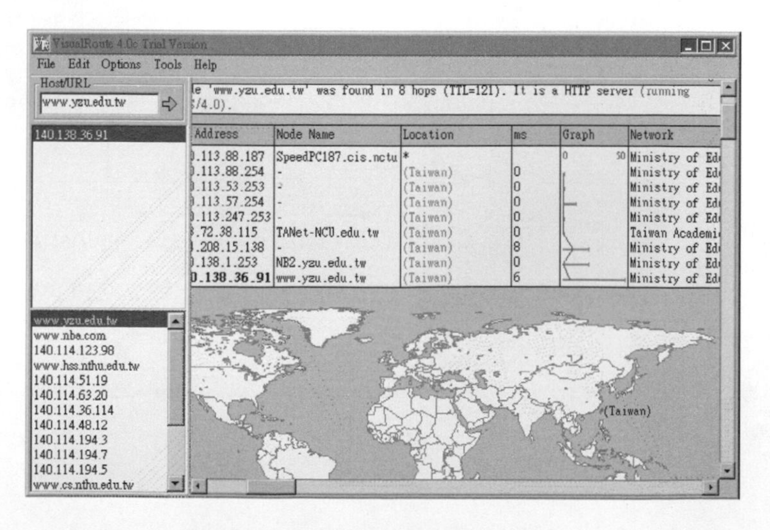

【圖5-8】Visual Route操作介面

右邊的畫面是路徑分析後的結果，由上而下可分爲三個部份，分別是 Visual Route Analysis、Trace Route Table 以及 Trace Route Map。Visual Route Analysis 是分析封包不能抵達目的地的原因。Trace Route Table 是最主要的資訊來源，它會將路徑上所有的 host的位址、最大延遲及平均延遲等資訊列出。Trace Route Map 是將路徑用視覺化的方式在世界地圖中展現出來，這樣可更明顯看出實際的連接情形。 Visual Route 還有一些功能在這裡尚未提及，請自行至 Datametrics System Corporation 網站瀏覽查詢，將可得到更詳實的資料。其實除了 Visual Route 以外，其他尚有許多工具軟體具有相同的功能，例如：PingPlus[15]、Trace route[16]、PingSim[17]等，如果有興趣，可以自行在網路上尋找。

5.4 演算法

我們在此整理了一套完整的演算法，透過這套程序，我們可以探測 Internet 上任何一個我們想了解的網域（domain）。我們可以快速地掌握遠方一個子網域中網路配置的拓撲和網域中每一段鏈結（link）的延遲情形。對一位 Internet 的使用者而言，網路不再是幽不可見的迷宮，對網管人員而言，可以更簡單迅速地找出網路塞車的地方和塞車的原因。

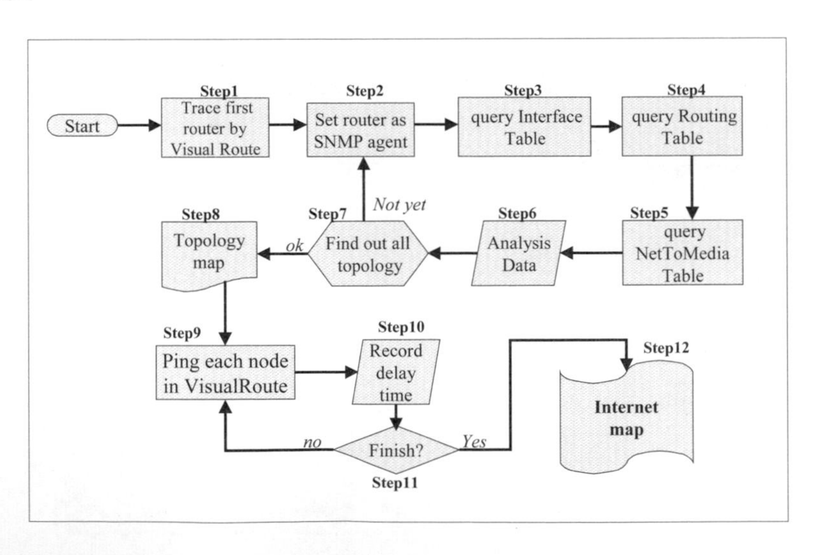

【圖5-9】流程圖

這一套演算法的流程整理如圖5-9。首先我們要能夠找到一顆屬於該網域內的路由器。從這顆路由器開始，找出和所有它相串連的路由器，再逐一拜訪每一顆路由器，找到更下層的路由器，重覆這個步驟，直到我們得到了整個網域的拓撲（topology）。再來我們要測量網域內每一個節點間的延遲時間。我們利用 Visual Route 分別對網路末端節點發送封包，並記錄封包傳輸的延遲時間。重覆此一動作，直到我們完全測量出整個網域延遲的情形。下面我們仔細條列整個演算法。

Step1 Trace first router by Visual Route

首先，我們須要設定我們要探測的網域。然後 ping 該網域下的任何一台機器，例如該網域內的 WEB 站台。我們可利用先前介紹的工具 VisualRoute 來進行，這樣我們很快就可以在指定的網域下找到一台存活（alive）的路由器。這台路由器就是我們的第一個入口。

Step2 Set router as SNMP agent

我們在 Visual MIBrowser 環境下，把 SNMP Agent 指向我們的第一台路由器。Visual MIBrowser 提供了一個 SNMP Agent Discovery 的功能，會自動偵測出遠端的 SNMP Agent。

Step3 Query Interface Table

展開 MIB tree，查詢指定路由器的 Interface Table，在標準 MIB II 的資料結構中，Interface Table 的 OID 號碼是 1.3.6.1.2.1.2.2 （iso.org.dod.internet.mgmt.mib-2.interface.ifTable）。Interface Table 存放路由器傳輸埠（port）相關的資訊。

Step4 Query Routing Table

展開 MIB tree，查詢指定路由器的 Routing Table，在標準 MIB II 的資料結構中，Routing Table 的OID 號碼是1.3.6.1.2.1.4.21（iso.org.dod.internet.mgmt.mib-2.ip.ipRouteTable）。Routing Table 存放這台路由器在進行IP封包轉送時使用的資訊。

Step5 Query NetToMedia Table

展開 MIB tree，查詢這台路由器的 Net To Media Table，在標準 MIB II 的資料結構中，Net To Media Table 的 OID 號碼是 1.3.6.1.2.1.4.22 （iso.org.dod.internet.mgmt.mib-2.ip.ipNetToMediaTable）。Net To Media Table 可以告訴我們和路由器直接串連機器的 IP address 及 MACaddress。

Step6 Analysis Data

分析 Step3 至 Step5 所取得的 MIB 資料值，整理這些資料。Visual MIBrowser 可以讓使用者把查詢的結果儲至文字檔（text file）中。這些資料提供了五項資訊。（1）該路由器目前有多少埠對外串接，（2）路由器直接管理那些子網域，（3）每一個子網域下串連多少台機器，（4）有那些其他的路由器和自己串接，（5）每一個IP應送往那一個路由器。

Step7 Find out all topology？

是不是想探測網域下的每一個路由器都已經查詢過了？
如果還沒跳往 Step2。查詢完成，繼續 Step8。

Step8 Topology map

將探測到的資訊加以整理，就得到網域的拓撲。

Step9 Ping each node by Visual Router

接下來，我們利用 Visual Route 對網域下的每一個路由器進行 ping 的動作。

Step10 Record delay time

封包所經過的路徑及每一段的延遲時間 Visual Route 會回應在螢幕的右側。另外我們亦可利用 LSRR 欄位指定封包經過的路徑，加強測量的便利（使用 LSRR 的技巧已在前面章節說明）。

Step11 Finish？

重覆 Step9 和 Step10，直到對每一段網路延遲時間的測量都完成。

Step12 Internet map

一張漂亮的網路配置圖就在你眼前。

5.5 範例─交大校園網路探測與測量

現在我們以交通大學的校園網路爲例子，依照第四節介紹的演算法，使用第三節介紹的工具 Visual MIBrowser 和 Visual Route，對交通大學的校園網路進行拓撲探測（topology probing）和延遲測量（delay measurement）。第一步，我們在 Visual Route 中ping www.nctu.edu.tw，利用 Visual Route 的 trace 功能，找出與 www.nctu.edu.tw 最接近的路由器 IP 位址 140.113.53.254。140.113.53.254 就是我們的第一個入口。我們將從它開始找出整個交大校園網路的拓撲。

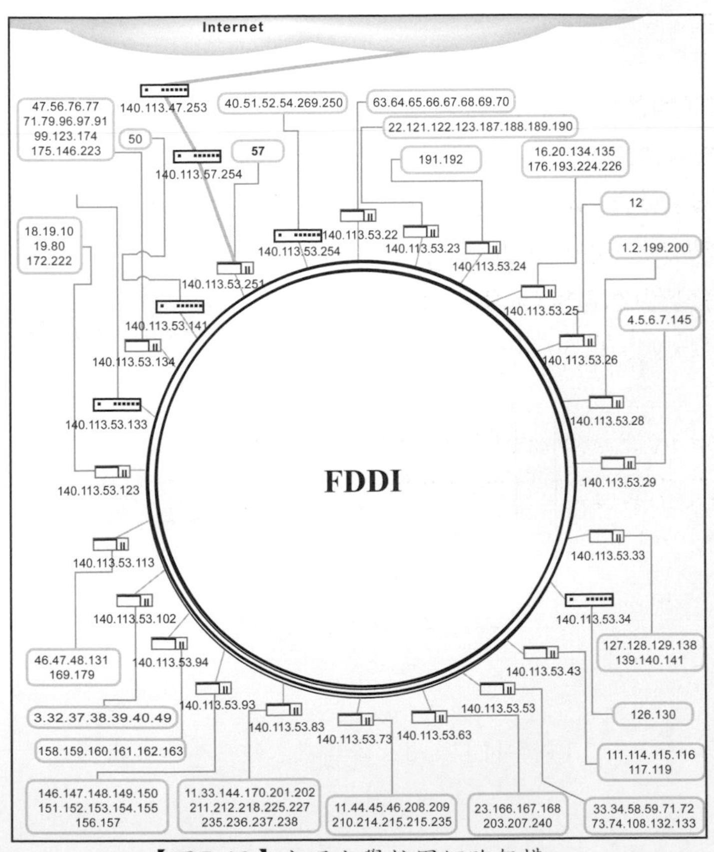

【圖5-10】交通大學校園網路架構

我們開啓 Visual MIBrowser，並在 SNMP Agent 視窗中加入 140.113.53.254。然後在Visual MIBrowser 主畫面的 SNMP Agent 列示窗中選取 140.113.53.254。並查詢（query） 140.113.53.254 的 Interface Table、Routing Table 及 Net To Media Table。然後再逐一查詢和 140.113.53.254 連接的每一顆 router，如同第四節演算法的 Step2 至 Step7，我們便可得到交大校園網路完整的拓撲。

如圖5-10所示，交通大學採用雙迴路 FDDI 架構做為整個校園網路的主幹。一共有 24 台 router 與之相連，每一台 router 各自管理數個子網域。其中，140.113.53.253 連向交通大學計算機中心，透過計算機中心的 140.113.57.254 和 140.113.247.253 對外通訊。圖5-10每一台 router 指向的文字框，表示該 router 直接管理的 IP Subnet。例如： 140.113.53.63 就直接管理 140.113.23.0、140.113.166.0、140.113.167.0、140.113.168.0、 140.113.203.0、140.113.207.0、140.113.240.0 七個子網域。

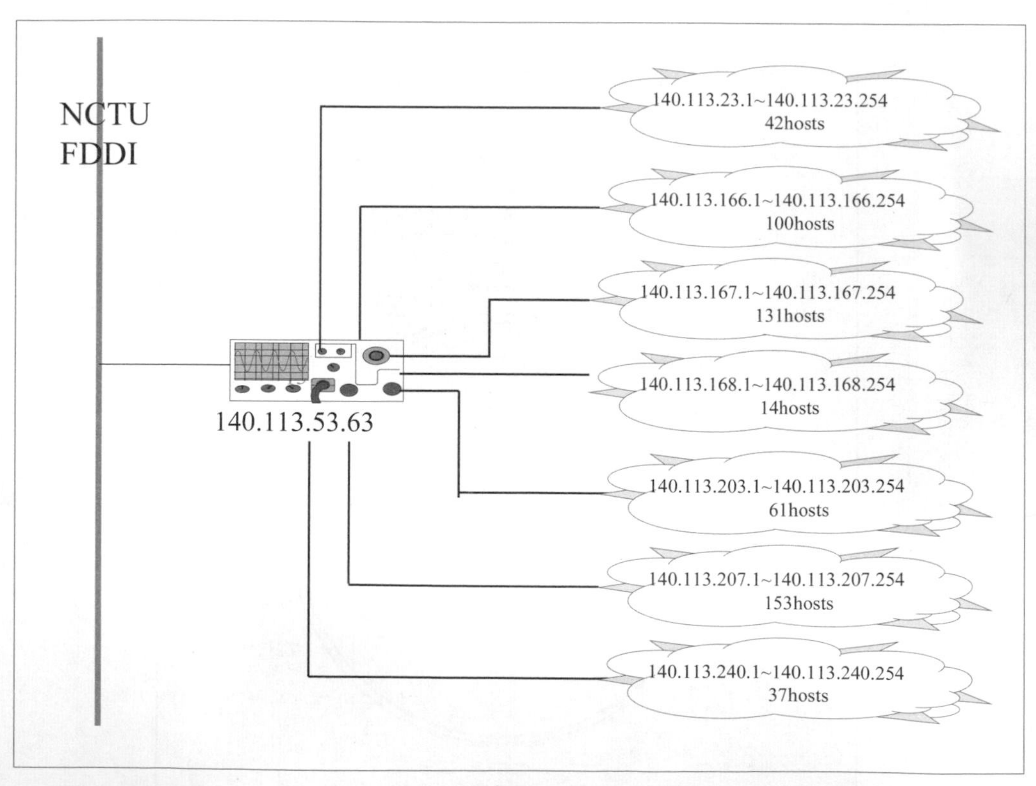

【圖5-11】交通大學資訊工程系網路架構

由於交通大學整個校園網路約有一萬多個節點，無法在此鉅細彌遺的表列，特別選擇資訊工程系的子網域為例子，說明每個子網域下網路的架構。資訊工程系的子網域在路由器 140.113.53.63 之下，共分 7 個子網域，其串接情形及每個子網域上主機（host）的數量見圖5-11。140.113.53.63 共有 8 個通訊埠（port）在運作，其中 15 號通訊埠（port 15）連向 FDDI 與交通大學其他路由器串接，另外 7 個通訊埠分別管一個子網域。

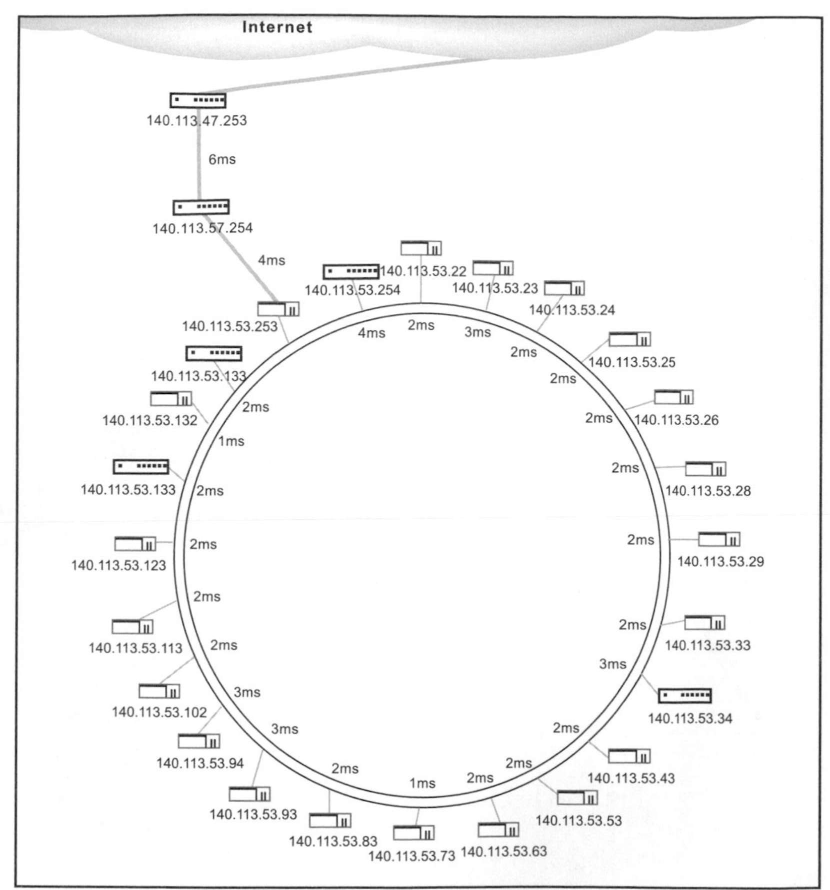

【圖5-12】交大校園網路延遲情形

完成拓撲探測，下一步就是進行延遲測量。我們利用 Visual Route 的操作介面可以簡單快速地測量每一個節點與節點間的延遲時間。圖5-12是交通大學校園網路 FDDI 主幹上每一台路由器對於計算機中心路由器（140.113.52.253）的封包延遲時間，以及於計算機中心對外的封包延遲時間。由此圖就可以看出每一個子網域對外通訊是否順暢和資料塞車的地方。

圖5-13是交通大學資訊工程系每一個子網域間的延遲時間，以及交通大學資訊工程系對外通訊的延遲時間。值得注意的是，本章所列示的資訊及數據可能會隨著網路架構的更動而有所改變。

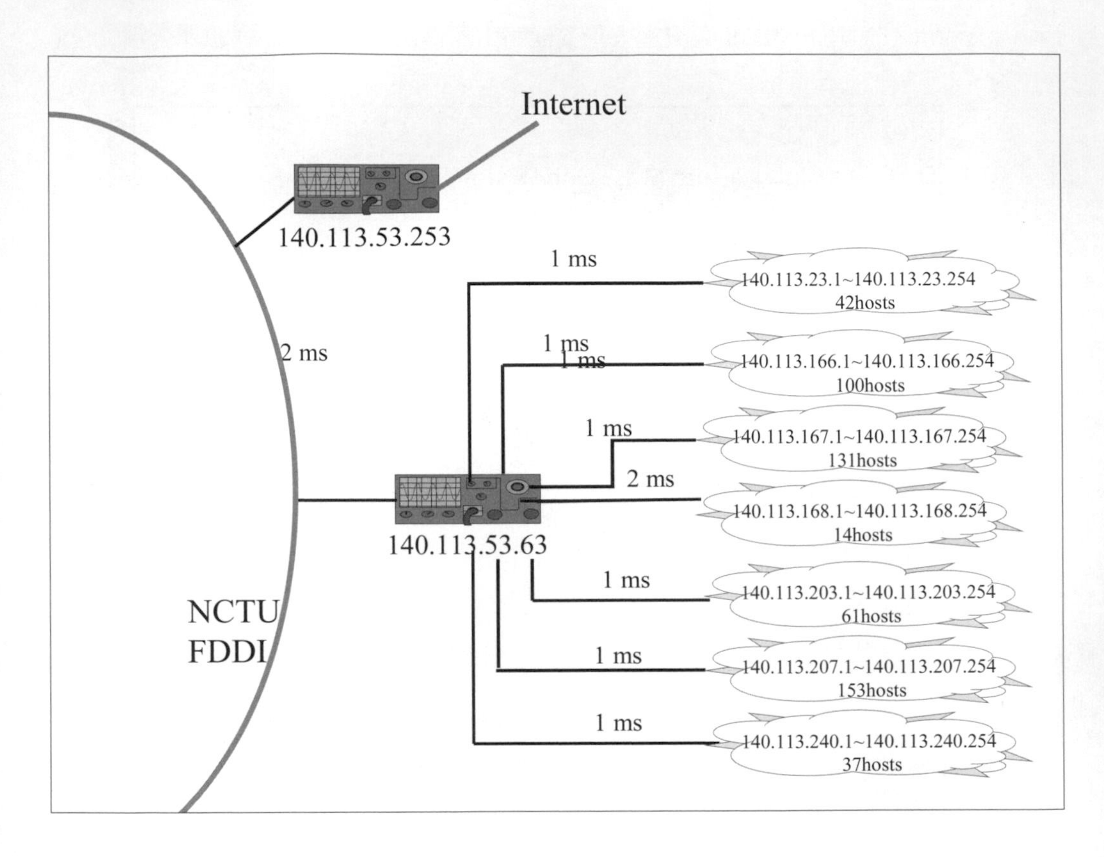

【圖5-13】交大資訊工程系網路的延遲時間

5.6 參考資料

[1] http://www.isc.org/dsview.cgi?domainsurvey/index.html

[2] J.D. Case, M. Fedor, M.L. Schoffstall, J. Davin, "Simple Network Management Protocol", RFC 1067, Aug-01-1988.

[3] K. McCloghrie, M.T. Rose, "Management Information Base for network management of TCP/IP-based internets", RFC1066, Aug-01-1988

[4] J.D. Case, M. Fedor, M.L. Schoffstall, C. Davin, "A Simple Network Management Protocol (SNMP)", RFC 1157, May-01-1990

[5] J. Case, K. McCloghrie, M. Rose, S. Waldbusser, "Introduction to version 2 of the Internet-standard Network Management Framework", RFC 1141, April 1993

[6] J. Case, K. McCloghrie, M. Rose, S. Waldbusser, "Coexistence between version 1 and version 2 of the Internet-standard Network Management Framework", RFC 1452, April 1993

[7] Andrews S. Tanenbaum , "Computer Networks" , 3rd edition, Prentice Hall, 1996

[8] M.T. Rose, "Management Information Base for network management of TCP/IP-based internets: MIB-II", RFC 1158, May-01-1990

[9] J. Postel, "Internet Control Message Protocol", RFC 777, Apr-01-1981

[10] Stevens, W. Richard, "TCP/IP Illustrated: the protocol", Addison-Wesley Publishing Company, 1994.

[11] http://www.nudesign.com/

[12] http://www.openview.hp.com/

[13] http://www.tivoli.com/products/index/netview_distmgr/

[14] http://www.visualroute.com/

[15] http://www.barefootinc.com/main.htm

[16] http://www.traceroute.org/

[17] http://www.xs4all.nl/~houtriet/

06 剖析三大代理伺服器：快取、防火牆及內容過濾

網際網路的快速普及，使用人數大量的增加，為節省網路頻寬，縮短使用者等待時間，而有代理伺服器（Proxy server）架構的提出。他具有快（Speed）、通透性（Transparency）、安全性（Security）等好處。代理伺服器目前在網路應用層（Application Layer）上常見的種類有三：包括快取服務（Cache），應用層防火牆（Application Firewall）及內容過濾（Content Filter）。

在應用層防火牆方面，著名的TIS FWTK套件可用來抵擋應用層上安全的漏洞。而內容過濾方面又可分為病毒偵測和垃圾郵件過濾兩種。郵件處理介面 AMaViS套件搭配掃毒引擎 Clam Anti-Virus 套件，可進行郵件病毒的偵測。而 SpamAssassin 套件則提供垃圾郵件的過濾處理。文中對 FWTK、AMaViS及 SpamAssassin 這三個套件，進行深入追蹤及運作流程分析。FWTK 方面，設定檔的重複讀取及內容過濾時一次讀取一個字元等等是影響處理效能的關鍵。Anti-Virus 方面，解壓縮及病毒碼的比對是消耗處理時間的關鍵。Anti-Spam 方面，信件表頭、信件內容及線上黑名單資料庫的比對是影響處理效能的關鍵。

6.1 簡介

很多人在不知不覺中，默默接受著代理伺服器的服務。一個典型的代理伺服器的運作流程如圖6-1所示，其位於使用者端（Workstation）與遠端伺服器（Remote System）的中間。當使用者要傳輸資料到遠端系統時，先將資料傳到代理伺服器上，代理伺服器再將使用者的資料傳輸到遠端的系統。而當遠端系統回傳資料時，代理伺服器會先接收，再將內容傳送到使用者端。如此即完成了一次資料傳輸的步驟，當資料連續傳輸時，傳輸的方式跟上面的方法相同，都是透過代理伺服器來傳送及處理。由於代理伺服器處理資料封包的層級，相當於國際標準組織（International Standards Organization, ISO）所訂定的開放式系統互連模組（Open System Interconnection Model, OSI Model）中的應用層（Application Layer）網路協定，所以又有人稱之為應用層代理伺服器（Application Proxy ）。

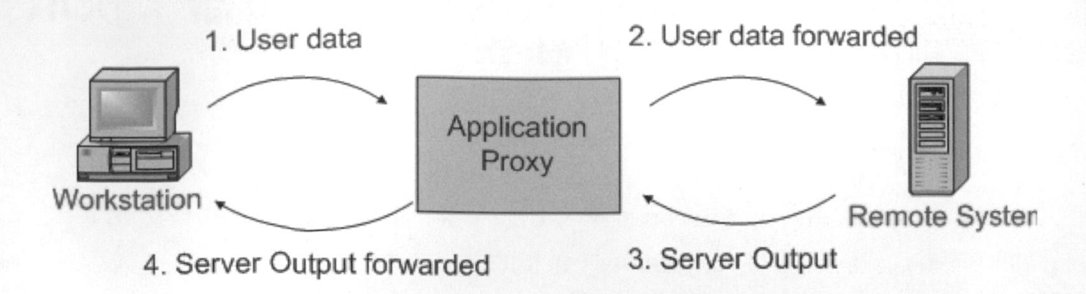

【圖6-1】代理伺服器的運作流程圖

究竟代理伺服器夾在使用者與遠端伺服器間，能帶來哪些便利呢？根據提供服務的不同，好處也有所區別，大致上有「快」、「通透性」、「安全性」、「加值服務」等四個優點，以下針對各項分別說明：

一、快

代理伺服器處理資料的遞送時，能將資料儲存起來。當使用者端第二次再讀取同樣的資料時，代理伺服器就不用再去詢問遠端系統，而可以直接將儲存的資料傳遞給使用者，如此即可讓使用者更快取得所需的資料，又可以節省骨幹網路的頻寬，達到「快」的好處，故有人稱此類伺服器爲快取伺服器（Cache Server）。

二、通透性

當系統管理者爲了提供如網頁內容的過濾、快取的應用、病毒的偵測...等特定的服務，卻又不想影響到使用者端的設定，那就可以採用代理伺服器通透性的技術。代理伺服器居中處理，利用網路資料流的重導，默默的處理資料後，傳送到使用者的手上。使用者不需額外作任何設定便可達到「通透性」的好處，故又有人稱此類伺服器爲通透性代理伺服器（Transparent Proxy）。

三、安全性

當公司的決策者或校園網路系統管理員，爲了提高公司內部網路或校園網路的安全性，除了網路層防火牆外，另一個可以使用的方法就是採用應用層代理伺服器，對於網路封包中應用層的內容，進行嚴格的過濾，移除有可能危害系統安全的內容，如Java、JavaScript、ActiveX...等等。如此即可保護內部網路或校園網路的安全。

四、加值服務

當系統管理者爲了提供系統內額外的服務，而不打算影響到使用者目前設定時，即可以採用代理伺服器具有「加值服務」的特點居中處理。如系統管理者想要提供病毒的偵測，即可在代理伺服器中事先將資料掃描過濾，經過適當的處理再將資料傳送到使用者手上，達到提供病毒偵測的目的，除了病毒偵測外，亦可以提供垃圾郵件過濾、網頁資料內容過濾等。

目前代理伺服器的種類大致分成快取式代理伺服器，應用層防火牆及內容過濾三種。快取式代理伺服器主要在加快瀏覽速度，最具代表性的套件爲 Squid，本文因篇幅的關係，不詳加介紹，有興趣的讀者可以參考[1]；至於應用層防火牆，代表性的套件有 FWTK[2]與 DansGuardians [3]，此兩套皆支援網址過濾（URL Filter）及內容過濾（Content Filter）之功能。

由於 FWTK另外還有支援郵件代理伺服器、檔案傳輸代理伺服器等之功能，所以在下一節，我們選用 FWTK套件來當範例，詳細分析及介紹代理伺服器。至於內容過濾方面，除了網頁內容過濾外，郵件系統內容的過濾也是很重要的一環。我們將於第三及四節，分別選取代表性的病毒過濾程式 AMaViS 搭配 Clam-av 及垃圾郵件分析程式 SpamAssassin 進行深入的探討。

6.2 FWTK 應用層防火牆

所謂 FWTK是 FireWall ToolKit 的縮寫，是一套設計在 UNIX 環境下使用 TCP/IP 運作的應用層防火牆工具套件，在1970年代，網路開始發展，ARPA-NET 實驗性網路的成功，當時即有人注意到網路安全的問題，於是在擴建計劃中，委託 Trusted Information Systems（TIS）這家公司研究網路安全的問題，發展出現今這套應用層防火牆工具套件。以下將對這個工具套件進行深入的研究，了解其整體的軟體設計架構、設計的目標、資料結構、系統運作流程及程式流程分析。

6.2.1設計目標

爲了達到網路安全，筆者整理出FWTK在設計上的六大目標：

第一、 讓使用者遠離閘道器，也就是所謂的應用層代理伺服器，使其不能登入此主機。

第二、 在代理伺服器上執行的程式，不要具有特殊的管理者權限，如 root，也就是說如果程式不需要用到特殊的權限執行時，盡量的降低程式執行的身份。

第三、 利用變更根目錄（Chroot）的機制，隱藏系統檔案資源及目錄結構。

第四、 程式執行時能夠支援使用者身份確認。

第五、 代理伺服器在處理重要的交易時，能夠利用紀錄檔將事件、時間及使用者紀錄下來。

第六、 設計套件中的程式碼能夠簡單，使得任何人都能夠快速的檢查是否有系統安全性上的漏洞。

6.2.2 FWTK 軟體組成架構

FWTK的全名 FireWall ToolKit 暗示著 FWTK 是由一些小工具組成的軟體套件。各個小工具能夠提供特定的服務，當系統管理者在設定應用層代理伺服器時依照需求來選取這些小工具，然後經過適當的組合，即可達到提供應用層防火牆的功能。如私有網路（private network）內部想提供 HTTP 及 Mail 的服務，以利內部使用者可以使用外部網路的服務，可以選取smap、smapd及http-gw來搭配組合，即可達成需求，若想更嚴格管制，要經過帳號密碼認證才能使用，則在搭配 authsrv 模組即可，由此可知 FWTK 使用上的彈性。

表6-1列出 FWTK所提供的模組。一般來說 smap 與 smapd 是合併使用的，前者在 port 25等待連接，然後將接收的郵件放到特定的目錄，後者則以 Daemon的模式運作，檢查特定目錄是否有郵件儲存，如果有新郵件則將此郵件傳送給系統的 Mail Transfer Agent （MTA），MTA 則照正常的程序傳送 Mail，如此的好處是 MTA 程式如果有漏洞不會直接曝露在外面，達到安全性的效果。

【表6-1】 FWTK 軟體組成架構

	Main service	Statement
1	smap	SMTP service
2	smapd	SMTP service
3	Netacl	Network Access Control Lists（all inetd daemon）
4	ftp-gw	A proxy server for FTP
5	tn-gw	A proxy server for TELNET
6	rlogin-gw	A proxy server for RLOGIN
7	Plug-gw	A TCP Plug-Board Connection Server（Usenet news）
8	http-gw	A proxy server for HTTP
9	x-gw	A proxy server for X Window
10	authsrv	network authentication service

而 Netacl 則與 TCP wrapper 相當，提供連線位址的檢查，使得系統多一層的保護，剩下的工具如 ftp-gw、tn-gw、rlogin-gw、http-gw及x-gw 就類似代理伺服器的功用，利用封包的過濾及重導，使得內部網路有一定的安全性。至於 authsrv則是提供使用者認證的功能。由以上介紹，可以看出FWTK已經提供網路上大部分的應用功能。

6.2.3 設定檔資料結構

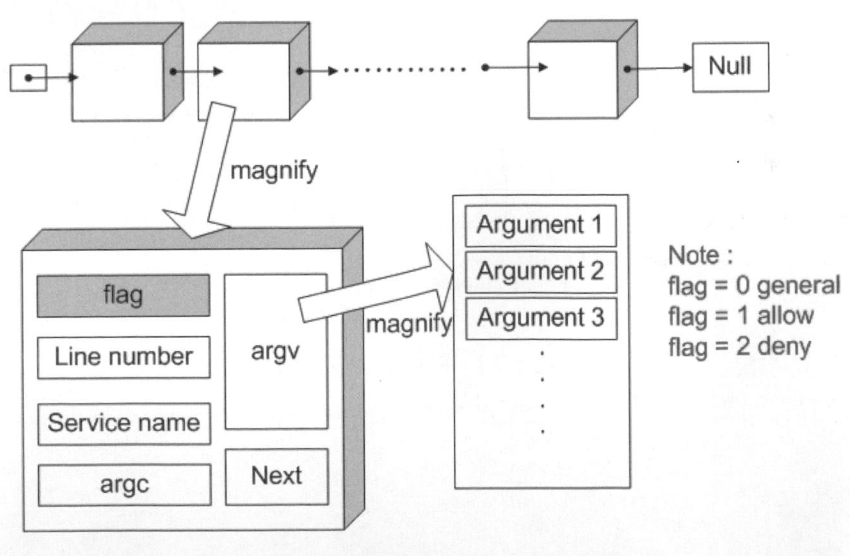

【圖6-2】FWTK 設定檔資料結構

FWTK與其他的應用程式相較之下沒有那麼複雜(如Squid)。所以就沒有用到很特別的資料結構，但所有的小工具皆圍繞在一個設定檔上，每次一有新的連線就會去檢查設定檔的內容，而利用特定資料結構儲存設定檔的內容，如圖6-2，設定檔的內容以「一行」爲一個單位，存入一個結構中，如圖6-2上方中的一個方塊。而指標next 則指向下一行的設定，如此即完成設定檔的儲存。至於每一個結構中，則儲存著是否可通行的旗標、位於設定檔的行數、服務名稱及一些特殊的引數與網路位址等。

6.2.4 運作流程圖

FWTK的運作流程大致上與圖6-1介紹之應用層代理伺服器相同，只有某些部分有些許的差異。如圖6-3中步驟2的部份，FWTK 會嚴格的檢查連線機器的網際網路位址（IP Address）及其網域名稱（Domain Name）的正解、反解是否相同，如果都正確無誤才能完成正常的連接及重導程序，並將這事件紀錄下來。除此之外，FWTK的 http-gw 模組亦提供網路內容過濾（Content Filter）及特殊網址過濾（URL Filter）的功能，如圖6-3中步驟5的部分，其他的部分則與圖6-2相同。

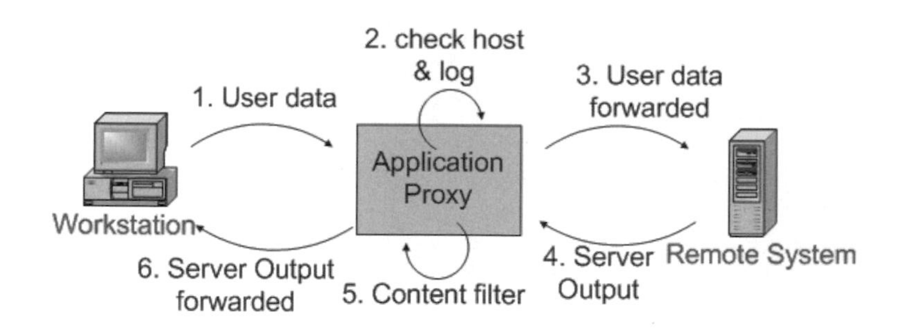

【圖6-3】 FWTK 運作流程圖

6.2.5 netacl, ftp-gw, http-gw 程式流程分析

接下來我們挑選比較常用到的三個模組，來深入的探討FWTK內部的運作流程。並檢測該應用程式的好壞，判斷是否有拖累系統效能的關鍵步驟。

一、Netacl

Netacl與 TCP Wrapper 的功能類似。其運作的流程，如圖6-4所示。一開始管理者可以選擇要讓其以 Daemon 的形式提供服務還是利用系統內原有inetd 的形式喚起Netacl，兩者在設定上有些微差異。接著進入圖6-4中第1階段，讀取設定檔，然後將設定檔的內容存入前幾節所提到的資料結構，再來進入到第2、第3階段，檢查網域名稱的正解、反解及網際網路位址是否准許通行。如果都通過檢查，系統會記錄連線資訊，然後進入第4階段，執行變換根目錄及降低執行權限的動作。最後執行系統呼叫，喚起預先設定的服務，如此即完成整個程式的動作。

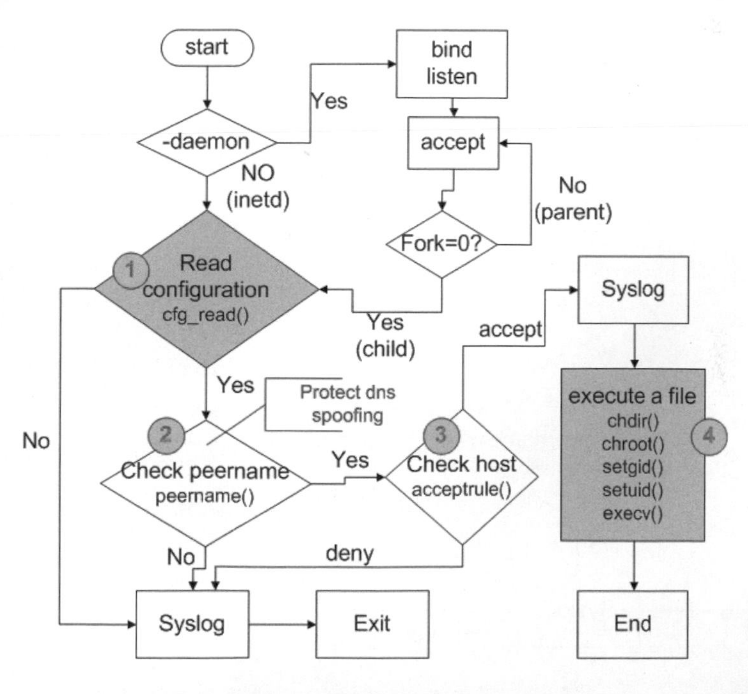

【圖6-4】FWTK Netacl 程式流程圖

如圖6-5所示，第1階段到第4階段，大致上與 Netacl 相同，差別在於第 3 階段與第 4 階段的順序，主要是因爲 ftp 的連線模式有資料傳輸模式及控制模式，有可能開啓兩個以上的連線。當第一個連接檢查過網路位址後，程式會先記憶起來，之後如果有同網路位址的連接，則可以跳過位址檢查，所以才將順序對調。接著進入第 5 階段，首先檢查使用者的帳號及密碼，如果不正確，則一直停留在第 5 階段。如果正確則將 Authenticated 旗標設爲 True，進入第 6 及 7 階段。代理伺服器幫忙把資料重導到另一端的網路，並等待及接收伺服器傳回的內容。當資料傳回後，進入第 8 階段，代理伺服器將資料傳回給原使用者，如此即完成一次資料的傳輸。當資料連續傳輸時，如圖6-5灰色的部分依照箭頭，一直在 5 ~ 8 階段循環，直到資料傳輸完畢，此即爲 FWTK ftp-gw 的程式流程，至於其他的代理程式，如 tn-gw、rlogin-gw等，因與此流程類似故不另外介紹。

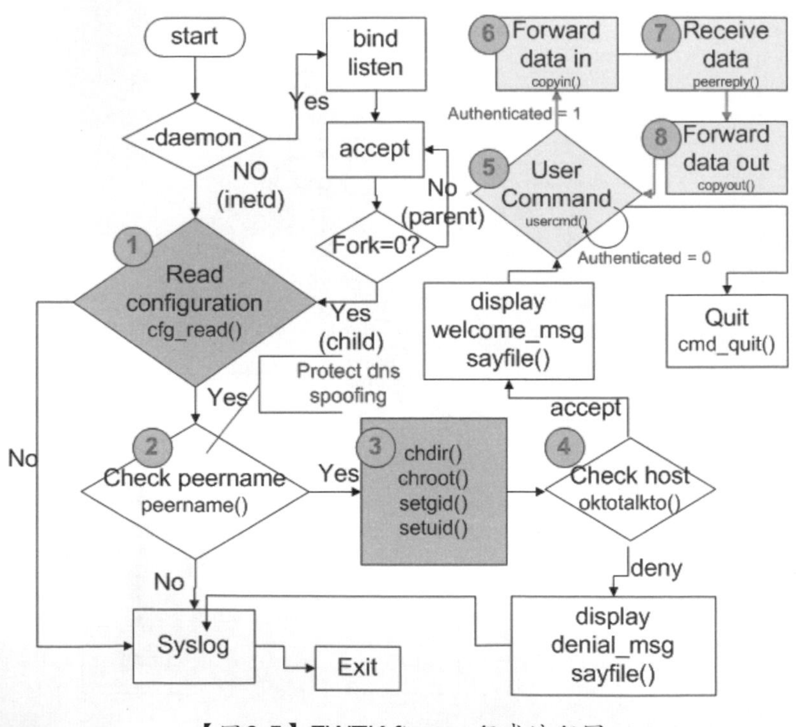

【圖6-5】FWTK ftp-gw 程式流程圖

二、http-gw

接下來是 FWTK最複雜、最精采的部分，「HTTP模組」如圖6-6所示。此模組提供代理伺服器處理 HTTP協定的運作，以達到特殊網址過濾（URL Filter）及網頁內容過濾（Content Filter）的目的。程式的運作流程一開始與其他模組類似，讀設定檔、檢查網域名稱及檢查網際網路位址，如果檢查正確的話，則進入第4階段，讀取使用者欲連接的網址，然後進入第 5 階段，檢查此網址是否爲禁止的網址，如果非禁止的，則進入第 6 階段，將請求的網址傳遞到遠端機器並等待回應，當接收到回應的內容時，先檢查檔案的格式，如果不認得此檔案格式則中斷連線，如果認得檔案格式，但非網頁的格式，則直接將內容傳遞給使用者，如果爲網頁格式則對其內容做檢查，過濾掉一些特殊的內容。至於可以過濾哪些內容呢？端看設定檔而定，如 Java、JavaScript、ActiveX …等等，最後再將過濾後的內容傳遞給使用者，此即爲 FWTK http-gw 的程式運作流程。

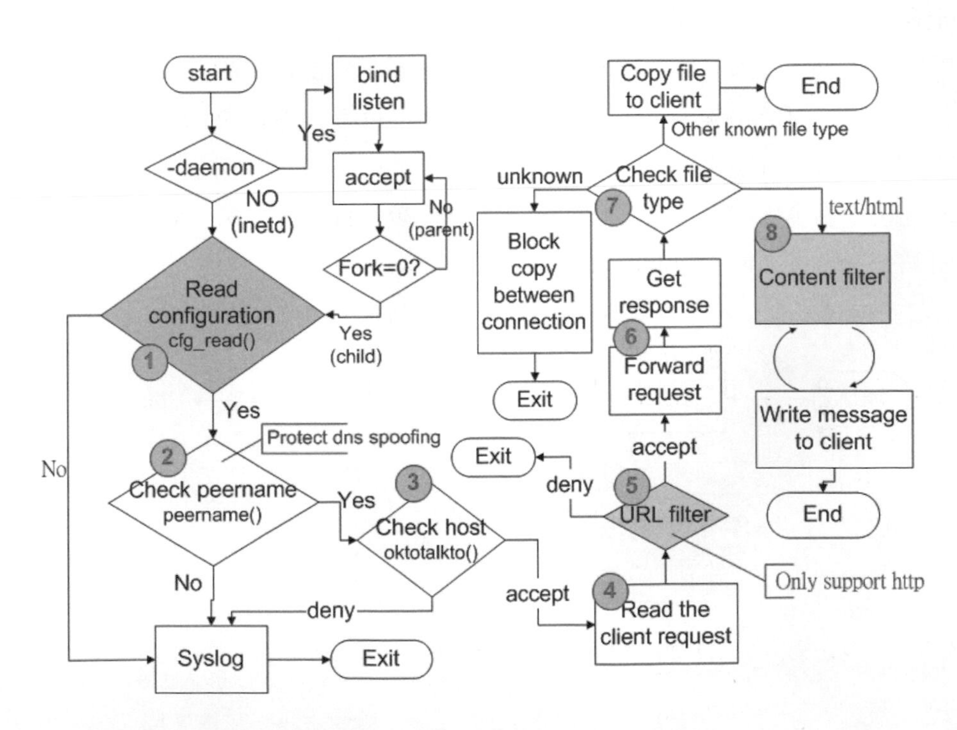

【圖6-6】FWTK http-gw 程式流程圖

6.3 AMaViS + Clam-AV 病毒偵測

AMaViS 是 A Mail Virus Scanner 的縮寫[4]，提供 Mail Transfer Agent （MTA）與 Virus Scan Engine溝通的橋樑，而 Clam-AV 為 Open Source 的病毒掃描引擎[5]，兩者搭配即能完成病毒偵測的效用，對於郵件系統管理者來說，瞭解這兩套軟體是非常重要的。以下將深入的介紹各個運作的模式。

6.3.1 Mail 與 AMaViS的運作流程介紹

本節將從系統郵件伺服器運作的角度，介紹 AMaViS 與郵件伺服器是如何搭配運作的。如圖6-7所示，步驟1-4 顯示正常的郵件的傳送過程。使用者一開始利用 Mail User Agent （MUA）寫信，然後將信件傳送出去，此時 MUA 會透過 SMTP Protocol與 Mail Transfer Agent （MTA）溝通，將信件傳遞給 MTA。MTA 此時會判斷接收信件者是否為本機使用者，如果是，則直接傳遞給 Mail Delivery Agent （MDA）處理，MDA再將信件放到正確使用者的信箱，如果非本機使用者，則再利用 SMTP Protocol 將信件傳送到下一台 MTA，如此便完成郵件寄送。當要提供額外的病毒偵測時，可以在圖6-7中A或B的地方使用 AMaViS，中途攔截掃描郵件，然後再將郵件重導回 MTA，達成病毒偵測的目的，此即為 Mail 與 AMaViS搭配的運作模式。

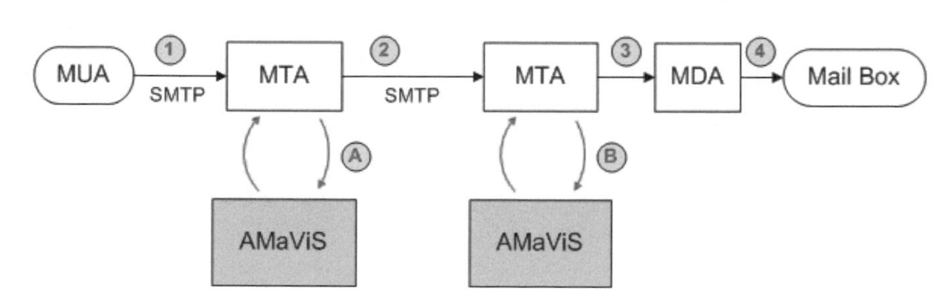

【圖6-7】Mail 與AMaViS 的運作流程圖

6.3.2 AMaViS 的程式流程分析

前一節從系統郵件運作的角度，了解到AMaViS在郵件系統運作中的定位。而本節更深入介紹 AMaViS 所能提供的功能及其程式運作流程。

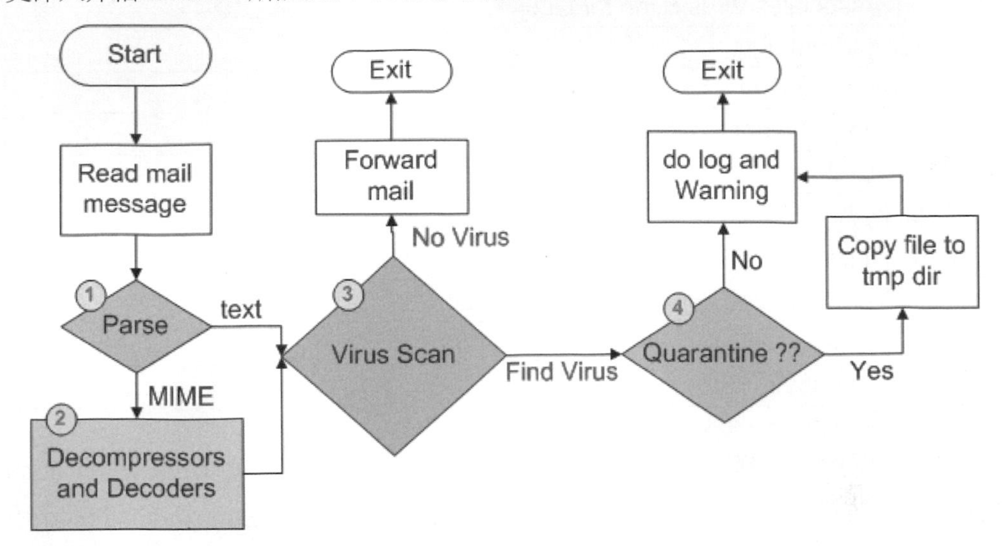

【圖6-8】AMaViS 程式流程圖

如圖6-8所示，當 AMaViS接收到郵件時，進入第1階段，會先分析郵件的格式，如果爲純文字檔，則直接丟給掃毒引擎掃毒，如圖6-8中的第3階段，若爲Multipurpose Internet Mail Extensions（MIME） 格式，則進入第2階段，解讀信件內容及對壓縮檔解壓縮，而 AMaViS 所支援的解壓縮套件如表6-2中所列，當完成此步驟，AMaViS 進入第3階段，喚起掃毒引擎執行掃毒工作，當發現有病毒存在時，會依設定檔設定之內容，判斷是否將信件隔離，如此即完成病毒偵測功能。

【表6-2】AMaViS使用之解壓縮套件

1. uudecode	2. compress
3. gunzip	4. unzip
5. unarj	6. unrar
7. xbin	8. LHarc
9. bunzip2	10. arc
11. freeze	12. tnef

【表6-3】AMaViS 支援之掃毒引擎

1. Sophos Sweep
2. Trend Micro FileScanner
3. Network Associates Virus Scan for Linux
4. CyberSoft VFind
5. Dr Solomon's AntiVirus
6. F-Secure Inc. （former DataFellows） F-Secure AV
7. H+BEDV AntiVir/X
8. Kaspersky Anti-Virus
9. CAI InoculateIT
10. GeCAD RAV AntiVirus 8 （preliminary support）
11. ESET Software NOD32 （preliminary support）
12. Command AntiVirus for Linux

由上一段內容可了解到 AMaViS 套件本身並無掃毒能力，只是 MTA 與 Virus Scan Engine 溝通的橋樑。而 AMaViS 支援哪些掃毒引擎呢？如表6-3 AMaV 在perl-11的版本中已經能夠支援12種掃毒引擎，AMaViS-Next Generation 版本則內建支援 Clam-AV 掃毒引擎。但所列的套件當中，皆未有程式碼可供研究，且目前開放原始碼中對於具有掃毒引擎的套件屈指可數，於是筆者修改了AMaViS程式，使其能夠支援第 13 種掃毒引擎－Clam-AV，下一節將深入了解 Clam-AV 掃毒引擎的運作模式。

6.3.3 Clam-AV **的程式流程分析**

目前Open Source的病毒掃描引擎不多，且大多是利用OpenAntiVirus[6] 所發表的病毒特徵進行比對，Clam-AV也不例外。然而，OpenAntiVirus 從2002年10月後就沒有更新過病毒特徵檔，如此即無法偵測新的病毒。在那之後，僅有Clam-AV使用舊有的病毒特徵檔，並自行更新新版的病毒特徵檔，且提供線上下載。因此，我們選擇此套件來進行研究。

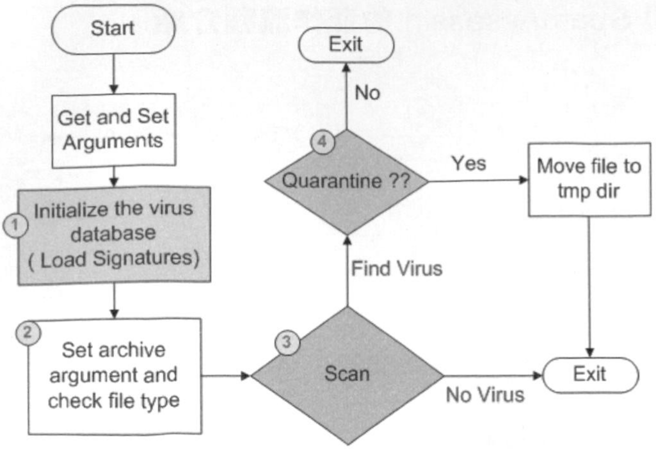

【圖6-9】Clam-AV 程式流程圖

接下來，我們介紹 Clam-AV 的運作流程。Clam-AV 提供兩種運作模式，一種是使用Daemon的模式運作，另一種則是命令列模式，為了與 AMaViS 搭配運作，必須採用命令列模式，以下將對命令列模式進行分析。

如圖6-9。當Clam-AV 經由AMaViS喚起時，會先設定一些參數，接著進入圖6-9中的第1階段，讀取病毒特徵檔，再來進入第2階段，設定一些處理壓縮檔的特殊參數及檢查檔案的格式，當檔案為壓縮檔時，則將之解壓縮處理，然後進入第3階段，當開始要掃描以比對病毒特徵時，會先判斷要掃描的資料是目錄還是檔案，檔案則直接掃描，目錄則使用 TreeWalk 的方式掃描，最後若發現病毒時，再判斷是否需要隔離檔。如此即完成病毒偵測掃描的目的，然後回傳值給 AMaViS，其再根據回傳值以判斷信件的處理方式，此即為 Clam-AV 的程式流程。

6.4 SpamAssassin 垃圾郵件過

SpamAssassin[7]是一套過濾郵件的程式，能檢查郵件的內容是否符合RFC的相關規定以及郵件中的檔頭是否疑似垃圾信，然後查詢設定檔的設定得到相對應的分數，最後將有檢查到疑似垃圾信的情況之分數累計若超過某個設定值，則視為垃圾郵件，除此之外，還支援線上資料庫比對，黑名單檢查...等等，功能相當齊全，以下將詳細介紹其運作流程及程式的運作模式。

6.4.1 Mail 與 SpamAssassin 的運作流程介紹

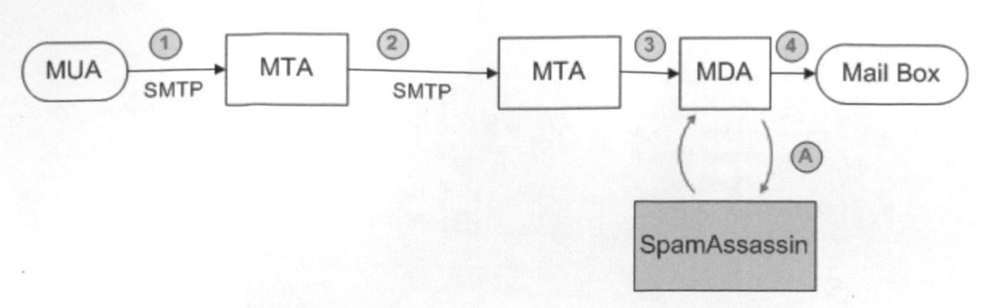

【圖6-10】Mail 與 SpamAssassin 的運作流程圖

SpamAssassi 目前是與郵件系統結合運作的。在圖6-7提到郵件系統正常寄送流程，此節延續圖6-7 所提的方法，郵件系統採用如圖6-10 第1到第4階段正常的寄送郵件，當要加入郵件過濾程式時，需利用Mail Delivery Agent (MDA)[8]喚起SpamAssassin程式處理，當郵件經過處理後，會在信件的表頭檔中留下資訊，MDA再利用表頭檔的資訊判斷是否刪除或對其信件的標題做標示以區別垃圾郵件，此即爲整個Mail與SpamAssassin的溝通運作流程。

6.5 SpamAssassin 的程式流程分析

SpamAssassin 套件中有提供兩種模式可以讓 MDA 呼叫使用，一種是單一的命令列程式SpamAssassin，另一種則採用client-server架構。MDA呼叫一個名爲Spamc的client端程式，使其連到名爲Spamd的Daemon程式上，做內容過濾處理。如表6-4所示，SpamAssassin處理11689byte大小的訊息，需要花費3.36秒，相對的Spamc/Spamd處理則只需0.86秒。當處理的訊息大小變大爲115855byte時，SpamAssassin需要花費5秒的時間，Spamc/Spamd則只需要2.5秒。可以看出後者的執行效率比前者高出許多，在同一時間內所能處理的資料量也比前者多，故使用時皆建議採用後者。接下來，我們以表6-5描述Spamc與Spamd兩者是如何溝通運作的。整個運作模式與 HTTP protocol 類似，透過訊息的傳遞，達到溝通及處理的目的。

【表6-4】SpamAssassin與Spamc/Spamd效能比較表

Program Msg Size	SpamAssassin	Spamc/Spamd
11689 byte	3.36(s)	0.86(s)
115855byte	5(s)	2.5(s)

【表6-5】Spamc/Spamd之溝通模式

```
Conversation looks like：
                     spamc→PROCESS SPAMC/1.2
                     spamc→Content-length:<size>
(optional)           spamc→User:<username>
                     spamc→\r\n[blank line]
                     spamc→--message sent here—

                     spamd→SPAMD/1.1 0 EX_OK
                     spamd→Content-length:<size>
                     spamd→\r\n[blank line]
                     spamd→--processed message sent here--
```

了解溝通原理後，再來我們介紹 Spamc/Spamd 整個程式的運作流程。如圖 6-11 所示，當 Spamc 被 MDA 喚起時，首先程式會先做參數的設定及決定執行程式的使用者，此步驟的主要用意在於可以讓各個使用者有各自的設定檔，然後進入第2階段，Spamc 讀取 MDA 傳來的郵件訊息，再來進入第 3 階段，Spamc 連到 Spamd上，並把相關資料傳給 Spamd，Spamd 則進行一些比對，比對之內容視設定檔而定，Spamd 比對後將結果回傳給 Spamc，Spamc 再以回傳之結果爲根據，傳送訊息給MDA，如此即完成郵件過濾之目的。Spamd 程式的運作流程，如圖6-12 所示，一開始先等待 Spamc 的連線，當有連線進入時，則進入第 1 階段，判對是否處理個人設定檔，不需處理時，則直接進入第 4 階段，讀取 Spamc 傳來的訊息內容。需處理時則適時的載入，並轉換爲此使用者之帳號，再來進入第 4 階段，然後讀取 Spamc 傳來的訊息內容。最後進行資料比對，判斷是否爲垃圾信件，再將結果回傳給 Spamc，此爲 Spamd 的程式運作流程。另一命令列程式則直接做一些比對的動作，在此則不詳加描述。以上是對代理伺服器提供郵件過濾功能的介紹。

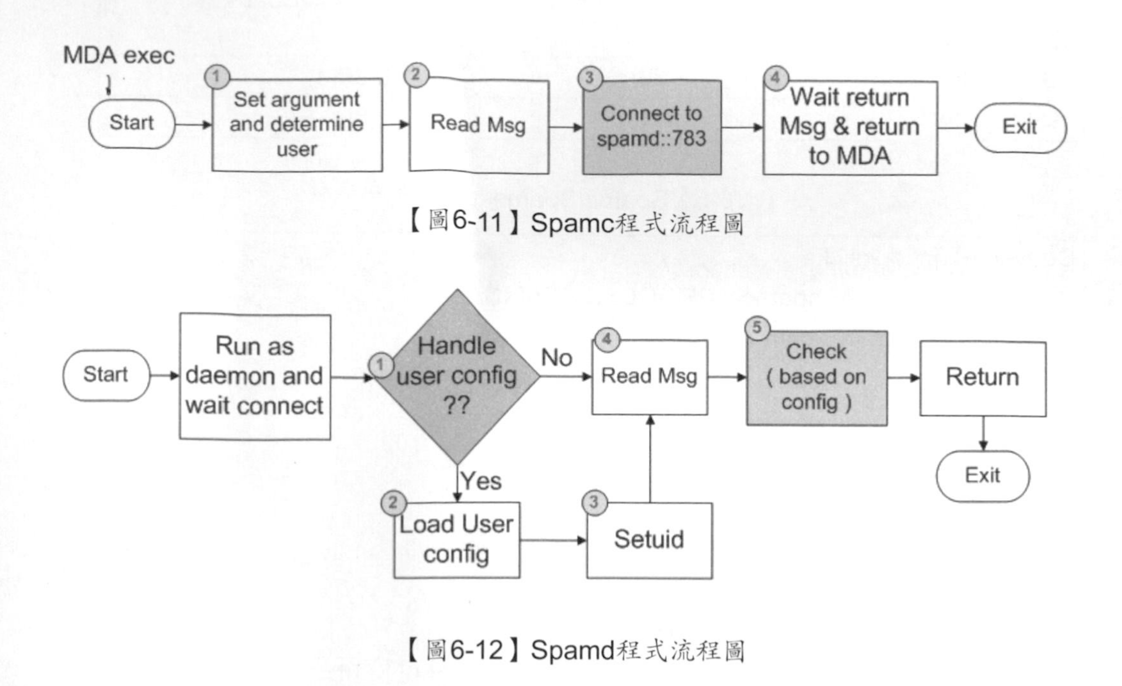

【圖6-11】Spamc程式流程圖

【圖6-12】Spamd程式流程圖

6.6 結論

在文章中，我們介紹了三個著名的代理伺服器。其中 FWTK 提供完整的套件功能，讓使用者方便選取套件搭配，輕易的達到想要提供的代理伺服器功能。

而 AMaViS+Clam-AV提供郵件預先偵測病毒的功能，讓使用者免於遭到病毒的危害。SpamAssassin提供郵件預先偵測垃圾信的功能，讓使用者免於受到垃圾信的困擾。各個套件有其用途，就看使用者如何搭配使用。

由以上之內容，可以了解到使用代理伺服器所帶來的便利，但是不是所有的服務皆能改成使用代理伺服器的運作模式呢？是不是病毒偵測的工作能由使用者端移到代理伺服器上呢？相信這是個值得思考的問題。若從各個程式的設計角度看來，則皆有改善的空間。如在 FWTK 方面，設定檔的重複讀取及內容過濾時一次讀取一個字元的做法，尚未讓處理效能發揮到淋漓盡致的境界。另外，網址過濾僅支援HTTP 協定及僅能處理單一的網址過濾（URL Filter）變數，都是程式可以改善的地方。在 Anti-Virus方面，解壓縮及病毒碼的比對是消耗處理時間的關鍵。

6.7 參考文件

[1] 林逸祥、林盈達，「加速網頁讀取—快取軟體 Squid 測試」網路通訊，129期，2002年4月。

[2] FWTK, http://www.fwtk.org/ .

[3] DansGuardians, http://dansguardian.org/.

[4] A Mail Virus Scanner, http://www.amavis.org/.

[5] Clam Anti-Virus, http://clamav.elektrapro.com/.

[6] OpenAntiVirus, http://www.openantivirus.org/ .

[7] SpamAssassin, http://spamassassin.org/ .

[8] Procmail, http://www.procmail.org/ .

07 網路安全產品測試評比－功能與效能面

網際網路（Internet）發展快速，雖帶給企業及個人相當大的便利，但各種網路安全事件同時也不斷與日俱增。根據 CERT Coordination Center（電腦安全事件反應的組織）所做的統計顯示，自 2000 年迄2003年，網路安全事件發生的案例每年約增加 30,000 筆。而這類的安全事件更造成企業及個人的龐大損失，據 Computer Economics 雜誌曾統計，單是著名的 Code Red 病毒一年內就在經濟上造成約 26 億美元的損失。因此網路安全議題已到不容忽視的地步。

為保護企業及個人網路，各種網路安全產品便應運而生。綜觀市面的防火牆產品，依功能可歸類為 5 大類：防火牆（Firewall）、虛擬私有網路（Virtual Private Network； VPN）、入侵偵測系統（Intrusion Detection System；IDS）、防毒系統（Antivirus）及內容過濾器（Content Filter）。防火牆可控制封包的進出，以阻擋外界不當存取企業內部網路或防止員工不當使用網路；虛擬私有網路可在網際網路中利用加密認證等技術，建立私有的傳輸通道，以確保資料不被窺視、修改或假冒；入侵偵測系統可監看封包內容，以查覺是否有入侵事件發生；防毒系統則可掃描進出網路的檔案或網頁，以避免病毒侵入；內容過濾器則可限制不當網頁的存取或是不當資料的流出。本份於2003年進行的測試報告將檢視各家廠商的網路安全產品，比較各家產品的功能（Functionality）、管理介面（Management）、互通性（Interoperability）、偵測率（Detection rate）及效能（Performance）以提供網管人員選購網路安全產品的參考準則。圖7-1 及圖7-2 為本次測試的待測產品。

7.1　評量方式

由於目前防火牆產品幾乎都有 VPN 功能，本測試將防火牆及 VPN 併為一類進行評量。各類主要觀察項目如下：

防火牆／VPN

(1) 產品硬體規格、(2) 管理方式及簡易度、(3) 記錄檔稽核、(4) 防火牆功能、(5) 防火牆效能、(6) VPN 功能、(7) VPN 互通性、(9) 8VPN 效能、(9) 頻寬管理，歸納爲「管理功能」、「產品功能」、「防火牆效能」、「VPN 效能」做爲評量標準。

入侵偵測系統

(1) 產品硬體規格、(2) 入侵偵測的功能、(3) 管理方式、(4) 入侵偵測的效能、(5) 處理迴避偵測（Evasion）能力，分爲「管理功能」、「入侵偵測功能」及「偵測能力」進行評量。

防毒系統

(1) 支援的協定及檔案格式、(2) 管理方式、(3) 處理病毒方式、(4) 遞送郵件及掃毒所需的時間。並以「管理功能」、「支援的協定及格式」、「偵測能力」、「效能」等指標進行評量。

內容過濾器

(1) 過濾功能、(2) 管理方式、(3) 網頁過濾漏擋率、(4) 通過內容過濾器的工作淨量（Throughput）。並以「管理功能」、「成功過濾的比率」、「效能」等指標進行評量。

【圖7-1】防火牆／虛擬私有網路受測產品

【圖7-2】入侵偵測系統、防毒系統、內容過濾器受測產品

7.2 入侵偵測系統、防毒系統、內容過濾器測試

7.2.1 測試評比對象

在篩選產品的過程中，先查詢各家廠商的網頁，找尋具前述 5 類產品且占有率較高者。由於在防火牆／虛擬私有網路方面產品已臻成熟且爲數眾多，再依據該類產品的市場定位區分爲：SOHO（Small Office；Home Office）、中小企業（Small and Medium Enterprise；SME）等級、企業（Enterprise）等級、電信（Carrier）等級。分類原則以各廠商對產品在市場設下的定位爲準，而非以價格來做區分。接著對各廠商發出邀請，並附上測試計畫書，最後有 16 家廠商共計 25 項商業產品參與測試，參與廠商、代理商及產品名稱則摘要於表7-1及表7-2，測試工具程式如下：

－防火牆：Smartbits、SmartMetrics、SmartFlow、WebSuite

－虛擬私有網路：Smartbits、TeraMetrics、TeraVPN

－內容過濾器：Avalanche

其中防火牆／虛擬私有網路有 7 家廠商 13 項產品，入侵偵測系統有 3 家廠商 5 項產品，防毒系統有 3 家廠商 3 項產品，內容過濾器有 4 家廠商 4 項產品參加。除此在入侵偵測系統也列入 Open Source 軟體 Snort 2.0，並與商業產品一併做比較。邀請函於2003年5 月初送出，產品於 6 月底收集完成，測試工作於 8 月初完成，所有列表與數據均主動聯繫廠商尋求確認。

本次測試較過去 2 次舉辦之網路安全產品測試，具以下特色：

一、除防火牆和虛擬私有網路外，本測試首度加入了入侵偵測系統、防毒系統及內容過濾器進行測試。

二、在防火牆、防毒系統、內容過濾器 3 類產品，均測試國內廠商的產品。其功能及效能大致不差，但在價格上更具競爭優勢。

三、本次測試嘗試使用一些新的測試工具，如 Spirent TeraVPN、Avalanche/Reflector 等設備，使測試環境較為簡化，同時也發現新測試工具在測試上的限制。

【表7-1】防火牆／VPN 參與測試廠商及產品一覽表

等級	原廠	代　商	產品名稱
SOHO	AboCom（友旺科技）	岱昇科技	AboCom FW 100
	Check Point	精誠資訊	Check Point S-box
	D-Link（友訊科技）	友冠資訊	D-Link DFL-100
	NetScreen	友冠資訊	NetScreen-5GT
	WatchGuard	泓彥資訊	WatchGuard SOHO6tc
	ZyXEL（合勤科技）	泓彥資訊	ZyWall 10W
SME	AboCom（友旺科技）	岱昇科技	AboCom FW 500
	Cisco		Cisco PIX 515E
	WatchGuard	泓彥資訊	WatchGuard 1000
Enterprise	AboCom（友旺科技）	岱昇科技	AboCom FW 1000
	Check Point	精誠資訊	Check Point NGAI
	D-Link（友訊科技）	友冠資訊	D-Link DFL 1500
Carrier	NetScreen	友冠資訊	NetScreen-5200

【表7-2】IDS/Antivirus/Content Filter 參與測試廠商及產品一覽表

種	原廠	代　商	產品名稱
IDS	Intrusion	精誠資訊	Intrusion SecureNet 5545
	Intrusion	精誠資訊	Intrusion SecureNet 7145
	ISS	鈺松國際	RealSecure Gigabit Sensor
	ISS	鈺松國際	Proventia A201
	NetScreen	友冠資訊	NetScreen-IDP100
Antivirus	HGiga（桓基科技）	桓基科技	Virusherlock
	Panda	Panda Taiwan	PerimeterScan
	TrendMicro（趨勢科技）	精誠資訊	InterScan VirusWall
Content filter	AscenVision（亞盛科技）	亞盛科技	AscenGate 2000
	Axtronics（文佳科技）	文佳科技	防堵色情閘道系統
	SurfControl	一高商務科技	SurfControl Web Filter
	WebSense	精誠資訊	WebSense Enterprise v5

7.2.2 測試結果

本次測試以這 5 類網路安全產品分別邀請 16 家廠商計 25 項產品進行測試，在防火牆及 VPN 部分，由於產品眾多且等級不一，再依產品市場定位分爲 SOHO、中小企業（SME）、企業級（Enterprise）、電信等級（Carrier）。每樣產品均依據個別特性從使用簡易度、產品功能、效能評定、偵測的精確度、記錄檔的維護等項目檢視其優劣，所得之結果圖表均主動聯繫廠商尋求確認。報告結論以 1～5 顆星分別替產品評分，並將產品實際價格一併列入考量予以價值總評。在 SOHO 防火牆等級，給予 NetScreen-5GT 最高評價；在 SME 及Enterprise 等級則分屬 WatchGuard 1000 及 CheckPoint NGAI 勝出；在 Carrier 等級由於 只有 NetScreen-5200 參加，故不予排名，但實測效能較本中心2002年安全閘道器測試中之任一款 Carrier 級的產品爲佳。在 IDS 方面，給予 NetScreen-IDP 100 最高評價。而 Antivirus 及 Content Filter 方面則分別由趨勢 InterScan VirusWall 及 SurfControl Web filter 獲得優勝。 歸納前面結果選出各種類的最優良產品，列於表7-3。

【表7-3】 最優良產品一覽表

種	最優　產品	最物超所值產品
SOHO防火牆/VPN	NetScreen-5GT	NetScreen-5GT
SME 防火牆/VPN	WatchGuard 1000	Cisco PIX 515E
Enterprise 防火牆/VPN	CheckPoint NGAI	D-Link DFL 1500
入侵偵測系統	NetScreen-IDP 100	NetScreen-IDP 100
防毒系統	TrendMicro InterScan VirusWall	TrendMicro InterScan VirusWall
內容過　器	SurfControl Web Filter	WebSense

7.3 SOHO 等級防火牆／虛擬私有網路產品測試

7.3.1 型號及規格

本次測試在 SOHO 等級共有 6 家廠商 6 項產品參與，國內及國外廠商各半。這些產品型號及功能列於表7-4。

【表7-4】SOHO 等級防火牆／私有虛擬網路產品功能比較表

	Firewall	VPN	IDS	Antivirus	Content filter	Bandwidth Mgmt
AboCom FW 100	Yes	Yes	No	No	Yes	No
Check Point S-box	Yes	optional	No	redirect	redirect	No
D-Link DFL 100	Yes	Yes	No	No	No	No
NetScreen-5GT	Yes	Yes	No	No	*Yes	Yes
WatchGuard SOHO6tc	Yes	Yes	No	No	Yes	No
ZyXEL ZyWALL 10W	Yes	Yes	No	No	Yes	No

*NetScreen can also redirect URL requests to WebSense or SurfControl.

雖然上述產品皆無完整 IDS 的能力，但大都有複雜不一的處理攻擊能力。在效能測試中，有的機器會自動將大量封包流入視為攻擊而予以阻絕如 ZyWALL 10W。有的可以勾選特定攻擊的類型來阻絕如 NetScreen-5GT。內容過濾則幾乎已為標準的功能，有的產品還可另外搭配其他廠牌的內容過濾器增強過濾能力。Check Point 可 Redirect 郵件做掃毒，而 NetScreen 則表示未來 5GT 將提供內建的掃毒功能。受測物的內部及外部規格則列於表7-5（a）及（b）。

【表7-5】（a） SOHO 等級防火牆／私有虛擬網路產品內部規格比較表

	OS	CPU	Accelerator	RAM	Flash	Hard disk
AboCom FW 100	Linux	Wave WP 3200	No	32MB	16 MB	No
Check Point S-box	N/A	Toshiba 32-bit RISC 133 MHz	No	32MB	8 MB	No
D-Link DFL 100	N/A	Toshiba 64-bit RISC 200MHz	Embedded in processor	32MB	2 MB	No
NetScreen-5GT	ScreenOS ver 4.0.0	Intel IXP 425 400MHz	Embedded in processor	128MB	32 MB	No
WatchGuard SOHO6tc	Linux	Brecis MSP2000 150 MHz	Embedded in processor	16 MB	4 MB	No
ZyXEL ZyWALL 10W	ZyNOS ver 3.60	Toshiba 32-bit RISC 133MHz	SafeNet CryptCore 1140	16MB	8 MB	No

【表7-5】（b） SOHO 等級防火牆／私有虛擬網路產品外部規格比較表

	Network interfaces	Console	High-availability port	Reset button	Size
AboCom FW 100	LAN: FEx4 DMZ: FEx1 WAN: FEx1	No	No	Yes	220mm（L） x150mm（D） x40mm（H）
Check Point S-box	LAN: FEx4 WAN: FEx1	No	No	Yes	200mm（L） x121mm（D） x30mm（H）
D-Link DFL 100	LAN: FEx3 DMZ: FEx1 WAN: FEx1	No	No	Yes	235mm（L） x 155mm（D） x 35mm（H）
NetScreen-5GT	Total: FEx5（with WAN: FEx1）	DB-9	dual untrust（WAN） port & DB-9（dial backup）	Yes	209mm（L） x 125mm（D） x25mm（H）

WatchGuard SOHO6tc	LAN: FEx4 WAN: FEx1 optional:FEx1	DB-9	No	Yes	233mm（L） x 155mm（D） x 30mm（H）
ZyXEL ZyWALL 10W	LAN: FEx1 WAN: FEx1 WLANx1 （optional）	DB-9	DB-9 （shared with console）	Yes	233mm（L） x 155mm（D） x 30mm（H）

從硬體規格來看，比較特別的是 ZyWALL 有提供 PCMCIA 規格的 WLAN 插槽，並支援 IEEE 802.1X 標準。在無線區域網路日漸普及的今天，這樣的設計對使用無線區域網路的單位是項便利。此外除一般熟知的 LAN、WAN、DMZ，NetScreen-5GT 可自行定義 Security Zone，並設定 Security Zone 與 port 間的對應關係，定義 Security Zone 內部及彼此間的規則。相對於多數產品固定 port 功用的做法，這種設計對網路管理而言較有彈性。

7.3.2 管理簡易度

表7-6是受測機器管理和設定的規格比較表。在操作介面上，這幾款防火牆操作均相當直覺。只要具備基礎的網路概念，在不用翻閱手冊的情形下就可完成基本設定。除了 Web 介面的管理外，我們認為 console 介面的管理也很重要。因為若設定錯誤，則無法正確從 Ethernet port 連進去管理時，就可透過 console port 進行設定，而非束手無策。就系統維護來看，所有產品均提供設定的備份及復原功能。另外也都提供 Reset 按鈕，可以很快速地將系統還原回出廠時的設定值。

【表7-6】 SOHO 等級防火牆／私有虛擬網路產品管理與設定規格比較表

	Management Interfaces			System Maintenance		Troubleshooting	
	GUI	CLI	SNMP	config restore	Firmware upgrade	Network statistics	CPU/MEM utilization
AboCom FW 100	http	telnet	Yes	Yes	Yes	Yes	No
Check Point S-box	http https	No	No	Yes	Yes	Yes	No
D-Link DFL100	http	telnet	Yes	Yes	Yes	Yes	Yes

NetScreen-5GT	http https	telnet SSH	Yes	Yes	Yes	Yes	Yes
WatchGuard SOHO6tc	http	No	No	Yes	Yes	Yes	No
ZyXEL ZyWALL 10W	http	telnet	Yes	Yes	Yes	Yes	Yes （in CLI）

7.3.3 記錄檔稽核

表7-7 顯示的是記錄檔稽核項目及功能。從表7-6 可看出，目前產品大都能確實記錄支援的功能中發生的事件。另外記錄檔除了儲存產品本身外，能輸出到外界的儲存媒體也很重要。大部分產品都有支援用 E-mail 發送功能及 syslog 功能。另 AboCom、NetScreen 及 WatchGuard 產品有支援直接將記錄檔下載成檔案的功能。值得一提，Check Point 可針對事件類別用不同的顏色標示，以及NetScreen-5GT 提供事件搜尋的功能。這些都可讓管理者很快在龐大的記錄檔中找到所需之重要記錄。

【表7-7】SOHO 等級防火牆／私有虛擬網路產品記錄稽核規格比較表

	Logging items					Logging functions			
	Firewall log	VPN log	Intrusion log	CF log	Event log	Send logs to emails	syslog	Alarm mail	Download To file
AboCom FW 100	Yes	No	Yes	No	Yes	Yes	Yes	Yes	Yes
CheckPoint S-box	No	No	No	redirect	Yes	No	Yes	No	No
D-Link DFL 100	Yes	Yes	Yes	No	Yes	Yes	Yes	Yes	No
NetScreen - 5GT	Yes	Yes	Yes	Yes	Yes	Yes	Yes	Yes	Yes
WatchGuard SOHO6tc	Yes	Yes	Yes	Yes	Yes	Yes	Yes	Yes	Yes
ZyXEL ZyWALL 10W	Yes	Yes	Yes	Yes	Yes	Yes	Yes	Yes	No

7.3.4 防火牆的功能

表7-8 列出防火牆基本功能。目前防火牆皆有支援 Stateful Inspection 功能，對 NAT 的支援功能也稱完善。其中值得一提的是，在防火牆規則的設定上，D-Link DFL 100 控制的是流量方向（從外部到內部或從內部到外部），而非特定範圍的 IP 位址，若無特殊需求，這種設計對一般 SOHO 使用者而言較爲簡單。NetScreen-5GT 可自行定義 Address Group，讓同個 Group 內的位址適用相同規則。這點讓規則的設定上更有彈性。另外 NetScreen-5GT 還可針對 Time 和 VPN Tunnel 設定規則。

【表7-8】SOHO 等級防火牆／私有虛擬網路產品防火牆／NAT 規格比較表

	Firewall			Network Address Translation（NAT）			
	Packet filter	Stateful inspection	Rule definition	NAT（1-1）	NAT（M-1）	NAT（M-M）	Port forwarding
AboCom FW 100	Yes	Yes	SIP/DIP/SP/DP/ protocol	Yes	Yes	Yes	Yes
Check Point S-box	Yes	Yes	SIP/DIP/service/ protocol	optional	Yes	No	Yes
D-Link DFL 100	Yes	Yes	direction/DP/ service/protocol	Yes	Yes	Yes	Yes
NetScreen-5GT	Yes	Yes	SIP/DIP/service/ addrgroup/VPN tunnel/time/user	Yes	Yes	Yes	Yes
WatchGuard SOHO6tc	Yes	Yes	SIP/DIP/service/ protocol	No	Yes	No	No
ZyXEL ZyWALL 10W	Yes	Yes	SIP/DIP/service/ protocol	Yes	Yes	Yes	Yes

7.3.5 虛擬私有網路（VPN）功能

在VPN 功能方面，結果如表7-9（a）和（b）所示。除Check Point S-box 的 VPN 功 能爲選購外，其他受測產品皆附有VPN 功能，且支援DES/3DES 加密方式及 MD5/SHA-1 認證方式。其中NetScreen-5GT 還支援較新的AES 加密方式。我們使用TeraVPN 工具做爲互通性（Interoperability）測試工具，驗證各家產品能否與 11 TeraVPN 互通。測試結果發現，所有VPN 產品皆能與TeraVPN 互通。但本次測試並無做各產品間的互通性測試。

【表7-9】（a）SOHO 等級防火牆／私有虛擬網路產品加密驗證規格比較表

	Protocol support		Encryption algorithm			Authentication algorithm	
	AH	ESP	DES	3DES	Others	MD5	SHA1
AboCom FW100	Yes	Yes	Yes	Yes	No	Yes	Yes
Check Point S-box	optional	optional	optional	optional	AES（optional）	optional	optional
D-Link DFL100	Yes	Yes	Yes	Yes	No	Yes	Yes
NetScreen-5GT	Yes	Yes	Yes	Yes	AES-128 bits	Yes	Yes
WatchGuard SOHO6tc	Yes	Yes	Yes	Yes	No	Yes	Yes
ZyXEL ZyWALL 10W	Yes	Yes	Yes	Yes	No	Yes	Yes

【表7-9】（b）SOHO 等級防火牆／私有虛擬網路產品Key Exchange 規格比較表

	Keying method		IKE Authentication			IKE Misc.	
	Manual key	IKE	PSK	RSA	Others	DH group	PFS
AboCom FW 100	No	Yes	Yes	Yes	Refresh time	No	No
Check Point S-box	optional	optional	optional	No	No	No	No
D-Link DFL 100	Yes	Yes	Yes	No	No	No	Yes
NetScreen-5GT	Yes	Yes	Yes	Yes	DSA	1, 2, 5	Yes
WatchGuard SOHO6tc	Yes	Yes	No	No	No	No	No
ZyXEL ZyWALL 10W	Yes	Yes	Yes	No	No	1, 2	Yes

7.3.6 內容過濾功能

目前產品大都有支援內容過濾功能，這些功能大致可分爲 3 類：

1. 過濾 HTTP Requests，通常是內建一個 URL 資料庫，讓使用者勾選哪類網頁要過濾；或讓使用者自行設定 URL 中的關鍵字。2. 防火牆本身不做過濾，而把 HTTP Request 或郵件導到外部的內容過濾器進行過濾。3. 過濾掉網頁中的ActiveX、Java、cookie 等內容。各產品支援的功能如表7-10。

【表7-10】SOHO 等級防火牆／私有虛擬網路產品內容過濾功能比較表

	Protocol	URL filter	Database update	Miscellaneous
AboCom FW 100	HTTP	Yes	No	ActiveX/Java/ Popup/Cookie
Check Point S-box	HTTP,SMTP	redirection	redirection	No
D-Link DFL 100	No	No	No	No
NetScreen-5GT	HTTP	Redirection to WebSense or SurfControl, by pattern	From WebSense or SurfControl	ActiveX/Java/ zip/exe
WatchGuard SOHO6tc	HTTP	Yes	Yes	Optional
ZyXEL ZyWALL 10W	HTTP	database/keyword	Yes	ActiveX/Java/ cookie /web proxy

7.3.7 防火牆的效能

利用 SmartMetrics 3101A 測試設備的 2 個 port 分別模擬企業內部 Client 和外部 Server，如圖7-3 的防火牆效能測試組態所示，然後使用 SmartFlow 2.2.0 由模擬 Client 的 port 單向傳送 64 bytes、256 bytes 與 1518 bytes 三種大小的 raw IP 封包，到達模擬 Server 的 port。量測無封包遺失的最大輸出效能（Zero-loss Maximum Throughput）與封包延遲（Latency）兩個主要的結果。SmartFlow 會以Binary Search 方式找尋無封包遺失的最大輸出效能。我們發現防火牆的規則個數對效能影響並不明顯，而防火牆實際應用時的規則通常不會太多，因此只使用防火牆預設規則，即封包可從 LAN 到 WAN 通過。比較 NAT 打開與關閉兩種情形下受測設備的效能，測試結果以條狀圖表示於圖7-4。其中 AboCom FW 100、D-Link DFL-100 及 WatchGuard SOHO6tc 無法關閉 NAT 功能，所以圖7-4 只有NAT 打開的數據。另外 ZyXEL 的 ZyWall 10W 及 Check Point 的 S-box 在測試環境下，因會把大量封包灌入視爲攻擊，經廠商試圖處理仍無法解決，故不列入數據。WatchGuard SOHO6tc 也有在一段時間後，將大量封包視爲攻擊情形，因此藉由縮短測試時間來解決這個問題。在封包延遲時間方面，則使用 10%和 100%兩種 Load 進行測試。

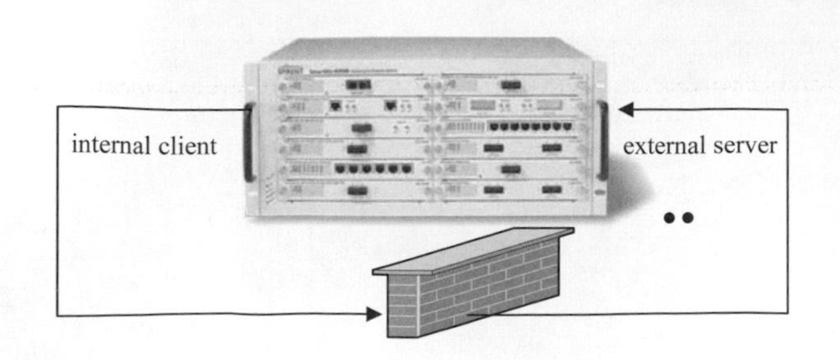

【圖7-3】防火牆效能測試環境

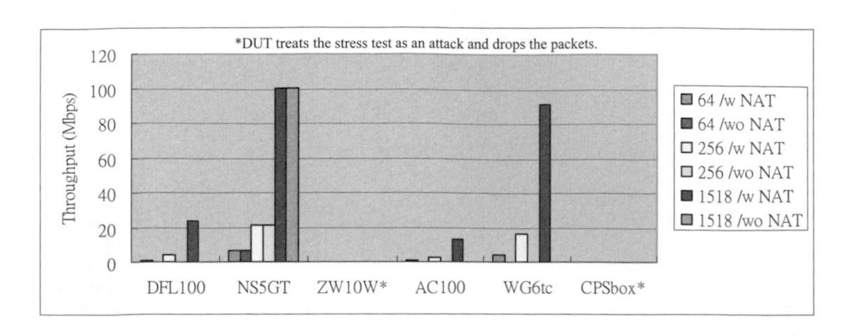

【圖7-4】SOHO 等級防火牆／私有虛擬網路產品無封包遺失的最大輸出效能

測試結果發現 NetScreen-5GT 的效能最佳，在最長封包 1518bytes 時可達到Wire Speed，據推測應爲其硬體較爲高階之故；其次是 WatchGuard SOHO6tc。國內廠商以D-Link DFL 100 表現較 AboCom FW 100 優，從延遲時間來看，也可得到同樣結論。在 10% 的 Load 及 64 bytes 的封包下，AboCom FW 100 延遲時間最長，較爲奇怪；NetScreen-5GT 最短（12 ms）。由於篇幅關係，在此不將 Latency 數據列出。接著測試最大同時連線個數及建立新連線的速度（Connection Rate），測試環境的佈建與圖7-3 相同，採用的測試工具爲 WebSuite 2.10。首先固定一個較慢的建立新連線速度建立試圖連線，其連線方式爲 TCP 的 3-way Handshake。在遞增連線個數情形下，量測其成功建立連線的比率。訂定允許錯誤率爲 2%，也就是有 98%以上成功連線的前提下，最大同時連線個數，測試結果顯示於圖 7-5。接著固定在最大的連線個數，開始調高建立新連線的速度，再量測在 98%以上成功連線的前提下，最大新建連線速度。最大新建連線速度的測試結果顯示於圖7-6。連線測試因所需時間較長，因此在 WatchGuard SOHO6tc 上無法測得其數據，因爲它會開始丟棄封包。而 Check Point 可接受較大量連線，因此在此反而可測出數據。

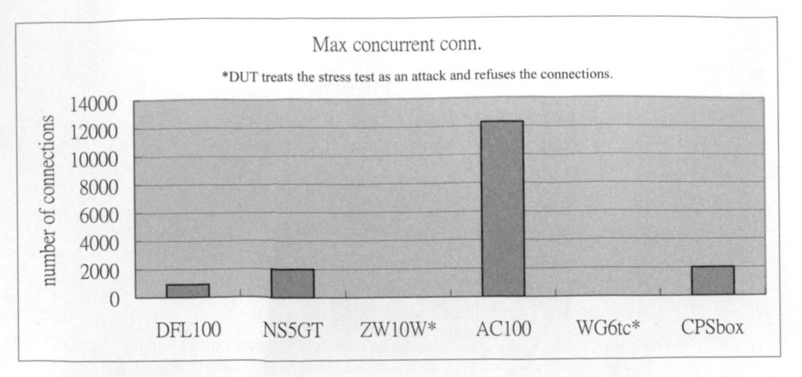

【圖7-5】SOHO 等級防火牆／私有虛擬網路產品最大同時連線個數

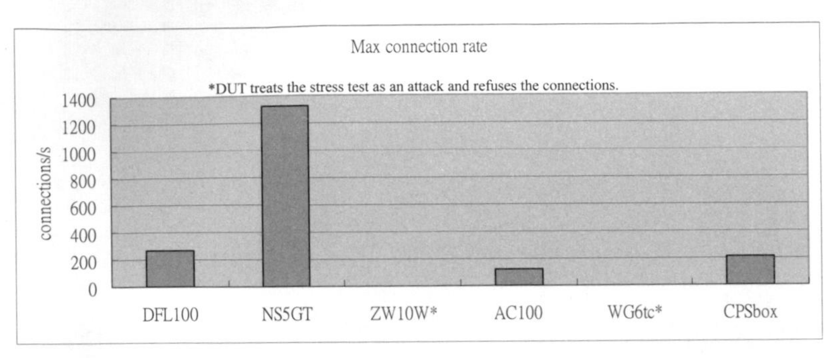

【圖7-6】SOHO 等級防火牆／私有虛擬網路產品新建連線速率

最大連線個數以 AboCom 表現最佳，其次為 NetScreen-5GT 及Check Point S-box；新增連線速度則以 NetScreen-5GT 最快。此項目各產品表現的排序與無封包遺失的最大輸出效能相仿，因此推測這些產品的效能應受硬體規格影響較大，而與特定功能的演算法關係較小。我們並測量使用真正的 HTTP Request 下的 Request Rate，由測試設備產生 HTTP Request 及 Response。Request 的內容為WebSuite 預設URI 即 www.spirent.com，帶一個假的 cookie。Response 部分則是個 1460 bytes 的回應封包。測試結果顯示於圖7-7。其中仍為 NetScreen 表現最優，D-Link DFL-100 與Check Point S-box 則並列第二。

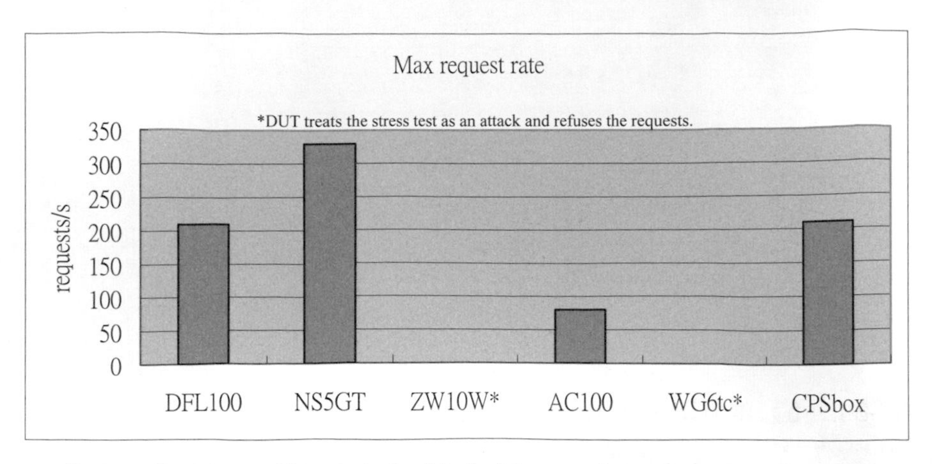

【圖7-7】 SOHO 等級防火牆／私有虛擬網路產品HTTP Request 速率

7.3.8 虛擬私有網路的效能

在 VPN 的效能測試方面，使用 Spirent TeraMetrics 3301A 附上 VPN 加速卡進行測試，原理爲利用其中一塊 TeraMetrics 卡，模擬一個 VPN Gateway 與受測產品建立 VPN 通道相連並測量其效能。在此項測試中，使用 3 種加密／認證測試搭配，包括 DES/MD5、3DES/SHA-1 及 AES 128 bits/SHA-1（NetScreen 有支援）。測試結果顯示於圖7-8（a）、（b）、（c）。在這項測試中，也利用 2 台 DUT 互相建立 VPN 通道量測效能，發現 TeraVPN 量測出來的普遍較真實情況偏低很多。因此圖7-8的數據僅做爲各產品效能之相對參考，其數值不代表各產品的真正效能。我們並進一步建議目前在受測產品有 2 台以上的前提下，由這2 台去建立 VPN 通道，再去測試此通道的效能會是較佳的測試方法。

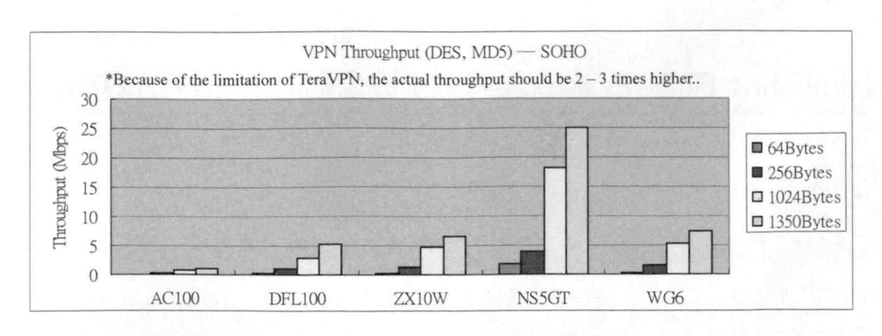

【圖7-8】（a） SOHO 等級防火牆／私有虛擬網路產品 DES/MD5 機制的效能

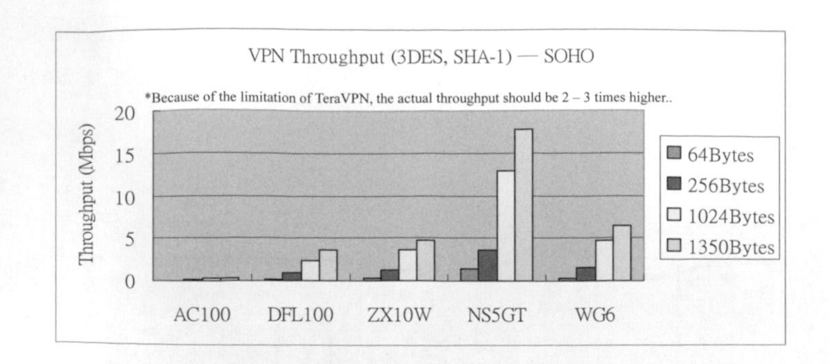

【圖7-8】（b） SOHO 等級防火牆／私有虛擬網路產品 3DES/SHA1 機制的效能

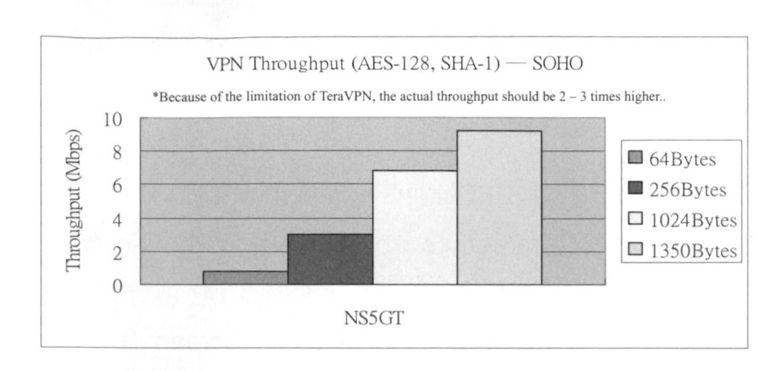

【圖7-8】（c） SOHO 等級防火牆／私有虛擬網路產品AES-128/SHA1 機制的效能

在這項目中，NetScreen-5GT 有最佳表現。另外 ZyWall 10W 在這項測試，其效能是 3 項國內產品中表現最好的，據推測應與其使用硬體加速晶片有關。

7.4 其他測試：SME/Enterprise 等級防火牆／虛擬私有網路產品測試

由於現在的安全性產品大都具有多項功能，因此當這些功能全部打開時，對整體的效能影響有多大。因時間關係，本次測試挑選 NetScreen-5GT 一台進行測試，而也只有它支援頻寬管理功能。當打開內容過濾功能後，我們發現 Request Rate 有小幅度的下降，從原有的 330 Requests/s 降至 320 Requests/s。再將頻寬管理功能打開之後，其工作淨量略有下降，幅度較內容過濾爲高。至於內容過濾功能影響較小的原因，據推測應該是在這次測試中並沒有讓回應的網頁內容夾帶有要過濾的物件，使內容過濾功能沒有對回應的網頁做進一步處理的關係。我們還針對頻寬管理功能的精確度做了測試，將頻寬限在 30%（30 Mb/s）的範圍內，發現真實量測出來的頻寬亦相當精準，也是30 Mb/s 上下。

本次測試在 SME/Enterprise 等級共有 6 家廠商 6 項產品參與，國內外廠商各半。這些產品型號及功能列於表7-11。

【表7-11】SME/Enterprise 等級防火牆／私有虛擬網路產品功能比較表

Level	Model	Firewall	VPN	IDS	Antivirus	Content filter	Bandwidth Mgmt
SME	AboCom FW 500	Yes	Yes	No	No	Yes	Yes
	Cisco PIX 515E	Yes	Yes	No	No	Yes *	No
	WatchGuard 1000	Yes	Yes	No	No	Yes	No
Enterprise	AboCom FW 1000	Yes	Yes	No	No	Yes	Yes
	Check Point NGAI	Yes	Yes	No	redirect	Yes *	No
	D-Link DFL 1500	Yes	Yes	Yes	No	Yes	Yes

*Cisco and Check Point NGAI can also redirect URL requests to WebSense.

值得一提，其中 D-Link DFL 1500 有完整的 IDS 功能，可上網更新 Signature 及勾選 Preprocessing 動作；其他產品如 Check Point NGAI 也都有處理特定攻擊的能力。在效能測試中，有的機器預設會自動將大量封包的流入視爲攻擊而予以阻絕，如 Cisco PIX 515E 及 Check Point NGAI。內容過濾在這個等級則已成爲標準功能，有的產品還可另外搭配其他廠牌的內容過濾器增強過濾能力。受測物的內部及外部規格則列於表7-12（a）及（b）。

【表7-12】（a）SME/Enterprise 等級防火牆／私有虛擬網路產品內部規格比較表

Level	Model	OS	CPU	Accelerator	RAM	Flash	Hard disk
SME	AboCom FW 500	Linux	NS Geode 300 MHz	No	32MB	8 MB	No
	Cisco PIX 515E	Cisco PIX6.2	Intel Pentium II 433 MHz	VPN Acceleration card （optional）	32MB	16 MB	No
	WatchGuard 1000	Linux	AMD K6-2E+ 300 MHz	Yes	64MB	8 MB	No
Enterprise	Abocom FW 1000	Linux	Intel	No	64MB	16 MB	No
	CheckPoint NGAI	Linux	Intel Xeon 2.4 GHz （dual）	VPN acceleration card （optional）	2 GB	No	35 GB
	D-Link DFL 1500	NetOS ver2.7	Intel Celeron 1.2 GHz	SafeNet SafeXcel 1141	256MB	32 MB	No

【表7-12】（b）SME/Enterprise 等級防火牆／私有虛擬網路產品外部規格比較表

Level	Model	Interfaces	Console	high-availability port	Reset button	Size
SME	AboCom FW 500	LAN:FEx1 DMZ:FEx1 WAN:FEx1	No	No	Yes	210mm（L） x155mm（D） x30mm（H）
	Cisco PIX 515E	LAN:FEx1 WAN:FEx1	RJ-45	DB-15 and LAN	No	445mm（L） x280mm（D） x44mm（H）
	WatchGuard 1000	LAN:FEx1 WAN:FEx1 optional:FEx1	DB-9	optional	Yes	350mm（L） x235mm（D） x44mm（H）

Enterprise	AboCom FW 1000	LAN: FEx1 DMZ: FEx1 WAN: FEx1	DB-9	No	Yes	440mm（L）x305mm（D）x45mm（H）
	Check Point NGAI	Total: FEx3 & GEx2	RJ-45	No	Yes	595mm（L）x430mm（D）x90mm（H）
	D-Link DFL 1500	LAN: FEx2 DMZ: FEx1 WAN: FEx2	DB-9	No	No	425mm（L）x240 mm（D）x 44mm（H）

從硬體規格來看，比較特別的是Check Point NGAI，它事實上是純軟體的產品，但如同其他家產品般，安裝在廠商建議規格的硬體中。

7.4.2 管理簡易度

表7-13是受測機器管理和設定的規格比較表。在操作介面上，除 Web 的管理介面外，Check Point 另有專屬的管理介面 Smart Client；而 WatchGuard 則完全使用專屬的管理介面 Control Center 進行管理。Cisco PIX 515E 及 Check Point NGAI 的操作頗爲複雜且設定較費時。

【表7-13】SME/Enterprise 等級防火牆／私有虛擬網路產品管理與設定規格比較表

Level	Model	Management Interfaces			System Maintenance		Troubleshooting	
		GUI	CLI	SNMP	config restore	firmware upgrade	Network statistics	CPU/ MEM utilization
SME	AboCom FW 500	http	telnet	Yes	Yes	Yes	Yes	No
	Cisco PIX 515E	https	telnet	Yes	Yes	Yes	Yes	Yes
	WatchGuard 1000	Control Center	No	No	Yes	Yes	Yes	Yes
Enterprise	AboCom FW 1000	http	telnet	Yes	Yes	Yes	Yes	No
	Check Point NGAI	https, Smart Client	SSH	Yes	Yes	Yes	Yes	Yes
	D-Link DFL 1500	http https	telnet SSH	Yes	Yes	Yes	Yes	Yes

7.4.3 記錄檔稽核

表7-14 顯示在此等級的產品，其記錄檔稽核功能均相當完整，其項目說明如同SOHO 產品，在此便不贅述。

【表7-14】SME/Enterprise 等級防火牆／私有虛擬網路產品記錄稽核規格比較表

		Logging items					Logging functions			
Level	Model	Firewall log	VPN log	Intrusion log	CF log	Event log	Log to emails	syslog	Alarm mail	Download to file
SME	AboCom FW 500	Yes	No	Yes	No	Yes	Yes	Yes	Yes	Yes
	Cisco PIX 515E	Yes	Yes	Yes	Yes	Yes	Yes	Yes	Yes	Yes
	WatchGuard 1000	Yes	Yes	Yes	Yes	Yes	Yes	Yes	Yes	Yes
Enterprise	AboCom FW 1000	Yes	No	Yes	No	Yes	Yes	Yes	Yes	Yes
	Check Point NGAI	Yes	Yes	Yes	Yes	Yes	Yes	Yes	Yes	Yes
	D-Link DFL 1500	Yes	Yes	Yes	Yes	Yes	Yes	Yes	Yes	Yes

7.4.4 防火牆功能

表7-15列出防火牆基本功能，其中 Check Point NGAI 除基本的網路封包標頭內的欄位外，還提供時間的選擇。亦即在不同時間定義不同的防火牆規則，這設計相同具有彈性。

【表7-15】SME/Enterprise 等級防火牆／私有虛擬網路產品防火牆／NAT 規格比較表

		Firewall NAT			NAT			
Level	Model	Packet filter	Stateful inspection	Classifier	NAT（1-1）	NAT（M-1）	NAT（M-M）	Port forwarding
SME	AboCom FW 500	Yes	Yes	SIP/DIP /SP/DP/ protocol	Yes	Yes	Yes	Yes
	Cisco PIX 515E	Yes	Yes	SIP/DIP /SP/DP/ protocol	Yes	Yes	Yes	Yes
	WatchGuard 1000	Yes	Yes	SIP/DIP /service /protocol	Yes	Yes	Yes	Yes
Enterprise	AboCom FW1000	Yes	Yes	SIP/DIP /service /protocol	Yes	Yes	Yes	Yes
	Check Point NG AI	Yes	Yes	SIP/DIP/ service/ protocol /time	Yes	Yes	Yes	Yes
	D-Link DFL 1500	Yes	Yes	SIP/DIP /service /protocol	Yes	Yes	Yes	Yes

7.4.5 虛擬私有網路的功能

在 VPN 功能方面，結果如表7-16（a）和（b）所示。在 VPN 功能方面，所有受測產品皆有 VPN 功能，且支援 DES/3DES 加密方式及 MD5/SHA-1 認證方式。其中 Check Point NGAI 還支援較新的 AES、CAST 加密方式。AboCom、Cisco、Check Point 三家產品還有實作 RSA 的 IKE 認證演算法。我們使用 TeraVPN 工具做爲互通性（Interoperability）測試工具。測試結果發現所有 VPN 產品皆能與 TeraVPN 互通。本次測試並沒有做各產品間的互通性測試。

【表7-16】（a） SME/Enterprise 等級防火牆／私有虛擬網路產品加密驗證規格比較表

		Protocol support		Encryption algorithm			Authentication algorithm	
Level	Model	AH	ESP	DES	3DES	Others	MD5	SHA1
SME	AboCom FW 500	Yes	Yes	Yes	Yes	No	Yes	Yes
	Cisco PIX 515E	Yes	Yes	Yes	Yes	No	Yes	Yes
	WatchGuard 1000	Yes	Yes	Yes	Yes	No	Yes	Yes
Enterprise	AboCom FW 1000	Yes	Yes	Yes	Yes	No	Yes	Yes
	Check Point NGAI	Yes	Yes	Yes	Yes	AES, CAST	Yes	Yes
	D-Link DFL 1500	Yes	Yes	Yes	Yes	No	Yes	Yes

【表7-16】（b） SME/Enterprise 等級防火牆／私有虛擬網路產品 key exchange 規格比較表

		Keying method		IKE Authentication			IKE Misc.	
Level	Model	Manual key	IKE	PSK	RSA	Others	DH group	PFS
SME	AboCom FW 500	No	Yes	Yes （128bits）	Yes （128bits）	Refresh time	No	No
	Cisco PIX 515E	Yes	Yes	Yes	Yes	No	1, 2,5	Yes
	WatchGuard 1000	Yes	Yes	No	No	No	No	No
Enterprise	AboCom FW 1000	No	Yes	Yes （128bits）	Yes （128bits）	Refresh time	No	No
	Check Point NGAI	No	Yes	Yes	Yes	DSA	1, 2,5	Yes
	D-Link DFL 1500	Yes	Yes	Yes	No	No	1, 2,5	Yes

7.4.6 內容過濾的功能

如表7-17所示，目前產品皆有支援內容過濾功能，其中國外以 Check Point NGAI、國內以 D-Link DFL 1500 功能支援較多。

【表7-17】SME/Enterprise 等級防火牆／私有虛擬網路產品內容過濾功能比較表

Level	Model	Protocol	URL filter	Database update	Miscellaneous
SME	AboCom FW500	HTTP	Yes	No	ActiveX/Java/Popup/ Cookie
	Cisco PIX 515E	HTTP	redirection	redirection	ActiveX/Java/URL
	WatchGuard 1000	HTTP, FTP, DNS, SMTP	database, keyword	Yes	ActiveX/Java/Cookie/ Client connection/ Submission/Content type/Unknown headers
Enterprise	AboCom FW 1000	HTTP	Yes	No	ActiveX/Java/Popup /Cookie
	Check Point NGAI	HTTP, SMTP, FTP, CIFS, peer-to-peer	user-defined database, redirection	Yes /redirection	ActiveX/Java/ JavaScript/Script/ FTP links /portstrings /Virus-Scanning （redirection）
	D-Link DFL 1500	HTTP, SMTP, FTP	database/key word, file extension,	Yes	ActiveX/Java/ JavaScript/cookie/ web proxy exempt zone time of day

7.4.7 防火牆的效能

效能測試的方法如 SOHO 等級，在此就不再重覆。測試結果以條狀圖表示於圖 7-9。

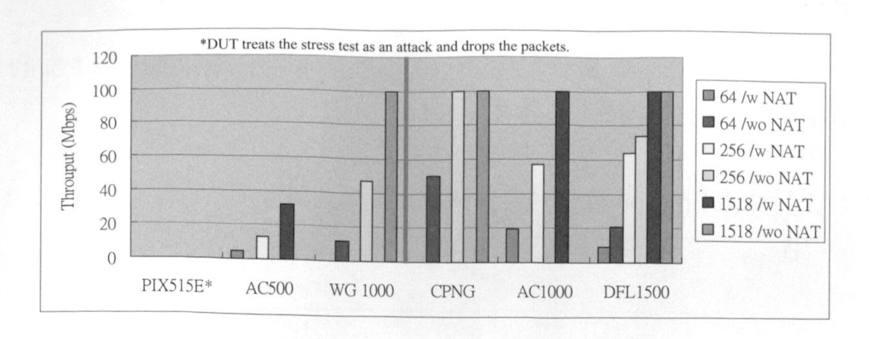

【圖7-9】SME/Enterprise 等級防火牆／私有虛擬網路產品無封包遺失的最大輸出效能

其中 AboCom FW 500 及 AboCom FW 1000 因爲無法關閉 NAT 功能，所以圖7-9 只有 NAT 打開的數據。另外 Check Point NGAI、WatchGuard 1000 僅在沒有 NAT 的環境下可測得數據。Cisco 則在測試環境下會把大量封包的灌入視爲攻擊，因此無法測得正確數據，故不予列入。在封包延遲時間方面，則使用 10% 和 100% 兩種 Load 進行測試。測試結果發現在 SME 等級 WatchGuard 1000 的效能最佳，在最長封包 1518 bytes 時可達到 Wire Speed。在 Enterprise 等級則屬 Check Point NGAI 效能最佳。 接著測試受測物的最大連線個數及建立新連線的速度（Connection rate），測試環境的佈建與圖7-4 相同，方法如 SOHO 等級。測試結果分別顯示於圖7-10 及圖7-11。

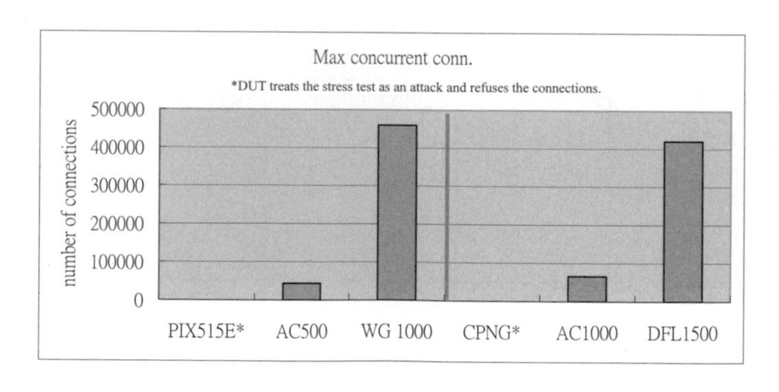

【圖7-10】SME/Enterprise 等級防火牆／私有虛擬網路產品最大連線個數

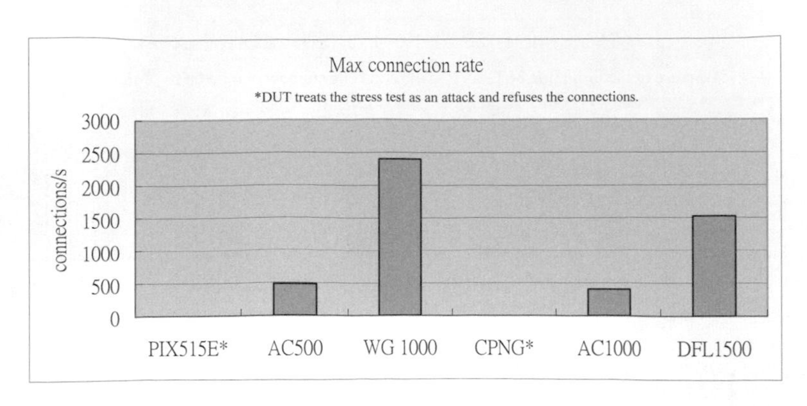

【圖7-11】SME/Enterprise 等級防火牆／私有虛擬網路產品新建連線速率

由於 Check Point NGAI 和 Cisco PIX 515E 在大量建立連線時會視爲攻擊拒絕建立連線，因此圖7-10 及 11 並未列出該 2 項產品的數據。在 SME 等級，最大連線個數以及建立新連線速度以 WatchGuard 1000 的表現較佳。在 Enterprise 等級則由 D-Link DFL 1500 獲勝。圖7-12 爲各產品的 Request Rate，各產品的差距較小。在 SME 等級和 Enterprise 等級則以 WatchGuard 1000 和AboCom FW 1000 表現較佳。

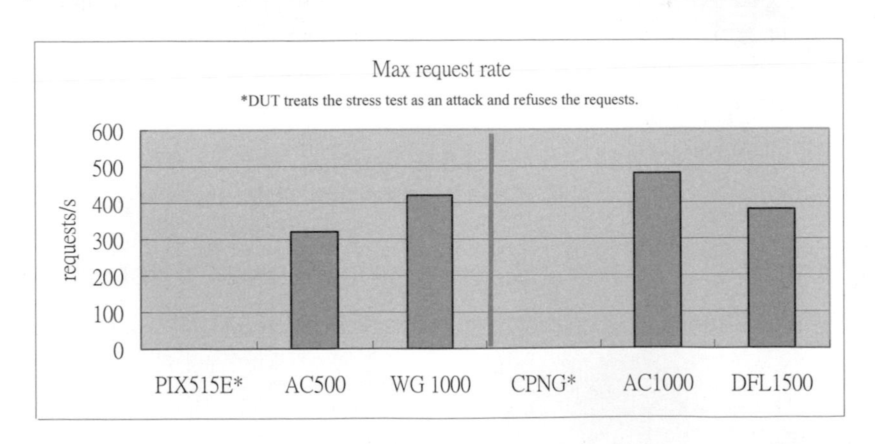

【圖7-12】SME/enterprise 等級防火牆／私有虛擬網路產品HTTP Request 速率

7.4.8 虛擬私有網路的效能

在 VPN 的效能測試方面，測試方法如 SOHO 等級。測試結果顯示於圖7-13（a）、（b）。在這項測試當中，發現 TeraVPN 量測出來的普遍較真實情況偏低很多。因此圖7-13 的數據僅做爲各產品效能之相對參考，其數值不代表各產品的真正效能。

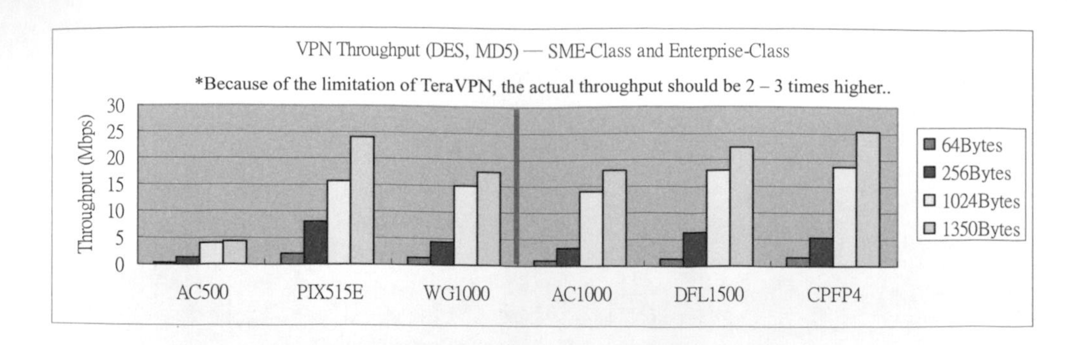

【圖7-13】（a） SOHO 等級防火牆／私有虛擬網路產品 DES/MD5 機制的效能

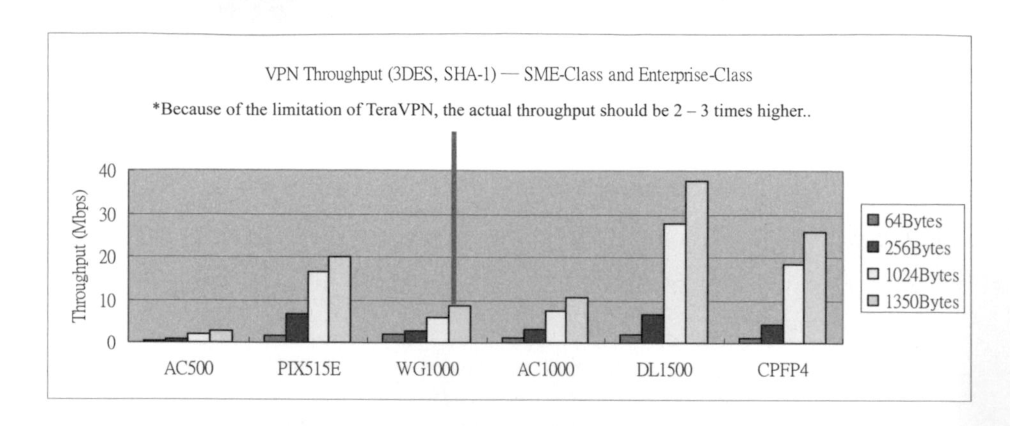

【圖7-13】（b）：SME/Enterprise 等級防火牆／私有虛擬網路產品 3DES/SHA1 機制的效能

在這個項目的 SME 等級中，Cisco PIX 515E 在 DES/MD5 及 3DES/SHA1 中都有較佳表現。而 Enterprise 等級中，則分別以 Check Point NGAI 及 D-Link DFL 1500 表現較佳。

7.5 其他測試：Carrier 等級防火牆／虛擬私有網路產品測試

這項挑選 D-Link DFL 1500 測試多合一功能對效能的影響。我們發現當 IDS 功能打開時，對系統效能影響很小，只有在 256 bytes 封包大小的測試時有從 64 Mb/s 的工作淨量下降約 1～4 Mb/s 左右。而頻寬管理對效能的影響較大，在 256 bytes 封包大小的測試時下降約 28 Mb/s左右。可看出頻寬管理對效能的影響較大，這點與在 SOHO 等級的 NetScreen-5GT 所做的觀察吻合。內容過濾功能打開後，則從每秒 380Requests

降至 300Requests 影響並不大。我們也測試 AboCom FW 500、AboCom FW 1000、Check Point NGAI 及 D-Link DFL 1500 等 4 家產品對頻寬管理功能的精確度，將頻寬限在 30%（30 Mb/s）的範圍內，發現真實量測出來的頻寬亦相當精準，誤差都在 2 Mb/s 以內。

7.5.1 功能面

在 Carrier 等級這次只有 NetScreen-5200 參加。因此只列出該產品的規格及測試數據，不做最後評比，相關規格請見表7-18（a）、（b）。其餘未列出的規格除 NetScreen-5200 頻寬管理的功能為可支援 DiffServ 及可設定最大頻寬外，與 NetScreen-5GT 皆相同。

【表7-18】（a）NetScreen-5200 內部規格比較表

	OS	CPU	Accelerator	RAM	Flash	Hard disk
NetScreen-5200	ScreenOS ver 4.0.0	PowerPC 600 MHz	GigaScreen ASIC	1 GB	32 MB	No

【表7-18】（b） NetScreen-5200 外部規格比較表

	Interfaces	Console	high-availability port	Reset button	Size
NetScreen-5200	Total: GEx8 or GEx2+FEx24	RJ-45	GE x2	None	445mm（L）x495mm（D）x 85mm（H）

7.5.2 效能面

NetScreen-5200 擁有 8 個 Gigabit ports。在效能測試方面如前面測試方法，利用 TeraMetrics Gigabit 模擬一個 Client 經由 LAN port 單向送到 WAN port 上的 Server 情形。測得無封包遺失的最大輸出效能顯示於圖7-14。在沒有打開NAT 的前提下，NetScreen-5200 可達到 1 Gb/s 的 Wire Speed，即使在打開 NAT 的情形其效能也逼近 Wire Speed，較2002年測試報告 Carrier 等級的任何產品效能更佳。在最大 TCP 連線速度以及 HTTP Request Rate 方面，NetScreen-5200 的表現極優。最大連線速度為每秒可建 67,000 個 TCP Connections，而 Request Rate 則為每秒 15,000 個 Request。最多同時連線個數方面，礙於測試工具的限制，只能測到 500,000 個連結。而據 NetScreen 台灣分公司表示，該款產品的最大連結個數可高達 100 萬個。 在 VPN 互通性方面，NetScreen-5200 可成功地與TeraVPN 互通。

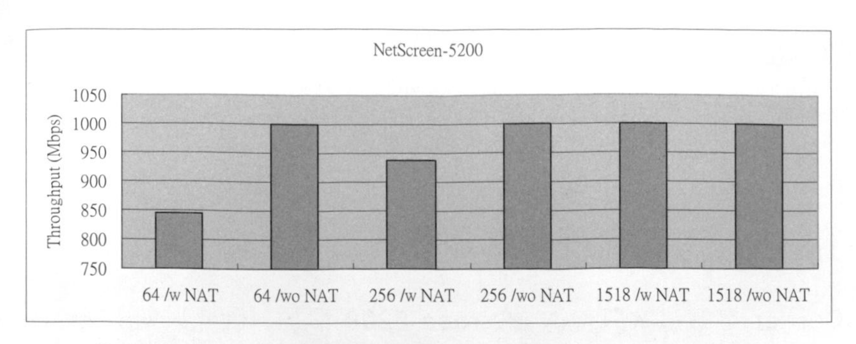

【圖7-14】 NetScreen-5200 無封包遺失的最大輸出效能

7.5.3 防火牆／虛擬私有網路產品觀察與總結

在本次測試之後，對市面防火牆及虛擬私有網路產品有下列幾點觀察：

1. 本次測試的防火牆幾乎整合了虛擬私有網路及複雜度不等的內容過濾功能。部分產品還整合頻寬管理的能力。但在入侵偵測方面除 D-Link DFL 1500 外，皆沒有完整的入侵偵測能力，只能對特定攻擊做出反應。在防毒方面則只有 Check Point 的產品有 Redirect 郵件到防毒系統的能力。

2. 大部分產品都有若干防止入侵的能力。其中有些產品的預設值更會直接擋掉大量封包或連線的流入或流出，且不易甚至無法關閉這樣的功能。在做 Stress Test時便遇到這樣困難。有些產品則可以設定 SYN Flooding 的 Threshold，或讓使用者勾選要處理哪類攻擊。

3. 在這次測試中，首度看到防火牆產品有支援無線區域網路介面及 IEEE 802.1X 等功能。對日漸普及的無線網路環境來說，這設計提供不少便利。

4. 防火牆的效能會因更多功能同時打開，而使整體效能下降。測試中發現會讓效能下降的功能，依下降幅度大小排序，依序是頻寬管理、內容過濾及入侵偵測。

5. VPN 的測試仍有若干困難存在。原先希望測試一台 VPN 產品能建立的最大 Tunnel 個數，然後 Tunnel 的建立仍需仰賴人工對每個 Tunnel 的參數逐一設定。這對有些宣稱可支援上千或上萬個 Tunnel 的產品，驗證工作將極為繁瑣，甚至難以做到。此外 TeraVPN 所量測到的數據仍較真實情況偏低很多，使得實際效能的測試仍需仰賴在 2 台受測機器建立通道。對此次般公開測試而言，機器的調度會是一個困難。

6. 目前防火牆的工作淨量在 SOHO 等級，國內產品大都未達到 Wire Speed。即使 是最長封包也只達到 23 Mb/s。在 Enterprise 等級且用最長的封包測試下才有 Wire Speed 的表現。而同樣在 SOHO 等級國外的產品，如 NetScreen-5GT 或 WatchGuard SOHO6tc 在最長封包下就已達到或接近 Wire Speed 表現。一般說來，國外產品的效能面還是較優於國內產品。

7.6 內容過濾器測試

7.6.1 型號及規格

爲防止員工在工作時間存取與工作無關的網頁內容，或阻止學生、未成年瀏覽色情網站，內容過濾器可分析網頁存取的要求（Request）或回傳內容（Response），用以決定該要求或內容是否適當。在本次測試中，比較 4 家產品，其中亞盛科技的 AscenGate 及 SurfControl 的 Web Filter 是安裝在 PC 中一起銷售，而文佳科技則是以軟體方式提供光碟片給我們安裝測試。雖然安裝的平台記憶體較小，但對效能影響並不大。WebSense 的產品則是以純軟體的方式銷售，將實際上這些系統安裝的平台列於表 7-19。

【表7-19】內容過濾器安裝平台比較表

	OS	CPU	RAM
AscenVision AscenGate 2000	Linux	INTEL P4 2.4GHz	1 GB
文佳科技 防堵色情閘道系統	Linux	INTEL PIII 1GHz	256 MB
SurfControl Web Filter	Windows 2000 Advance　Server	INTEL PIII 800MHz	1.2 GB
WebSense Enterprise v5	Windows 2000 Advance　Server	AMD Athlon 1.6GHz（dual）	1 GB

7.6.2 管理功能

各產品管理的功能列於表7-20。

【表7-20】內容過濾器安裝管理功能比較表

	GUI	CLI	Config/System Backup	Database Update	GUI Support Language
AscenVision AscenGate 2000	HTTP	telnet	No	Yes	3 種（英文、繁/簡體中文）
文佳科技防堵色情閘道系統	HTTPS	N/A	Yes	Yes	1 種（中文）
SurfControl Web Filter	Windows program	N/A	Yes	Yes	1 種（英文）
WebSense Enterprise v5	HTTP/Windows program	N/A	No	Yes	7 種

7.6.3 過濾功能

內容過濾器各產品過濾功能則列於表7-21，目前各內容過濾器的過濾方式都是透過將 URL 與一個大型的 URL List 資料庫進行比對，以驗證是否該阻擋或監視該要求，或讓使用者指定關鍵字，在要求中尋找關鍵字進行阻擋或監視。這些產品除了文佳科技的產品外，只有賭博與色情兩類，其他產品對網頁的分類項在 30～ 80 之間，URL 資料庫裏面 URL 的個數約在 300～500 萬之間，其個數是在入侵偵測系統、防毒系統、內容過濾器三者之間最多。除亞盛科技AscenGate 2000 的 URL 是採用另一家公司 SmartFilter 的資料庫外，其餘產品的資料庫都由廠商自行維護。

【表7-21】內容過濾器過濾功能比較表

	Block Method	Block Type	Monitoring Type	Categories	URL maintainer
AscenVision AscenGate 2000	URL	Users/IP, Web page	Users/IP,URL, Keyword	30	From SmartFilter
文佳科技防堵色情閘道系統	URL, Keyword（in content）	Users/IP, Web page	Users/IP	2	文佳科技

SurfControl Web Filter	URL, Keyword （in URL）	User Definition （File, Protocol,Port）	Users/IP, URL,Protocol	40	SurfControl
WebSense Enterprise v5	URL	User Definition （File,31 Protocol,Port）	Users/IP, URL,Protocol, Categories	80+	WebSense

7.6.4 額外功能

表7-22 爲內容過濾器額外功能比較表，可看出使用者可自行定義 URL 及關鍵字。另一方面也可設定對某些 IP 位址或在某時段來實施內容過濾。除文佳科技的系統外，其餘產品也提供頻寬管理功能。

【表7-22】內容過濾器額外功能比較表

	User URL Definition	User Keyword Definition	IP Mgt.	Time Mgt.	Bandwidth Mgt.
AscenVision AscenGate 2000	Yes （configured from console only）	Yes （log only）	Yes	Yes	Yes
文佳科技 防堵色情閘道系統	Yes	Yes （within content）	Yes	Yes	No
SurfControl Web Filter	Yes	Yes （URL block）	Yes	Yes	Yes
WebSense Enterprise v5	Yes	Yes （URL block）	Yes	Yes	Yes

7.6.5 監看與記錄

表7-23 爲各產品監看與記錄功能比較表，目前除文佳科技的產品外，其他產品也都有即時監看使用者正在看哪個網頁的功能。提供報告的種類亦相當豐富，除文佳科技的產品外都有數十種之多。

【表7-23】內容過濾器監看及記錄功能比較表

	Real-Time Monitoring	Notification Method	Report Categories	Reporting Format	System Logs
AscenVision AscenGate 2000	Yes	Mail	28	1（HTML）	Yes
文佳科技防堵色情閘道系統	No	N/A	2	1（HTML）	Yes
SurfControl Web Filter	Yes	Mail	55	14（PDF、HTML、MSWord..）	Yes
WebSense Enterprise v5	Yes	Mail	80	1（proprietary format）	Yes

7.6.6 色情網站阻擋準確度

任意挑選國內及國外各 250 個色情網站，並測試各家阻擋的準確度，測試結果列於表7-24。其中在國內外色情網站的阻擋率以 SurfControl 的產品最高，原先文佳科技的產品阻擋率大約只有 50.6% 左右，後來在他們提供最新 URL 資料庫之後，阻擋準確度大幅提升至 90% 以上。雖然他們產品的 URL List 在各家比起來算少，但仍然可達到很高的阻擋率，應該是他們的 URL 資料庫是最新之故。由此可見，資料庫更新的頻率與其內 URL List 的個數對準確率同樣重要。

【表7-24】內容過濾器色情網站阻擋準確度比較表

	500 個色情網站阻擋（國內250／國外250）		準確
AscenVision AscenGate 2000	國內（158/250）	63.2%	63.0%
	國外（157/250）	62.8%	
文佳科技防堵色情閘道系統	國內（233/250）（193/250）	93.2%（77.2%）	93.0%（50.6%）
	國外（232/250）（60/250）	92.8%（24%）	
SurfControl Web Filter	國內（204/250）	81.6%	89.6%
	國外（244/250）	97.6%	
WebSense Enterprise v5	國內（155/250）	62%	76.6%
	國外（228/250）	91.2%	

*文佳科技括號中的數據爲更新 URL list 資料庫前的數據

7.6.7 效能

圖7-15 爲內容過濾器效能比較，利用 Avalanche 模擬大量使用者同時上網，藉以了解各產品最大的工作淨量。其中效能最好的是 SurfControl 產品。此外必須說明的是，防堵色情系統與 WebSense 係安裝在我們提供的 PC 上，安裝平台的規格如表 7-25。

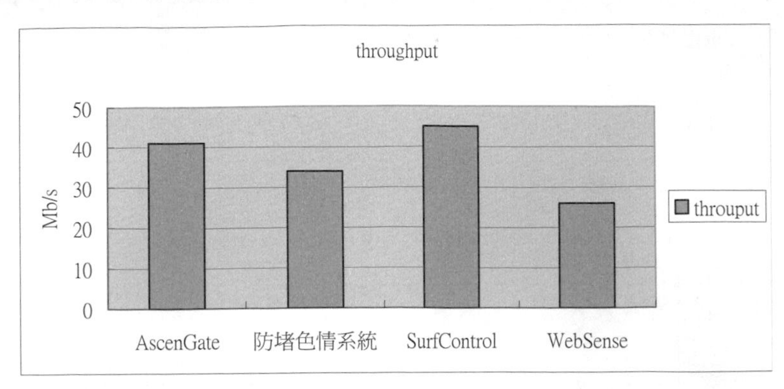

【圖7-15】內容過濾器效能比較表

7.6.8 觀察與總結

在本次測試之後，對市面的內容過濾器產品有下列幾點觀察：

1、URL 比對仍是主流技術，有些產品有加上內容中關鍵字的比對。這同時也意味準確度十分仰賴資料庫更新的頻率與正確率，而不是從網頁內容本身決定網頁是否該過濾。因爲一旦遇到新的網頁，如果 URL 資料庫內沒有該網頁的URL 的話，便無法做出正確判斷。

2、語言本身的障礙並沒有如預期般的嚴重。即使是國外產品，對阻擋國內色情網站也有一定的準確程度。

3、URL List 的個數都高達 300～500 百萬之多。以一個 URL 有 10 bytes 計算，光是 URL List 的內容在記憶體中保守估計就要占掉 30～50 MB 的空間。

4、除文佳科技的產品外，網站種類的分類大約都在 30～80 之間。應足夠應變學校或企業各種不同的需求。

5、比對準確度約在 60～90% 之間，仍然還是有一定比例的網頁沒辦法正確擋下。

6、通過內容過濾器的工作淨量有 25～50 Mb/s 之間，對一般接取端的網路，這樣的工作淨量應該足以應付。至於在頻寬需求更大的場合，如電信單位還是需要更高階的硬體。

7.7 產品總評

7.7.1 SOHO 防火牆／虛擬私有通道產品總評

對測試報告的結論，我們對所有比較的功能與效能進行總評，共分爲使用之簡易度、產品功能、防火牆效能、VPN 效能等 4 項指標給分，滿分爲 5 顆星。評分結果如表7-26 ，其中 NetScreen-5GT 以總分 19.5 拔得頭籌。

【表7-26】 SOHO 等級防火牆／私有虛擬網路產品總評

Model	Easy to use	Functionality	Firewall Performance	VPN Performance
Abocom FW100	★★★★	★★★☆	★★★	★★★
Check Point S-box	★★★★	★★★	★★★☆	No support
D-Link DFL 100	★★★★	★★★☆	★★★★	★★★☆
NetScreen-5GT	★★★★☆	★★★★★	★ ★ ★ ★★	★ ★ ★ ★★
WatchGuard SOHO6tc	★★★★☆	★★★★	★ ★ ★ ★☆	★ ★ ★ ★☆
ZyXEL ZyWALL 10W	★★★★★	★★★★	N/A	★★★★

7.7.2 SME/Enterprise/Carrier 防火牆／虛擬私有通道產品總評

評分結果請見表7-27，礙於篇幅，Carrier 級的NetScreen-5200 的評分一併列在這張表中。在SME 等級，我們認爲Cisco 515E 在功能上見長，而WatchGuard 1000 卻較易操作。在Enterprise 等級，我們認爲Check Point NGAI 的功能較多，但D-Link 35 DFL 1500 則很容易上手。

【表7-27】SME/Enterprise/Carrier 等級防火牆／私有虛擬網路產品總評

	Easy to use	Functionality	Firewall Performance	VPN Performance
AboCom FW 500	★★★★	★★★★	★★★	★★★
Cisco PIX 515E	★★★	★★★★★	N/A	★★★★★
WatchGuard 1000	★★★★★	★★★★	★★★★★	★★★★
AboCom FW 1000	★★★★	★★★☆	★★★	★★★
Check Point NGAI	★★★★☆	★★★★★	★★★★★	★★★★☆
D-Link DFL 1500	★★★★★	★★★★☆	★★★★☆	★★★★★
NetScreen-5200	★★★★☆	★★★★★	★★★★★	★★★★★

7.7.3 內容過濾器產品總評

表7-28爲內容過濾器產品總評，可看到各方面的比較 SurfControl 產品都有最好表現。文佳科技的系統在提供最新資料庫後，在準確度上大幅提升。因爲它提供的網頁分類種類只有賭博與色情兩類。

【表7-28】內容過濾器效能產品總評

Model	Easy to use	Functionality	Reporting	Detection accuracy
AscenVision AscenGate 2000	★★★★	★★★★	★★★★	★★★
文佳科技 防堵色情閘道系統	★★★	★★★	★★★	★★★★★
SurfControl Web Filter	★★★★★	★★★★★	★★★★★	★★★★☆
WebSense	★★★★☆	★★★★☆	★★★★★	★★★★

7.8 所有產品總評

本次測試相較於2002年的測試有幾點觀察值得注意：

1. SOHO 等級的防火牆／VPN 產品變化較大，今年測試的幾款產品在2002年測試時尚未出現。相對於 SOHO 等級的變化，在 SME/Enterprise 等級的產品變動就顯得較爲緩慢。
2. SME/Enterprise 等級的產品仍以 Intel x86 系統的平台爲主。另值得注意的是，在 SOHO 等級的 NetScreen-5GT 已採用 Intel IXP 425 的 Network Processor 做爲 CPU。是否意味在 SOHO 等級甚至 SME 等級以上的產品加速該往 Network Processor 而非 ASIC 的方向走，是值得未來注意。
3. 在 Carrier 等級，由於需要極高的效能，ASIC 的做法仍是必需。我們看到 NetScreen-5200 使用的 PowerPC CPU 雖不算特別突出，但在各項測試中均有極高的效能。探究其原因，在於使用新一代的 GigaScreen II ASIC 從事各項封包處理的工作，包括 NAT、封包分類及解析（Parsing）、Session Lookup、分割與重組、加解密等，而原 CPU 則專注在管理與控制的工作。另外 NetScreen-5200 可做模組化的擴充，也是做爲一個 Carrier 等級產品的重要特性。
4. 各 VPN 產品皆能與 TeraVPN 做互通，顯示在互通性方面做的比2002年好。
5. 在壓力測試下，有的產品會自動視爲攻擊，而丟棄封包或拒絕 TCP 連線的建立，造成產品效能測試的困難。
6. 在各類產品中，有不少產品都是在 Linux 系統上開發的。顯示 Linux 平台在產品開發上受到一定的青睞。
7. 防火牆在需要處理封包內容的應用場合，如防毒或內容過濾系統，把封包 Redirect 到專屬的系統仍有其優勢。尤其是這些系統的特徵資料庫能否經常或即時更新，關係到偵測能力至爲重大。要防火牆廠商自行發展這些技術及維護資料庫並非容易的事。
8. 國內廠商的產品相較於國外廠商而言，差距主要還是在效能面，在功能面的差距還算不大。

國家圖書館出版品預行編目資料

計算機網路實驗／林盈達編著.
-- 第一版. --新竹市：交大出版社, [民96]
面； 公分

ISBN 978 986 82997 3 3(平裝附光碟片)

1.電腦網路

312.9163 96011907

計算機網路實驗

編 著 者：林盈達
責任編輯：程惠芳
設 計 群：國立交通大學數位內容製作中心
發 行 人：吳重雨
出 版 者：國立交通大學出版社
地 址：新竹市大學路1001號
讀者服務：03-5736308、03-5131542
（周一至周五上午8:30至下午5:00）
傳 真：03-5728302
網 址：http://press.nctu.edu.tw
e-mail：press@cc.nctu.edu.tw
出版日期：2007年9月 第一版
定 價：450元
ISBN：9789868299733
GPN：1009601997

展售門市查詢：http://press.nctu.edu.tw

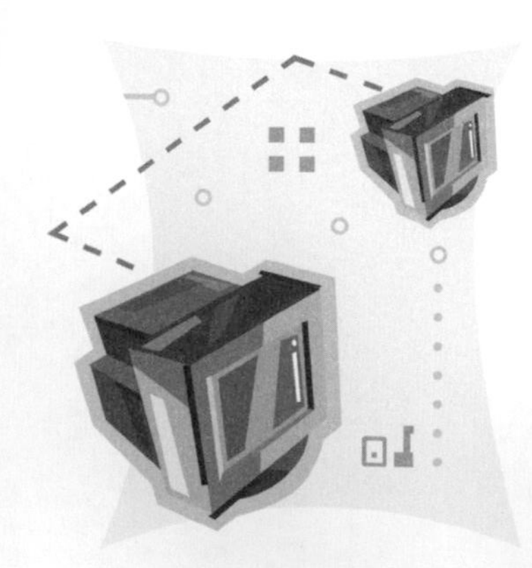